西餐概論

(第3版)

王天佑、王碧含 主編

崧燁文化

目錄

前言
第 1 篇 西餐發展與著名菜系
第 1 章 西餐概述
本章導讀
第一節 西餐含義和特點
第二節 西餐餐具與酒具
第三節 西餐用餐禮節
本章小結
思考與練習
第 2 章 西餐歷史與發展
本章導讀
第一節 西餐的起源
第二節 中世紀古西餐
第三節 近代西餐發展
第四節 現代西餐形成
第五節 著名鑒賞家和烹調大師
本章小結
思考與練習
第 3 章 法國西餐概況
本章導讀
第一節 法國餐飲文化
第二節 法國著名菜系
第三節 法國菜生產特點

本章小結
思考與練習
第 4 章 義大利西餐概況
本章導讀
第一節 義大利餐飲文化
第二節 義大利著名菜系
第三節 義大利菜生產特點
本章小結
思考與練習
第 5 章 美國西餐概況
本章導讀
第一節 美國餐飲文化
第二節 美國著名菜系
第三節 美國菜生產特點
本章小結
思考與練習
第 6 章 其他各國西餐概況
本章導讀
第一節 英國
第二節 俄國
第三節 希臘
第四節 德國
第五節 西班牙
本章小結
思考與練習

第 2 篇 西餐工藝與生產管理
第 7 章 西餐食品原料
本章導讀
第一節 奶製品
第二節 畜肉、家禽與雞蛋
第三節 水產品
第四節 植物原料
第五節 調味品
本章小結
思考與練習
第 8 章 生產原理與工藝
本章導讀
第一節 原料初加工與切配
第二節 廚房熱能選擇
第三節 西餐生產原理與工藝
本章小結
思考與練習
第 9 章 開胃菜與沙拉
本章導讀
第一節 開胃菜
第二節 沙拉
第三節 沙拉醬
本章小結
思考與練習
第 10 章 主菜與三明治
本章導讀
第一節 畜肉

第二節 家禽
第三節 水產品
第四節 澱粉與雞蛋
第五節 蔬菜
第六節 三明治
本章小結
思考與練習
第 11 章 湯與醬
本章導讀
第一節 原湯
第二節 湯
第三節 醬
本章小結
思考與練習
第 12 章 麵包與甜點
本章導讀
第一節 麵包與甜點概述
第二節 麵包製作技巧
第三節 蛋糕、排、油酥面點和布丁
第四節 茶點、冰點和水果甜點
本章小結
思考與練習
第 13 章 廚房生產管理
本章導讀
第一節 廚房組織管理
第二節 廚房規劃與布局
第三節 生產設備管理

第四節 衛生與安全管理
本章小結
思考與練習
第 14 章 西餐成本管理
本章導讀
第一節 西餐成本控制
第二節 西餐成本核算
第三節 原料採購管理
第四節 食品儲存管理
第五節 廚房生產管理
本章小結
思考與練習

第 3 篇 西餐服務與營銷策略
第 15 章 菜單籌劃與設計
本章導讀
第一節 菜單種類與特點
第二節 菜單籌劃與分析
第三節 菜單定價原理
第四節 菜單設計與製作
本章小結
思考與練習
第 16 章 餐廳服務管理
本章導讀
第一節 餐廳種類與特點
第二節 服務方法與特點
第三節 服務程序管理

第四節 服務組織管理

本章小結

思考與練習

第 17 章 西餐營銷策略

本章導讀

第一節 西餐營銷原理

第二節 西餐市場競爭

第三節 西餐營銷策略

本章小結

思考與練習

前言

西餐是華人對歐美各國菜餚的總稱，有著悠久的歷史和文化。現代西餐以傳統製作方法為基底，融入了世界各地的原料和餐飲工藝，形成了不同的菜系和特色。當今由於文化、資訊和技術交流，交通運輸的發展及電腦網路的使用，西餐已經成為世界人民的菜餚。

第3版《西餐概論》，打破了原書的體例與框架，從全新的角度、以全新的內容對西餐文化與歷史、生產與營銷等各方面知識進行了詳盡的概述和完整的總結。同時進一步突出了新穎實用的特色，力求理論聯繫實踐，深入淺出，循序漸進。綜合來看，本書具有以下鮮明的特色：

第一，以最前沿的理論和實踐，介紹了西餐發展史、西餐主要菜系以及現代西餐生產、菜單設計、營銷策略、服務規範、成本控制等管理知識。

第二，書中採用了大量的管理案例和製作案例，內容緊貼現代國際西餐經營和管理實際。

第三，根據現代旅遊業和西餐業經營實際需求，進行了理論、知識和技術的整合，並回答了現代西餐經營管理面臨的諸多問題。

第四，書中重要的專業術語和詞組、菜餚名稱都配有外語，便於讀者學習。

本書由王天佑、王碧含主編。張紅升參加了第一章、第七章和第十六章的編寫。

由於時間倉促，本書難免有不足之處，懇請廣大讀者予以批評指正。

編者

第1篇 西餐發展與著名菜系

第1章 西餐概述

本章導讀

隨著中國旅遊業發展，西餐需求不斷增加，西餐營業收入持續增長，西餐經營管理已成為中國旅遊管理的重要內容之一。透過本章學習，可瞭解西餐含義和食品原料、西餐生產特點和服務特點、西餐餐具種類和發展、西餐用餐儀容與儀態等。包括餐前禮節、點餐禮節、飲酒禮節、用餐禮節、喝茶與喝咖啡禮節、自助餐禮儀和酒會禮儀等。

第一節 西餐含義和特點

一、西餐含義

西餐常是一個籠統的概念，許多人認為西餐是中餐以外的所有菜餚。其實西餐（Western Foods）是中國人民對歐美各國菜餚的總稱，常指以歐洲、北美和大洋洲各國的菜餚。其中世界著名的西餐有法國菜、義大利菜、美國菜、英國菜、俄國菜等。此外希臘、德國、西班牙、葡萄牙、荷蘭、瑞典、丹麥、匈牙利、奧地利、波蘭、澳洲、紐西蘭、加拿大等各國菜餚也都有自己的特色。現代西餐是根據法國、義大利、英國和俄國等菜餚傳統工藝，結合世界各地食品原料及飲食文化，製成富有營養、口味清淡的新派西餐菜餚。

二、西餐原料特點

西餐原料中的奶製品多，失去奶製品將使西餐失去特色。例如，牛奶、奶

酪、奶油等。西餐中的畜肉以牛肉為主，然後是羊肉和豬肉。西餐常以大塊食品為原料，如牛排、魚排、雞排等。人們用餐時必須使用刀叉，以便將大塊菜餚切成小塊後食用。由於西餐蔬菜和部分海鮮生吃，如生蠔和鮭魚、沙拉、沙拉醬等，因此西餐原料必須新鮮。

三、西餐生產特點

西餐有多種製作工藝，其餐點品種很豐富。其生產特點是突出餐點中的主料特點，講究餐點造型、顏色、味道和營養。在生產過程中，選料很精細，對食品原料品質和規格有嚴格的要求。如畜肉中的筋、皮一定要剔淨。魚的頭尾和皮骨等全部去掉。西餐生產過程中講究調味程序，如烹調前的調味、烹調中的調味、烹調後的調味。以扒、烤、煎和炸等方法製成的餐點，在烹調前多用鹽和胡椒粉進行調味；而燴和燜等方法製成的餐點常在烹調中調味。西餐講究烹調後調味，特別是對醬（熱菜調味汁）和各種冷調味汁的使用，例如沙拉醬。西餐的調味品種類多，製成一個餐點常需要多種調料完成。西餐生產講究運用火候。如牛排的火候有三四分熟（Rare）、半熟（Medium）和七八分熟（Well-done）。煮雞蛋有三分鐘（半熟）、五分鐘（七八分熟）和十分鐘（全熟）。西餐餐點講究原料的合理搭配及使用不同的烹調方法以保持餐點營養。西餐原料新鮮度很重要，特別是對儲存溫度、保存時間等要求很嚴格。

四、西餐服務特點

現代西餐採用分食制。餐點以份（一個人的食用量）為單位，每份餐點裝在個人的餐盤中。西餐服務講究餐點服務程序、服務方式，餐點與餐具的搭配。歐美人對餐點種類和上菜的次數有著不同的習慣，通常這些習慣來自不同的年齡、不同的地區、不同的餐飲文化、不同的用餐時間和用餐目的等。傳統歐美人吃西餐講究每餐餐點的道數（個數，Course）。正餐，人們常食用三道至四道菜。在隆重的宴會，可能五道菜或七道菜。早餐和午餐，人們對餐點道數不講究，比較隨意。在三道餐點組成的一餐中，第一道菜是開胃菜、第二道菜是主菜、第三道菜是甜點。四道菜的組合常包括一道冷開胃菜和一道熱開胃菜（湯）、主菜和甜點。現代歐美人，早餐很隨意，常吃麵包（帶奶油和果醬）、熱飲或冷飲等。有

時加上一些雞蛋和肉類。歐美人午餐講究實惠、實用和節省時間。他們根據自己需求用餐。一些男士可能食用兩道菜或三道菜。包括一個開胃冷菜、一個含有蛋白質和澱粉組成的主菜、一道甜點或水果。而另一些人只食用一個三明治和冷飲。女士午餐可能僅是一個沙拉。自助餐是當代人們喜愛的用餐方式，它比較靈活、方便，可以根據顧客需求取菜，是在公共場所最適合人們用餐的形式。

第二節 西餐餐具與酒具

一、西餐餐具概述

西餐餐具指食用西餐使用的各種瓷器、玻璃器皿（酒具）和銀器（刀叉）等，是西餐廳和咖啡廳營銷和服務中不可缺少的工具，它反映了餐廳的特色和風格，對美化餐廳和方便服務都具有一定的作用。

二、西餐餐具發展

根據考古證明，人類使用餐具已有幾千年。原始時代，古人利用石頭作刀具，切割食物；用海邊的貝殼和空心的牛角和羊角作為碗和匙。5世紀英國撒克遜人開始利用銅或鐵製成鋒利的刀子，並鑲上木柄，作為武器和用餐的工具。「Spoon」一詞來自6世紀的撒克遜文字，其含義是「碎片」。指幫助古人用餐的木頭、貝殼或石頭碎片。

公元前1000年拜占庭時代的餐具

11世紀英國人已經開始使用木碟盛裝食物，並在用餐時，開始使用兩個餐刀。當時威尼斯總督與希臘公主度曼尼克．賽爾福（Domenico Selvo）結婚後，賽爾福將她原皇宮內使用的餐叉及用餐習慣帶到威尼斯。1364年至1380年，法國查理五世舉辦宴會時，所有客人的餐盤上都擺上了餐刀。1533年義大利女士凱薩琳．麥地奇（Catherine de Medicis）與法國亨利二世結婚，並將餐叉帶到法國。

根據法國禮節和禮儀歷史記載，16世紀中期，不同地區的歐洲人用餐，有不同的使用餐具習慣。德國人喝湯使用湯匙，義大利人用餐叉食用固體食物。當時的德國人和法國人都使用餐刀切割食品，而法國人當時使用兩把或三把餐刀，

切割食物。1611年英國人湯瑪斯·科爾亞（Thomas Coryat）看到義大利人使用叉子用餐，回國後，他將這一習慣帶到英國。開始受到英國人的嘲笑，但不久餐叉在英國得到廣泛的使用。

17世紀早期，餐叉在歐洲國家普遍使用。1630年，美洲的麻塞諸塞州（Massachusetts）地方行政長官在當地首先使用餐叉用餐。1669年法國路易十四世指出餐桌使用的餐刀應當是鈍的。18世紀早期，德國已經使用四齒餐叉而英國仍然使用兩齒餐叉。當時餐刀在歐洲各地被廣泛使用，湯匙的形狀與用途進一步得到改善。18世紀中期餐叉的形狀已經接近現在的餐叉。至19世紀，美國人已經普遍使用餐叉。19世紀中期的英國維多利亞女王時代（Victorian Era），英國的餐具製造業開發了各種餐刀、餐叉和湯匙。20世紀初由於不鏽鋼的廣泛使用，使西餐餐具的造型和工藝不斷完善。

三、西餐餐具種類

1.瓷器

瓷器是西餐廳服務和營銷常用的器皿。瓷器可以襯托和反映餐點和酒水的特色和作用。通常瓷器餐具都有完整的釉光層。餐盤和菜盤的邊緣都有一道界線，以方便擺盤。瓷器每次使用完都要洗淨消毒，用專用布擦乾水漬，然後分類，整齊地放在特定的碗櫥內，防止灰塵汙染。在搬運瓷器時，要裝穩，防止因碰撞而摔落打碎。餐後收拾餐具時要根據瓷器的尺寸，整齊地堆放在碗櫥架上，並注意高度，以便於存放和取出，還要注意防塵。西餐常用的餐具有：

瓷器西餐餐具

Sugar Bowl	糖盅
Coffee Cup with Saucer	帶墊盤的咖啡杯
Soup Cup with Saucer	帶墊盤的湯杯
Tea Cup with Saucer	帶墊盤的茶杯
Salad Bowl	沙拉碗
Butter Plate	奶油盤
Dessert Plate	甜點盤（直徑18釐米的圓平盤）
Main Course Plate	主菜盤（直徑25釐米的圓平盤）
Fish Plate	魚盤（通常是18釐米長的橢圓形的平盤）

Bread Plate（Toast Plate）　　麵包盤（直徑15釐米的圓平盤）

2.玻璃器皿

西餐廳使用的玻璃器皿主要指玻璃杯等，此外也使用少量的玻璃盤。玻璃杯是銷售和服務酒水的重要工具。不同的玻璃杯體現了不同特色的酒水。玻璃器皿要求經常清點，妥善保管。各種水杯、酒杯洗淨後要用消毒布擦乾水漬，以保持杯子透明光亮。操作要輕，擦乾後的杯子應扣在盤子內，依次排列，安全放置。較大的水杯和高腳杯要有專用的木格子或塑料格子存放。存放杯子時，切忌重壓或碰撞以防止破裂，如發現有損傷和裂口的酒水杯，應立即揀出，扔掉，以保證顧客用餐的安全。玻璃杯種類有：

（1）Beer（啤酒杯）。盛裝啤酒的杯子。它主要有兩種類型，平底玻璃杯和帶腳的杯子，常用的啤酒杯容量在8盎司至15盎司之間，約240毫升至450毫升。目前啤酒杯的造型和名稱愈來愈多。

（2）Champagne（香檳酒杯）。盛裝香檳酒、葡萄汽酒和香檳酒配製的雞尾酒的酒杯。香檳酒杯有三種形狀，碟形（Saucer）、笛形（Flute）和鬱金香形（Tulip）。香檳酒杯常用的容量為4盎司至6盎司，約120毫升至180毫升。

（3）Wines（各種葡萄酒杯）。白葡萄酒杯（White Wine Glass）：高腳杯，杯身細而長，主要盛裝白葡萄酒、玫瑰紅葡萄酒和白葡萄酒製成的雞尾酒，常用的容量約6盎司，約180毫升。紅葡萄酒杯（Red Wine Glass）：高腳杯，杯身比白葡萄酒杯寬而短，主要盛裝紅葡萄酒和紅葡萄酒製成的雞尾酒。常用的容量為6盎司，約180毫升。此外，葡萄酒杯還包括雪莉酒杯（Sherry）和波特酒杯（Port）。雪莉酒是增加了酒精度的葡萄酒，因此雪莉酒杯是容量較小的高腳杯，杯身細而窄，有時呈圓錐形，通常容量是3盎司，約90毫升。波特酒是增加了酒精度的葡萄酒。波特酒杯容量較小，形狀像紅葡萄酒杯，只不過是小型紅葡萄酒杯，常用容量約3盎司，約90毫升。

（4）Cocktail（雞尾酒杯）。指不同形狀雞尾酒杯的總稱，有的杯子是高腳，有的杯子是平底。包括：三角形杯、瑪格麗特杯（Margarita）、老式杯（Old-Fashioned）、高球杯（High-ball）、可林杯（Collins）、酷樂杯

（Cooler）等。

（5）Brandy（白蘭地酒杯）。銷售白蘭地酒的杯子，高腳，杯口比杯身窄，利於集中白蘭地的香氣，使飲酒人更好地欣賞酒中香氣。白蘭地酒杯有不同的容量，常用的杯子是6盎司，約180毫升。白蘭地酒杯還常稱為干邑杯（Cognac）和聞香杯（Snifter）。歐美人在飲用白蘭地酒前，習慣地用鼻子嗅一嗅，欣賞酒的香氣。

（6）Liqueur（利口酒杯）。利口酒杯也稱為甜酒杯和考地亞杯（Cordial），這種酒杯是小型的高腳杯或平底杯。它的容量常在1.5盎司至2盎司之間，約45毫升至60毫升。

（7）Tumblers（各種平底杯）。坦布勒杯也稱平底杯或果汁杯。常用來盛裝長飲類雞尾酒、帶有冰塊的雞尾酒、飲料及礦泉水。

（8）Goblet（高腳水杯）。用於盛裝冰水和礦泉水，其容量常在10盎司至12盎司之間，約300毫升至360毫升。

（9）威士忌酒杯（Whisky）。威士忌酒杯的形狀是杯口寬，容量1.5盎司，約45毫升。它不僅盛裝威士忌酒還作為烈性酒的純飲杯。威士忌酒杯不盛裝白蘭地酒。威士忌杯還稱為量杯（Jigger）。Jigger的含義是任何可盛裝1.5盎司容量液體的杯子。

（10）熱飲杯（Cup）。盛裝熱飲飲料的杯子，帶柄，有平底和高腳兩種形狀，容量常在4盎司至8盎司之間，約120毫升至240毫升之間。

高腳水杯（Water Goblet）

白葡萄酒杯（White Wine）

紅葡萄酒杯（Red Wine）

香檳酒杯（Champagne）

3.銀器

銀器指金屬餐具和金屬服務用具。西餐常用的金屬餐具和服務用具有各種餐刀、餐叉、餐匙、熱菜盤的蓋子、熱水壺、糖盅、酒桶和服務用的刀、叉和匙等。各種銀器使用完畢必須細心擦洗，精心保養。凡屬貴重的餐具，一般都由餐飲後勤管理部門專人負責保管，對銀器的管理應分出種類並登記造冊。餐廳使用的銀器需要每天清點。大型的西餐宴會使用的銀器數量大，種類多，更需要認真地清點。在營業結束時，尤其在倒剩菜時，應防止把小的銀器倒進雜物桶裡。對所有的銀器餐具和用具要定期盤點，發現問題應立即報告主管人員並且清查。認真儲存銀器，理想的儲放容器是盒子和抽屜。將每種刀叉分別放在一個特定的盒子或抽屜中，每個盒子或抽屜可墊上粗布防止滑動和相互碰撞。定期換洗，保持衛生。其他金屬器具應編號，存放在櫃子中，其高度應方便服務生取用。有些餐

廳將貴重的銀器和其他金屬器皿裝在碗櫥中上鎖保管。常用銀器種類包括：

銀器

Butter Knife	奶油刀
Salad Knife	沙拉刀
Fish Knife	魚刀
Table Knife	主菜刀
Dessert Knife	甜點刀
Fruit Knife	水果刀
Cocktail Fork	雞尾酒叉
Salad Fork	沙拉叉
Fish Fork	魚叉

Table Fork	主菜叉
Dessert Fork	甜點叉
Soup Spoon	湯匙
Dessert Spoon	甜點匙
Tea Spoon	茶匙

第三節 西餐用餐禮節

一、儀容與儀態

儀容指人的外部形像，包括容貌和衣著，甚至包括姿態、舉止和風度等。儀表整齊是對他人的尊重。儀表的基本要求是：臉要乾淨、頭髮整齊，衣服整齊、扣好鈕扣，頭正，肩平，胸略挺，背直。風度是行為舉止的綜合表現。英國人認為優雅的動作高於相貌美。儀表風度可以反映出人的精神面貌。在西餐宴會中，表情非常重要。表情應親切自然，切忌做作。感情表達等於7%言辭＋38%聲音＋55%表情。在人的表情中，眼睛表情最重要，最豐富，稱為「眼語」。服飾體現尊重和禮貌。參加宴會人員的服裝應與時間、地點及儀式內容相符。服裝應與地點相符，與國家、地區所處的地理位置、氣候條件、民族風格、宴會儀式等相符。鞋襪要注意整體服裝搭配，在正式場合男士應穿黑色或深咖啡色皮鞋。穿西裝不能穿布鞋、旅遊鞋和涼鞋，保持鞋面清潔，表示尊重。領帶是西裝的靈魂，繫領帶不能過長或過短，站立時其下端觸及腰帶。不要鬆開領帶，使用的腰帶以黑色或深棕色為宜，寬度不超過3釐米。

稱呼在西餐宴會中很重要。男子通常稱為先生，女子稱為女士。對國外華人，不可稱為老某、小某。握手禮是最常見的見面禮和告別禮。雙方各自伸出右手，手掌均成垂直狀態，五指並用。抓住對方的手來回晃動，用力過重或過輕都是不禮貌。握手應遵循原則，男士、晚輩、下級和客人見到女士、長輩、上級和年長者，應先行問候，待後者伸出手來，再向前握手。順序應是：先女士後男士，先長輩後晚輩，先上級後下級。男士握手不要戴帽子和手套，與女士握手時

間短一些，輕一些。握手時注意順序，眼睛要看著對方。遇到身分較高的人士，有禮貌地點頭和微笑，或鼓掌表示歡迎，不要自己主動要求握手。

二、餐前禮節

在歐洲國家，判斷人們禮貌行為的一個重要部分是餐桌禮儀。特別是在用餐或出席正式宴會時的禮節。通常在高級西餐廳或風味餐廳用餐應當提前訂位，高級餐廳或風味餐廳都有預訂專用電話或網路預訂系統，預訂時先說清楚姓名、用餐時間與人數、餐桌位置並應遵守時間。進入風味餐廳或高級餐廳，應由餐廳迎賓人員引領顧客入座。通常餐廳裡有帶位人員或迎賓人員在門口恭候顧客光臨，然後詢問是否預訂、顧客人數，以便帶領入座。已預訂的顧客只要報上姓名，帶位人員便直接引導到預訂座位區。通常女士先入座，男士後入座。女士尚未坐好，男士不要自己先坐下，否則有失風度。女士尚未入座時，男士最好站在椅子後面等待。為了不讓男士久等，已定好座位的女士應及時入座。入座後，顧客應保持餐桌與自己胸前兩拳寬的距離，目的是使用餐人能舒服地進餐。進入餐廳前，所有顧客應將大衣和帽子等物品寄放在衣帽間。女士皮包可隨身攜帶，可放在自己的背部與椅背之間。當全桌用餐人全部坐定後才可使用餐巾，等大家都坐好後才開始將餐巾優雅地攤於膝上，這是最普通的禮貌。

三、點餐禮節

通常顧客進入餐廳入座後不久，餐廳服務生就會奉上菜單，如果用餐人對該餐廳風味不熟悉，最好將菜單看得仔細一些，有疑問時可隨時請教服務生。雖然費了點時間，但是為了更完善地用餐，不妨慎重些。用餐人對服務生必須有禮貌。點餐時，被邀請人不應選擇極端高價的餐點。儘管主人竭力招待，並請自己挑選自己愛吃的餐點，如果專點昂貴的餐點，對被邀請者也太不識大體了。除非是主人極力推薦某道好菜，否則最高價格的餐點或寫著「時價」的餐點，最好避免挑選，這樣較為妥當。點餐時不可指著其他顧客餐桌上的餐點點餐。如果可能，點餐應當依照自己喜愛的餐點順序。

四、飲酒禮節

歐美人在食用正餐時，講究餐點與酒水搭配，講究酒水飲用順序。冷藏的酒

應用高腳杯。為了增加食慾，餐前酒常要冷藏再飲用。喝雞尾酒、白葡萄酒和香檳酒使用高腳杯，持酒杯應以手指夾著杯柄，不要用手把持杯子部分，這樣會使酒變溫熱。女士宜喝清淡的酒、雞尾酒，對於不太喝酒的人而言，偶爾喝一點清淡的酒可以促進食慾，女士拒絕餐前酒不算失禮，但禮貌上仍應淺嚐一點。通常餐前喝威士忌酒（Whisky）應當調淡。威士忌酒本為餐後酒，目前一些歐美顧客習慣作為餐前酒飲用。由於威士忌酒酒精成分比葡萄酒及啤酒都高，因此注意倒入杯子的數量不可過多。通常威士忌酒用於餐前時避免直接飲用，應加入礦泉水或冰塊後再飲用。飲用兩種以上的相同酒時，應從較低級別的酒喝起。喝兩種以上的葡萄酒時，應從味道清淡的酒喝起。一樣品牌的酒先由年代較近的酒開始，漸至陳年老酒。倒酒時要謹慎，以免沉澱物上浮。好的紅葡萄酒經常有沉澱物，為了使它沉澱，通常葡萄酒瓶底都有上凸的結構，凹下的部分是刻意設計的，使沉澱物沉於其間。在歐美人的酒文化中，喝不同的酒應當使用不同的酒杯，這體現了對顧客的尊重。酒杯的樣式與餐點的色香味具有同樣的效果，同樣地可以刺激人們的食慾，還增加了餐飲特色。因此許多餐廳為此費盡心機設計了各種酒杯。酒杯種類因使用目的而各有不同。白蘭地杯的酒杯口比它的杯身小，歐美人稱它為聞香杯（Snifter）。老式杯（Old-fashioned）是大杯口平底的淺玻璃杯，這種杯適合飲用帶有冰塊的威士忌酒。在西餐廳，品酒應當由男士擔任。主賓如果是女士應當請同席的男士代勞。飲葡萄酒時，應當讓酒先接觸空氣，一旦紅葡萄酒接觸空氣，它立刻充滿活力。服務生斟酒時顧客不必端起酒杯。在歐美人看來，將酒杯湊近對方是不禮貌的。飲酒前應當先以餐巾擦唇。由於用餐時，嘴邊沾有油汙或肉汁，所以喝酒前輕擦嘴唇是必要的，不但喝酒如此，喝飲料也是如此。

五、用餐禮節

歐美人很重視用餐禮節，尤其參加正式晚宴或宴會，不要戴帽子入內。就餐時應穿正式服裝，不要鬆領帶。用餐時應避免小動作，一些無意識的小動作在他人眼中都是奇怪的壞習慣。例如，邊吃邊摸頭髮，他人非常嫌惡。此外，用手指搓搓嘴、抓耳撓鼻等小動作都深深違反了西餐儀節。進餐中應注意自己的舉止行為，就餐時不要把臉湊到桌面。不要把手或手肘放在餐桌上，尤其是在高級餐廳

進餐。用刀叉時不可將手臂肘及手腕放在餐桌上，最好是左手放在餐桌上穩住盤子，右手以餐具幫助進食。要養成將手放在膝上的習慣，同時用餐時蹺腿或把腳張成大八字均違反餐飲禮貌。進餐時，伸懶腰、鬆褲帶、搖頭晃腦都是非常失禮的行為。在咖啡廳和西餐廳用餐，刀叉的使用順序應從設餐的最外側向內側用起。餐具的擺放順序從裡到外是主菜的刀叉，開胃菜的刀叉，湯匙。而用餐時使用刀叉應先外後裡。餐具一旦在餐桌上擺好，就不可隨便移動。在餐廳用餐時人們將餐桌、餐盤、酒杯或刀叉視為一個整體。使用餐具時既要講究禮節禮貌又要講究方便和安全，因此當同時使用餐刀和餐叉時，左手持叉，右手持刀。當僅使用叉子或匙時，應當用右手，應儘量讓右手取食。不要將刀叉豎起來拿著。與人交談或咀嚼食物時，應將刀叉放在餐盤上。用餐完畢應將刀叉併攏，放在餐盤的右斜下方。進餐時，將刀叉整齊地排列在餐盤上，等於告訴服務生這道菜餚已經使用完畢，可以撤掉。刀叉掉在地上，自己不必忙著將它們撿起來。原則上由餐廳服務生負責撿起，但是作為用餐的禮節禮貌，當同桌女士自己要撿起掉在地上的刀叉時，旁邊的男士應當迅速為她撿起並交給服務生，代替該女士另要一副餐具。使用餐巾時應當注意餐巾的功能，餐巾既非抹布亦非手帕，主要作用是防止衣服被菜湯弄髒，附帶功用是擦嘴及擦淨手上油汙，用餐巾擦餐具是不禮貌的，除了被人視為不懂得用餐的禮節和禮貌，而且主人會認為客人嫌餐具不潔，藐視主人等。拿餐巾擦臉或擦桌上的水都是不禮貌的。餐點上桌後應立即食用。在西餐廳和咖啡廳用餐時，誰的餐點先上桌誰先食用，因為不論餐點是冷的還是熱的，上桌時都是最適合食用的溫度。當然與上級領導或長輩一起用餐時，最基本的禮貌是上級領導或長輩開始使用刀叉時，其他的人才開始。若是好友之間共餐並且上菜的時間很接近，應該等到餐點出齊了一起進食。參加宴會時，有些開胃菜均可以用手拿取食用。例如Finger Food（Canape），因為這些菜用刀叉食用非常不方便，使用牙籤又效果不佳，而且這些餐點不黏手，也不弄髒手。不僅開胃菜如此，凡不黏手的食物均可用手取食。食物進入口內不可吐出。除了腐敗的食物、魚刺和骨頭外，一切食物既已入口則應吃下去。當然西餐中骨頭和魚刺在烹調前已經去掉。用湯匙喝湯時，應由內向外舀，即由身邊向外舀出。由外向內既不雅觀也會被人取笑。湯匙就口的程度，以不離盤身正面為限，不可使湯滴在湯

盤之外。進餐時無論喝湯或吃菜都不能發出聲響。西餐中的湯是餐點中的一部分。食用麵包應在喝湯時開始。麵包不可以用刀切。而是用手撕開後食用，被撕開麵包的大小應當是一口能夠容納的量。而且剝一塊食用一塊，現剝現吃，不可以一次撕了許多塊後再食用。當需將奶油或果醬抹在麵包上時，應將奶油或果醬抹在撕好的麵包上，抹一塊食用一塊。用餐時不要中途離席。為了避免尷尬的情形，凡事應當在餐前處理妥當，中途離席往往受到困擾，並且是不禮貌的。使用洗手盅時應先洗一隻手，再換另一隻手。洗手盅隨餐點一起上桌，洗手盅常裝有二分之一的水，為了去除手上的腥味，在水中放一個花瓣或小檸檬片。儘管裡面裝著洗手水，但只用來洗手指，不能把整個手掌伸進去，兩隻手一起伸入洗手盅不但不雅，且容易打翻洗手盅。用餐時女士未吃完，男士不應結束用餐。不論何時何地，請客主人一定要注意女賓或主賓用餐情況。

六、喝茶與喝咖啡禮節

歐美人，喝茶有一定的禮節，由於各國生活習慣不同，喝茶禮節也不同。通常在飯店、餐廳或酒吧，喝茶要趁熱喝，只有喝熱茶才能領略其中的醇香味，當然不包括喝涼茶。喝熱茶時，不要用嘴吹，等幾分鐘，使它降溫時再飲用。不要一次將茶喝盡，應分作三四次喝完。沖泡一杯色、香、味俱全的茶需要很多方面的配合。根據歐美人習俗，喝咖啡需要一定禮節，作為咖啡的服務單位必須要瞭解喝咖啡的禮節，認真鑽研咖啡文化，做好咖啡的推銷。飲用咖啡時應心情愉快，趁熱喝完咖啡（冷飲除外），不要一次喝盡，應分作三四次。飲用前，先將咖啡放在方便的地方。飲用咖啡時可以不加糖、不加牛奶或伴侶，直接飲用，也可只添加糖或只添加牛奶。如果添加糖和牛奶時，應當先加糖，後加牛奶，這樣使咖啡更香醇。糖可以緩和咖啡的苦味，牛奶可緩和咖啡的酸味。常用的比例是糖占咖啡的8%，牛奶占咖啡的6%，當然也可以根據飲用者的口味添加糖和牛奶。飲用咖啡時，先右手用匙，將咖啡輕輕攪拌（在添加糖或牛奶的情況下），然後將咖啡匙放在咖啡杯墊的邊緣上。用右手持咖啡杯柄，飲用，也可以左手持咖啡杯盤，右手持杯柄飲用。

七、自助餐禮儀

自助餐（Buffet）是流行的宴會方式，客人可以隨意入座。依照個人的口味與愛好挑選餐點和飲料，依照個人的食量自己選擇菜量。自助餐的服務人員不必像正式宴會那樣多，通常，只負責添加餐臺上的餐點，將賓客使用過的餐具適時撤走。顧客沒有固定的座位，所以可以與其他人隨意交談。在拿飲料、取菜時常有彼此交談的機會，可充分發揮社交功能。進入餐廳後，首先找到座位，物品放妥後，打開餐巾，說明此位已有人了。然後依序排隊取菜，習慣上第一次取開胃菜，包括沙拉、熱湯、麵包等。第二次取主菜，包括肉、魚、海鮮等。可以一次只拿一種餐點，味道不會彼此受影響，取菜時儘量避免把餐點掉在餐臺上、湯汁灑在容器外。大蝦和生蠔等要適量取用，應為他人著想。使用過的餐具應留在自己的餐桌上，以便服務生取走，每取一道菜應用一個新餐具，不要拿盛過餐點的餐盤去取下一道餐點。#

八、酒會禮儀

雞尾酒會簡稱酒會（Cocktail Party），又稱招待會（Reception），是目前世界社交中最為流行的宴請形式。其目的主要是節假日宴請。如國慶節、新年宴會、展覽開幕儀式、訊息發布會，以及公司成立宴請等，是節省時間、利於交際、節省經費的聚會方式。時間多在下午4點至7點之間，有些雞尾酒會後緊接著是正式宴會。餐飲簡單，多以小點心、餅乾、蛋糕、小肉捲、奶酪、魚子醬、三明治等小巧、易取餐點為主。客人可以用手去拿食物。這種宴會形式方便和他人交談。飲料方面常有雞尾酒、果汁、啤酒、葡萄酒等，客人可以從飲料吧臺自行取用，或是請服務生代取。雞尾酒會服裝多以平時服裝為宜，因雞尾酒會都在上班時間舉行，男士穿整套西裝、襯衫和繫領帶即可；女士穿上衣加裙子等。雞尾酒會以社交為主，因此應主動與他人交談，增加人際關係，但時間不長，只是禮貌上的交談即可。

本章小結

西餐是中國人民對歐美各國餐點的總稱。它常指以歐洲、北美和大洋洲各國餐點。現代西餐是根據法國、義大利、英國和俄國等餐點傳統工藝，結合世界各

地食品原料及飲食文化，製成富有營養、口味清淡的新派西餐餐點。西餐原料中的奶製品多，畜肉以牛肉為主。西餐常使用大塊食品原料，如牛排、魚排、雞排等。因此人們用餐時必須使用刀叉，以便將大塊餐點切成小塊後食用。由於許多蔬菜和部分海鮮生吃，因此西餐原料必須新鮮。西餐有多種製作方法，餐點品種很豐富。西餐主要特點是突出餐點中的主料，講究餐點造型、顏色、味道和營養。在生產過程中，選料很精細，對食品原料品質和規格都有嚴格的要求。現代西餐採用分食制，講究服務程序、服務方式、餐具和用餐禮儀。

思考與練習

1.名詞解釋題

（1）解釋下列餐具：

Sugar Bowl，Coffee Cup with Saucer，Soup Cup with Saucer，Tea Cup with Saucer，Salad Bowl，Butter Plate，Dessert Plate，Main Course Plate，Fish Plate，Toast Plate.

（2）解釋下列酒具：

Beer，Champagne，Wines，Cocktails，Brandy，Liqueur，Goblet，Whisky.

（3）解釋下列銀器：

Butter Knife，Salad Knife，Fish Knife，Table Knife，Dessert Knife，Fruit Knife，Cocktail Fork，Salad Fork，Fish Fork，Table Fork，Dessert Fork，Soup Spoon，Dessert Spoon，Tea Spoon.

2.思考題

（1）簡述西餐的含義與特點。

（2）簡述西餐餐具的發展。

（3）簡述酒會的禮儀。

（4）簡述自助餐的禮儀。

（5）論述西餐禮節。

第2章 西餐歷史與發展

本章導讀

當今文化、訊息和技術的交流，交通運輸的發展及現代通信技術的使用，使世界餐飲訊息、技術和原料共享。現代西餐已經成為世界的餐點。透過本章學習，可瞭解西餐發源地、西餐文明古國、西餐烹調先驅；中世紀的西餐、文藝復興時期至19世紀西餐的概況；20世紀西餐及中國西餐的發展等。此外，還可瞭解著名的法國餐飲鑒賞家、法國國王廚師和歐洲豪華餐點的開拓者及法國現代烹飪大師等。

第一節 西餐的起源

一、西餐發源地

根據考古發現，西餐起源於古埃及。大約公元前5000年，古埃及人文明在世界文明發展中占有重要地位。由於尼羅河流域土地肥沃，盛產糧食，在尼羅河的沼澤地和支流蘊藏著豐富的鰻魚、鯔魚、鯉魚和鱸魚等。當時埃及人在食物製作中已使用洋蔥、大蒜、蘿蔔和石榴等原料。公元前3500年，埃及分為上埃及和下埃及兩個王國，至公元前3000年建立了統一的王朝。那時埃及由法老統治，法老自以為是地球的上帝，其食物要經精心製作。同時貴族和牧師們的食物也很講究。當時古埃及的高度文明為其發展創造了燦爛的藝術和文化，尤其表現在石雕、木雕、泥塑、繪畫和餐飲上。公元前2000年埃及人開始飼養野山羊和羚羊，收集野芹菜、紙莎草和蓮藕，並且開始捕鳥和釣魚，這樣便逐漸放棄了原始游牧生活。

古埃及根據人們的職業規定社會地位。在這些階層中，最底層是士兵、農民和工匠，占古埃及人的大多數。其上層是有文化和知識的人，包括牧師（當時牧

師兼教師）、工程師和醫生。他們的上層社會是高級牧師和貴族，這些人是政府的組織者，元老是社會的最高階層。古埃及最底層的勞動大眾居住在狹窄的街道的村莊裡，房子由曬乾的泥磚和稻草建成。古埃及的上層人居住在較大和舒適的宅院裡，房內有柱子和較高的屋頂和木窗，宅院內有水塘和花園。當時貴族和高級牧師的餐桌上約有40種麵食和麵包可供食用。許多麵食和麵包使用了牛奶、雞蛋和蜂蜜為配料。同時餐桌上出現了大麥粥、鵪鶉、鴿子、魚類、牛肉、奶酪和無花果等食品和啤酒。那時埃及人已經懂得鹽的用途，蔬菜被普遍採用。例如黃瓜、生菜、青蔥等。在炎熱的夏季，他們用蔬菜製成沙拉並將醋和植物油混合在一起製成調味汁。當時埃及人種植無花果、石榴、棗和葡萄。富人可以享用由純葡萄汁製作的葡萄酒。普通的勞動大眾則使用家禽和魚製作餐點。古埃及婦女負責家庭烹調，而宴會製作由男廚師負責。在舉辦宴會時，廚師們因為手藝高超而常得到誇獎。許多出土的西餐烹調用具都證明了西餐在這一時期有過巨大的發展。古埃及已經使用天然烤箱，掌握油炸、水煮和火烤等烹調工藝。在出土的文物中，發現古埃及的菜單上有烤羊肉、烤牛肉和水果餐點。

二、西餐文明古國

古希臘位於巴爾幹半島南部、愛琴海諸島及小亞細亞西岸一帶。餐飲和烹調技術是其文化和歷史的重要組成部分。希臘烹調可追溯至2500年以前。那時希臘已進入青銅時代，奶酪、葡萄酒、蜂蜜和橄欖油是被稱為希臘烹調文化四大要素，透過公元前1627年桑托利尼火山爆發後的發掘物可以證實奶酪和蜂巢的使用情況。希臘餐飲學者經過調查和研究，認為希臘菜已有4000年歷史，形成了自己的風格。這個結論透過荷馬（Homer）和柏拉圖（Plato，公元前427——公元前347年，古希臘哲學家）敘述的雅典（Athenaeus）奢侈的宴會菜單可以證實。希臘學者認為，希臘菜是歐洲餐點的始祖，像希臘文化對地中海地區的影響一樣重要。儘管希臘在歷史上曾受到了羅馬人、土耳其人、威尼斯人、熱那亞人和加泰隆尼亞人的統治長達2000多年之久，然而希臘餐點仍然保持了自己的風格。許多研究希臘餐飲的學者認為，希臘烹調技術主要來自古代東羅馬帝國時代。根據希臘歷史學家的考察，公元前350年，古希臘的烹調技術已經達到相當高的水平。世界上第一本有關烹調技術的書籍由希臘的著名美食家——阿切斯特

亞圖（Archestratos）於公元前330年編輯。該書在當時指導希臘烹飪技術上造成了決定性作用。公元前146年，希臘被羅馬人占領。公元330年，康斯坦丁國王（Constantine）將首都遷入君士坦丁堡（Constantinople），開創了東羅馬帝國——拜占庭帝國（Byzantium）。1453年土耳其人戰勝了東羅馬，建立了鄂圖曼帝國（Ottoman）。透過歷史和政權的變革，希臘餐點和它的獨特烹調方法不斷地影響著威尼斯人、巴爾幹半島人、土耳其人和斯拉夫人，從而名聲大振。

在廚房工作中的古希臘廚師

公元後不久，希臘成為歐洲文明的中心。雄厚的經濟實力給它帶來了豐富的農產品、紡織品、陶器、酒和食用油。此外，希臘還出口穀類、羊毛、馬匹和藥品。那時奴隸制度仍然普遍存在。但是他們都有各自的具體工作。如購買糧食、燒飯、服務等。這已經接近了今天廚房與餐廳組織結構。當時希臘的貴族很講究食物。希臘人當時的日常食物已經有山羊肉、綿羊肉、牛肉、魚類、奶酪、大麥麵包、蜂蜜麵包和芝麻麵包等。希臘人認為，他們是世界上首先開發酸甜味餐點的國家。儘管古希臘人當時還不瞭解稻米、糖、玉米、馬鈴薯、番茄和檸檬，然而，他們製作禽類餐點時，使用橄欖油、洋蔥、薄荷和百里香以增加餐點的美味，使用篩過的麵粉製作麵食，並且在麵食的表面抹上葡萄液增加甜味。

三、西餐烹調先驅

古羅馬位於歐洲中部，土地肥沃，雨量充沛，河流和湖泊縱橫。公元前3000年至公元前1000年，古羅馬人發明了發酵技術和製作葡萄酒和啤酒的方法。同時發酵方法導致了發酵麵包的產生。由於學會了利用冰和雪，人們利用冰雪儲藏各種食物原料。公元前31——公元14年，稱為古羅馬奧古斯都時期（Augustan Age），那時人們的食物根據職務級別而定。根據馬克斯（Marks）的記錄，普通市民的食物簡單。希爾頓（Shelton）記載，古羅馬人通常一日三餐。多數人的早餐和午餐比較清淡。根據佛羅倫斯．杜邦（Florence Dupont）記錄，古羅馬士兵一日三餐，主要食物有麵包、粥、奶酪和價格便宜的葡萄酒，晚餐有少量的肉類，而有身分的人可以得到豐盛的食物。根據希蒙．歌德納夫（Simon Goodenough）記錄，古羅馬人的早餐常是麵包滴上葡萄酒珠和蜂蜜，有時抹上少許棗醬和橄欖油。午餐通常是麵包、水果和奶酪及前一天晚餐沒有吃完的剩菜。正餐是一天最主要的一餐，在一天的傍晚進行。普通大眾的餐點常是用橄欖油和蔬菜製作的各種餐點。中等階層家庭的正餐通常準備三道餐點：第一道餐點稱為開胃菜並使用調味醬（Mulsum）。第二道餐點通常是由畜肉、家禽、野禽或水產品製成的餐點，並以蔬菜為配菜。第三道餐點通常是水果、果乾、蜂蜜點心和葡萄酒等。通常吃第三道餐點前，將餐桌收拾乾淨，將前兩道餐點的餐具撤掉，古羅馬人將第三道餐點稱為第二個餐桌（second table）。當時農民受到人們的尊敬和愛戴，農民們種植糧食、蔬菜和水果，飼養家畜和家禽，所以農

民的食物比較豐盛。元老院議員和地主享有豐富的餐飲，每日三餐，晚餐作為正餐。早餐和午餐有麵包、水果和奶酪；晚餐有開胃菜、畜肉餐點和甜點。根據納爾德奧（Nardo）的記錄，公元後100多年，羅馬貴族和富人的宴會包括豬肉、野禽肉、羚羊肉、野兔肉、瞪羚肉等，宴會服務由年輕的奴隸負責。奴隸將麵包放在銀盤中，一手托盤，一手將麵包遞給參加宴會的人。宴會還經常有娛樂節目，包括詩歌朗誦、音樂演奏和舞蹈表演等。

根據古羅馬後期美食者阿匹西尤（Apicius）對古羅馬宴會菜單的整理和記錄，古羅馬的烹調使用較多的調味品，餐點的味道很濃，餐點帶有流行的醬或調味汁。當時流行的醬有魚醬（Garum）。這種調味醬由海產品和鹽，經過發酵，熟製而成。其味道很鮮美，好像中國廣東人喜愛的蠔油一樣。那時古羅馬宴會最流行的甜點是鑲餡棗。將棗核挖出後，填入果乾、水果、葡萄酒和麵食渣製成的餡心。古羅馬人在烹調中經常使用杏仁汁作為調味品和濃稠劑，這種原料直至中世紀和19世紀仍然流行。

公元後200多年，古羅馬的文化和社會高度發達，在詩歌、戲劇、雕刻、繪畫和西餐文化和藝術等方面都創造了嶄新的風格。當時羅馬的烹調方式汲取了希臘烹調的精華，他們舉行的宴會豐富多彩，有較高水平，在製作麵食方面世界領先。至今義大利的披薩餅和麵條仍享譽世界。當時的羅馬廚師不再是奴隸，而是擁有一定社會地位的人。廚房結構隨著分工的深入而得到進一步改善。美味佳餚成為羅馬人的財富象徵。在哈德連皇帝統治時期，羅馬帝國在帕蘭丁山建立了廚師學校，以發展西餐烹調藝術。

根據佛羅倫斯．杜邦的記載，古羅馬人的城市花園，一年四季種植大量日常食用的蔬菜。古羅馬人依靠辛勤勞動，為蔬菜施肥和整理，採用一系列方法防止冬天的嚴寒和夏季的炎熱。當時這些花園裡的蔬菜品種有油菜（Brassicas）、青菜（Greens）、葫蘆（Marrows）、黃瓜（Cucumbers）、生菜（Lettuces）和韭蔥（Leeks）等。同時，在花園的不同位置種植不同的植物。一些地方種植調味品，例如大蒜（Garlic）、洋蔥（Onions）、水芹（Cress）和菊苣，一些地方種植小麥。小麥對古羅馬人非常重要，他們使用小麥製作麵包和米粥。橄欖是古羅

馬人的重要植物，橄欖油在當時不僅用於烹調，還可作為照明燃料、香水和潤滑劑。葡萄被廣泛種植，葡萄不僅作為日常的水果，還是葡萄酒的原料，葡萄核還可以製成防腐劑。古羅馬畜肉的消費量很少，價格昂貴。最早的古羅馬，畜肉只用於神的祭祀品，慢慢地畜肉用於粥類的配菜以增加味道。隨著羅馬帝國的擴張，糧食的需求不斷提高，古羅馬開始在埃及進口糧食，當時埃及稱為「世界糧食之鄉」。此外，還從北非進口香料，從西班牙進口家畜，從英國進口牡蠣，從希臘進口蜂蜜，從世界各地進口葡萄酒。

第二節 中世紀古西餐

一、中世紀初期

中世紀指西羅馬帝國滅亡至文藝復興開始階段。5世紀的雅典，在首領伯里克里斯（Pericles）的統治下，發展貿易和經濟，重視建築物的建設。當時希臘的調味品和烹調技術受到東羅馬帝國和羅馬帝國時代的兩個城市——西西里和莉迪亞（Sicily和Lydia）的影響。在東羅馬帝國，希臘烹調技術和古羅馬烹調技術不斷地融合。市場上出現了蔬菜、糧食、香料、調味品的新品種及奶酪和奶油等。這樣促使希臘廚師開發和創新餐點。例如，當時創新的開胃菜——燻牛肉（Pastrami）。

二、中世紀中期

中世紀中期義大利人的廚房

8世紀，義大利人在烹調時，普遍使用調味品。其中使用最多的調味品是胡椒和番紅花，其次是香菜（Parsley）、牛至、茴香、牛膝草（Hyssop）、薄荷、羅勒、大蒜、洋蔥和小洋蔥等。同時，義大利人使用未成熟的葡萄作為調味品，加入畜肉餐點和海鮮餐點中以去掉餐點的腥味。那時由於義大利人的食品原料豐富，他們可以用不同方法製作不同風格餐點以慢速燉菜為特色，使餐點味道濃

郁。

三、11世紀至15世紀

1066年，諾曼地人進入了英國。由於他們的占領，使當時說英語的人們在生活習慣、語言和烹調方法等方面都受到了法國人長期的影響。如，英語的小牛肉、牛肉和豬肉等詞都是從法語演變過來的。同時，用法語書寫的烹調書詳細地記錄了各種食譜，使英國人打破了傳統的和單一的烹調方法。

從11世紀中期至15世紀，歐洲人的正餐常是三道菜。第一道菜是開胃菜。包括湯、水果和蔬菜。第一道菜使用比較多的調味品。當時人們認為香料和調味品可以增加人們的食慾。第二道菜是主菜，是以牛肉、豬肉、魚及果乾為原料製作的餐點。第三道菜是甜點，包括水果、蛋糕和烈酒。在用餐的整個過程中，不斷飲用葡萄酒和食用奶酪。在節日和盛大的宴請中，餐點的道數會增加並且講究宴會裝飾。13世紀，麵條在義大利被廣泛食用。1183年，倫敦出現了第一家小餐館，出售了以魚、牛肉、鹿肉、家禽為原料的西餐餐點。中世紀酸甜味餐點廣泛出現在義大利食譜和法國食譜上。隨著義大利烹調水平的提高，餐點常出現兩種以上的味道以達到味道的協調。

此外，開始在麵食中使用葡萄乾、莓脯和果乾增加甜度和協調顏色。12 世紀，希臘的食品原料不斷豐富。馬鈴薯、番茄、菠菜、香蕉、咖啡、茶在希臘被廣泛地使用。希臘人開發了魚子醬（Caviar）餐點、鯡魚餐點、茄子餐點，在製作樹葉肉夾（Dolmades）時，使用葡萄葉代替傳統的無花果葉。在愛琴海（Aegean）和愛比勒斯（Epirus）地區不斷地試製新奶酪品種。當時開發了兩種著名的奶酪：蜜紫拉（Mizithra）和菲特（Feta）。在東羅馬帝國時代，羅馬人創造了布丁、蜂蜜米布丁、橘子醬等。當時還以葡萄酒為原料，放入茴香、乳香等調味品製成利口酒。在各島嶼，特別是奇奧島（Chios）、萊茲波斯島（Lesbos）、莉訥茲島（Limnos）和塞摩斯島（Samos）開始種植著名的馬斯凱特葡萄。在上述島嶼開始生產葡萄酒並且品質很高。中世紀法國餐點味道以鹹甜味為主要味道，調味品多，味清淡。12世紀，東歐國家在餐點烹調中使用較多的香料和調味品，使得香料味道很濃。餐點原料以畜肉、穀類、蘑菇、水果、果

乾和蜂蜜為主。

14世紀晚期，根據傑弗里．喬叟（Geoffrey　Chaucer）著的《坎特伯里故事集》（The Canterbury Tales）敘述，英國飯店出現了首次餐飲推銷活動。15世紀歐洲文藝復興時期開始，由於義大利和法國的廚師不斷進入東歐各國，以蔬菜為主要原料或輔料的餐點不斷增加。使用較多的蔬菜是生菜、韭蔥、芹菜和捲心菜。1493年，探險家克里斯多福．哥倫布在西印度群島發現鳳梨，當地人們將鳳梨稱為娜娜（Nana），其含義是芳香果。

第三節 近代西餐發展

一、文藝復興時期

16世紀的文藝復興時期，許多新食品原料引入歐洲。例如玉米、馬鈴薯、花生、巧克力、香草、鳳梨、菜豆、辣椒和火雞等。那時普通人仍然以黑麥麵包、奶酪為主要食品，而中等階層和富人的餐桌則包括各種精製的麵包、牛肉、水產品、禽類餐點及各種甜點。富人的餐桌已經使用鹹鹽作調味品。16　世紀的英國伊麗莎白時代，多數歐洲人每天只吃兩頓飯：中午的正餐和下午6點的晚餐。在節假日，長者、主人或主賓坐在椅子上，普通人坐在木凳上，圍著長者或主人或主賓而坐。那時，普通人用木碗和木勺用餐，糖和鹽是奢侈品，普通家庭很少使用；而有地位的家庭正餐常包括幾道餐點：開胃菜、主菜和甜點，畜肉菜中常放有水果，增加餐點味道，而甜點常放有杏仁、香草或巧克力。16世紀各國貿易不斷增長，隨之而來，植物香料、啤酒、伏特加酒、葡萄酒成為東歐各國的流行食品。當時醬被廣泛應用到餐點製作上。16世紀，受義大利烹調風味的影響，西餐餐點的味道普遍偏甜，這種風格一直保持至20世紀初。

隨著「文藝復興」的開展，世界發現了新大陸。從美洲進口的蔬菜源源不斷進入法國，澱粉原料代替了豆類食品。特別是16世紀末，食品原料在法國發生了翻天覆地的變化，火雞代替了孔雀，法國餐桌的餐點發生了質的變化。這時人們從習慣於大吃大喝轉向注重美食。但是真正使法國餐飲繁榮和名聲大振的原因是政治因素。17世紀，法國在路易十七國王的管理下，皇室和貴族的餐飲和製

作技術不斷進步。

二、17世紀西餐

17世紀的法國，不論任何餐點都必須放小洋蔥或青蔥（Spring Onion）調味，使用鳳尾魚和鱒魚增加餐點的鮮味。當時法國餐點最大特點是使用奶油作為餐點首選烹調油。1615年奧地利的安妮（Ann）與路易十三世的婚禮上，法國人認識了巧克力，法國人開始從西印度群島和幾內亞進口可可。當時，法國廚師透過努力創造了和開發了不同口味、不同種類和形狀的巧克力甜點。

17世紀，義大利的烹調方法傳到法國後，烹調技術經歷了又一個巨大的發展階段，看到法國豐富的農產品，廚師們有了製作新餐點的嘗試。烹調技術廣泛地在法國各地傳播，一旦製出新式餐點，廚師便會得到人們的尊敬和重視。1688年英國倫敦出現了第一家咖啡廳，名為愛德華·勞埃德咖啡廳（Edward Lloyd's Coffeehouse）。不久，英國咖啡廳像雨後春筍般的接連出現。到18世紀初期，僅倫敦就有200 餘家。18世紀法國在路易十六國王的統治下，制定了一套用餐和宴請禮儀。該禮儀規定皇宮所有的宴會都要按照法國的宴會儀式（la francaise）進行。儀式規定，被宴請人應按照宴會計劃坐在規定的位置，餐點分為三次送至客人面前，所有客人的餐點放在一起，不分餐。第一道菜是湯、燒烤餐點和其他熱菜；第二道菜是冷燒烤餐點和蔬菜；第三道餐點是甜點。每一道餐點的所有各種餐點應當同時服務到桌。當時，印製了10萬份小冊子發至各地。歷史學家安托尼·羅萊（Anthony Rowley）認為路易十六國王在對法國的餐飲文化和烹飪技術的發展和進步造成決定性的作用，並培育了法國的餐桌文化和餐飲服務文化。這些貢獻使當時的外國使者更加崇拜路易十六國王。當時，巴黎成為法國烹調技術的中心。

17世紀，在巴洛克藝術時代（Baroque Era），英國倫敦人通常每天食用4餐。餐點包括各種麵包、肉類或海鮮餐點、水果和甜點。各種叉子從義大利流傳到英國，作為餐具開始普遍使用。廚師們以創作新餐點、使用新食品原料和調味品為自豪，並受到人們的稱讚。在餐廳功能和布局、餐桌的裝飾物、餐具和酒具方面也得到不斷創新。餐具包括開胃菜盤、主菜盤和甜點盤；各種酒具包括葡萄酒杯、威士忌酒杯、白蘭地酒杯和利口酒杯等。熱主菜的蓋子和船形醬容器都是當時餐具廠開發和創製的。17世紀末，受法國宴會習俗的流行和影響，英國開始講究宴會服務的規格和服務方法，通常根據用餐人的職位和經濟情況進行服務細分。

根據歷史記載，17 世紀美洲殖民地地區出現了世界上規模最大的感恩節宴（Thanksgiving Dinner）。1620年冬季特殊寒冷，當地農作物遭受毀滅性的破壞。1621年取得了農業大豐收，在普利茅斯（Plymouth）朝聖地舉行了這一宴會，持續了3天。宴會菜單包括各種沙拉、湯和甜點等。

三、18世紀西餐

18世紀中期，喬治亞統治時代（Georgian Era），歐洲流行以烤的方法製作餐點，烤箱成為廚房的普通廚具。廚師們根據自己的技術和經驗決定餐點的火候和成熟度。18世紀中等階層和富人的正餐通常在晚上食用，主要原因是，中等階層的正餐製作和服務都比較複雜，需要較長時間。另一個原因是富人們不喜歡在同一時間與普通人食用正餐。當時餐飲文化得到不斷地發展。1765年，布蘭潔（Boulanger）在法國巴黎開設了第一家真正的法國餐廳，這家餐廳在各方面已經和我們現在的西餐廳相似。那年，著名廚師——波威利爾斯（Beauvilliers）在巴黎也經營了一家西餐廳，開發了著名的牛肉清湯（Bouillon）並在餐廳內設計了小型的餐桌，餐桌鋪上了整潔的桌巾而受到人們青睞。當時實施了菜單點餐的銷售方法。

18世紀，英國開始講究正餐或宴會的禮儀。在上層社會，每個參加宴會的人，從服裝、裝飾、用餐至離席都規定了禮儀標準。女士在參加宴會前，需要用1個多小時化妝。男士們需要進行自身整理。通常男主人帶頭進入餐廳，然後是年長女士、女主人和其他客人。男主人先入座，坐在餐座主人席對面，女主人坐在主人席，面對男主人。年長女士坐在女主人旁邊，這些座位屬於貴賓席。然後，其他客人自己選座位。根據宴會級別和需要，通常為3道餐點，每道菜包括5個至25個餐點。每一道菜中的各種餐點一起上桌，不執行分餐制。所有客人的餐點放在同一餐盤。隨後女主人為客人分湯，宴會正式開始。同時人們開始飲用

葡萄酒，然後食用麵包。當女主人為大家切割肉類餐點時，所有客人可以自己選擇喜愛的餐點。如果客人想取較遠餐盤中的餐點，需請服務生幫助。傳統英式正餐或宴會每上一道餐點，換一次桌巾和餐具。通常第二道餐點比第一道餐點清淡。餐點擺放遵循一定原則：肉類餐點擺放在餐桌中間，其他餐點圍著肉類餐點擺放。第二道餐點包括水果塔（Fruit Tarts）、果凍（Jellies）和奶油品等。人們在食用第二道菜時，習慣飲用各式葡萄酒、啤酒、波特酒、雪莉酒和蘇打水。第三道餐點通常用手食用。包括果乾、水果、蜜餞、小點心和奶酪等。傳統的英格蘭式正餐或正式宴請需要持續兩小時。隨著女主人起立，離開餐桌，年長女士起立，然後是其他客人。1789年法國大革命時期，法國皇宮使用的豪華烹調法面臨著巨大的考驗。用餐方式成為政府官員形象，從而產生政治影響。但是，讓法國人們欣慰的是無論法國政治和政府如何變化，法國的精湛的烹調方法、美味餐點和宴會的接待程序都受到世界來訪官員的好評和稱讚。1794年美國紐約華爾街出現了第一家咖啡廳。18 世紀末英國的下午茶開始流行，由英國道弗德地區名叫安娜的公爵夫人發明，隨後，英國出現了各種茶食和茶點。

18世紀餐桌餐點布局圖

四、19世紀西餐

18世紀以後，法國湧現出了許多著名的西餐烹調藝術大師。如，安托尼．卡露米和奧古斯特．埃斯考菲爾等。這些著名的烹調大師設計並製作了許多著名的餐點，有些品種至今都是在西式燒烤屋（Grill Room）菜單上受顧客青睞的品種。1894年，美國的第一部烹調書籍，由廚師查里斯．瑞奧弗（Charles

Ranhofer）編著的《美食家》出版了。18世紀末至19世紀初，在法國大革命的影響下，為貴族烹調的廚師們紛紛走出貴族家庭，自己經營餐廳。因此，法國的貴族烹調法流入民間。

19世紀早期，著名的法國美食家布里亞．薩瓦蘭（Jean Anthelme Brillat Savarin）指出，咖啡廳為現代（指當時）人提供方便型用餐方式。人們可以根據咖啡廳的菜單購買自己喜愛的餐點，而免去在家的勞累。

19世紀初的英國攝政時期（Regency Era），英國的中等階層家庭聘請廚師為自家烹調。當時由於原料需要長時間的運輸和儲存原因，英國餐點品質和特色受到原料新鮮度的限制。1830 年，陸軍上校羅伯特．吉班．強森（Robert Gibbon Johnson）大膽嘗試，駁斥了當時番茄有毒論，從而開發了番茄沙拉，奠定了番茄在湯和醬中的地位。19世紀中期，英國的維多利亞時代中等階層社會正餐發展為9道以上的餐點。他們習慣於豐富的早餐，包括各式水果、雞蛋、香腸、麵食和冷熱飲。午餐清淡，正餐餐點種類多，製作精細。當時出現了專業的烹調學校，廚房開始使用專業溫度計、工具和用具。

1820年代，在凱波迪斯提亞（Kapodistria）總統的領導下，希臘食品原料由非洲進口，使希臘食品原料極大豐富。當時，烹調希臘餐點的主要香料是羅勒、牛至、薄荷、百里香、檸檬汁、檸檬皮和奶酪，再加上本國的傳統原料——橄欖油，使希臘餐點形成自己的特色和口味。1920年美國的愛德華時代（Edwardian Era），隨著工業發展，美國速食業不斷壯大和發展。出現了汽車窗口餐飲服務。1825 年在美國東南部城市——費城出現了第一家自助式餐廳。顧客在餐檯自己選擇喜愛的餐點，收銀員根據顧客選擇餐點的數量和品種，收取餐費。

1830年代初，著名的希臘廚師尼可拉斯．茲勒門德（Nikos Tselemende）將法國烹調技術和希臘的傳統烹調技術相結合，推進了希臘餐點的味道和造型，創造了新派希臘菜。1934年以經營歐洲菜系和具有歐洲烹調特色的餐廳在紐約市洛克菲勒中心開業。1936年主題餐廳在美國加州開始流行，法國豪特烹調方法受到美國人的青睞。

1850年代後期，由法國青年廚師——保羅．博基茲 （Paul Bocuse）、米凱

爾·居埃赫（Michel Guerard）、珍（Jean）、皮耶 （Pierre）和亞倫·夏裴（Alain Chapel）為主要代表的法國現代烹調法的學派提出，法國的烹調不要受傳統的理念和工藝約束，要結合現代人們日常生活的需要，滿足現代人營養和健康需要。他們大膽創新餐點原料、餐點口味、製作工藝、餐點結構、餐點裝飾。從而創造了法國新派烹調法（Nouvelle Cuisine）。

1950年西餐速食業首先在美國發展起來，而後遍及世界。1960年希臘城市化進程使希臘餐點發生翻天覆地的變化。希臘菜出現了眾多的新食譜和新的餐點造型。許多希臘廚師認為，這些新菜是使用了希臘當地的原材料，借鑑和融合了法國及其他國家的烹調方法形成的新派希臘菜。

1860年，俄式服務方法由法國著名廚師菲力克斯·波恩·杜波萊斯（Felix Urbain-Dubois）引進法國宴會服務程序並進一步改革，將餐點分給每一客人，實行分餐制。第一道餐點是熱開胃菜（Hot hors d'oreuvres），隨後是湯、主菜、沙拉、奶酪和甜點。法國人在用餐時，習慣配以不同的酒水。在餐前食用開胃菜，飲用酒精度較低的開胃酒；吃主菜時，喝葡萄酒或酒精度高的白蘭地酒。在法國許多優秀的餐點以優質的葡萄酒為調味品，尤其在著名的葡萄酒生產地——波爾多（Bordeaux）、普羅旺斯（Provence）和都蘭（Touraine）等。在法國西北部諾曼地地區是著名的奶油、奶油、奶酪、蘋果和海產品生產地，當地的特色餐點不用葡萄酒調味，保持自然的新鮮。

1870年代兩位法國餐點的評論家克里斯蒂安·米約（Christian Millau）和亨利·高爾（Henri Gault）提出法國餐點應當不斷創新。他們認為，在保持法國傳統餐點特色的基礎上，使用清淡的醬，借鑑國外的烹調方法。

第四節 現代西餐形成

一、20世紀西餐

20世紀初期，義大利南部的烹調方法首次引入美國。第二次世界大戰後，義大利餐點，尤其是義大利燉牛肉（Osso Bucco）、義大利麵條和披薩餅成為美國人青睞的餐點。隨之而來的是義大利食品原料和調味品也進入美國。例如，朝

鮮薊（Artichokes）、茄子、義大利蔬菜麵條湯（Minestrone）等。由於美國移民的進入，美國餐點的種類和味道不斷豐富和改進。那時，美國人經常去鄰國——墨西哥享受獨特的美味佳餚，促進了美國墨西哥餐點的發展。由於中國移民不斷地進入美國，美國各地中國城中的中國餐點不斷地影響美國烹飪技術和美國餐點，特別是廣東菜、四川菜和湖南菜。1898年美國紐約市的威廉（William）和山繆·查爾斯（Samuel Childs）發明了托盤並引入餐廳服務，從而提高了美國餐廳服務效率和方便了餐飲服務。1970年代至1980年代泰國菜和越南菜對美國烹飪也有很大的影響。對於部分美國人飽嘗甜、酸、鹹、辣的餐點後，帶有椰子味道的餐點很受大眾的歡迎。目前，南亞風味的餐點正流行於美國。

二、中國西餐發展

西餐傳入中國可追溯到13世紀，據說義大利旅行家馬可·波羅到中國旅行，曾將某些西餐餐點傳到中國。1840年鴉片戰爭以後，一些西方人進入中國，將許多西餐餐點製作方法帶到中國。清朝後期，歐美人在天津、北京和上海開設了一些飯店並經營西餐，廚師長由外國人擔任。1885年廣州開設了中國第一家西餐廳——太平館，象徵著西餐業正式登陸中國。天津起士林是中國國內較早的西餐廳，在天津老一代人中有著不可磨滅的印象。該餐廳由德國人威廉·起士林於1901年創建，曾經留下許多歷史名人的足跡。此後的一個多世紀中，西餐文化迅速發展成為中國飲食文化的一個重要元素。

至1920年代，西餐只在中國一些沿海城市和著名城市有較大的發展，全國各地西餐發展很不平衡。例如，上海的禮查飯店、慧中飯店、紅房子法國餐廳，天津的利順德大飯店、起士林飯店等都是歷史上銷售西餐的著名企業。改革開放前，中國的國際交往以蘇聯和東歐為主，中國的西餐只有俄式和其他東歐的一些餐點。改革開放後，中國對外交往擴大，中外合資飯店相繼在各大城市建立，外國著名的飯店管理集團進入中國後，帶來了新的西餐技術、現代化的西餐管理，使中國西餐業迅速與國際接軌並且培養了一批技術和管理人才，這些骨幹大部分在合資飯店和中國國內經營的著名飯店做西餐管理工作。近幾年，北京、上海、廣州、深圳和天津等城市相繼出現一些西餐廳。這些企業經營著帶有世界各種文

化和口味的現代西餐，使西餐多樣化和國際化，從而滿足了中國消費者的需求。隨著中國經濟的發展，中國西餐的經營不斷擴大和發展，在天津、北京、上海、廣州和深圳等地區的咖啡廳和西餐廳的總數已達數千家，西餐餐點種類和品質也不斷得到增加和提高。當今，中國的西餐經營發展已形成一定的模式，例如，以北京為代表的多國餐點，以天津為代表的英國菜，以上海為代表的法國菜，以哈爾濱為代表的俄國菜。

至目前，中國已成功舉辦了兩次西餐文化節。2001年，在天津舉辦了首屆西餐文化節。2003年，在廣州舉辦了第二屆西餐文化節。首屆西餐文化節，國家有關部門、全國西餐業著名老字企業、著名西餐廚師應邀參加。同時，還邀請了德國、法國、英國、義大利和俄國等著名西餐廚師現場獻藝。此外，還邀請了中國國內外西餐專家和學者作學術報告，交流經驗，研究西餐發展趨勢，進一步推動西餐在中國的發展。第二屆西餐文化節，舉辦了國際西餐業展覽會和餐飲多元文化發展論壇，穿插調酒表演、冰雕表演和西餐美食展。由於西餐注重整潔衛生，以嶄新的設計、幽雅的環境、明快的格調，適應了現代生活節奏，贏得了中國中青年顧客的歡迎。目前，西餐在中國市場比較普及的品種有美國麥當勞漢堡包、肯德基炸雞、義大利披薩餅、歐洲大菜、西班牙燒烤等。隨著中國加入WTO，外商日益增多，中國已形成了西餐消費群體，為中國西餐業的發展提供了廣闊空間。

第五節 著名鑒賞家和烹調大師

一、著名法國飲食鑒賞家

布里亞．薩瓦蘭（Jean Anthelme Brillat-Savarin）1755年4月1日出生於法國貝里市（Belley）。早年他在法國東部的第戎市（Dijon）學習法律、化學、醫藥學。1789年他被任命為貝里市副市長，1793年成為市長。後來，他先後到達瑞士、荷蘭和美國。作為法官，他有許多時間編輯美食評論的書籍。他著有多部關於政治、經濟和法律的著作。在他的著作中，最著名的是《品嚐解説》。在該著作中他對各種餐點做了評價並以百科全書的形式綜述了餐點與飲料。他於1826

年2月2日，在巴黎逝世。

二、著名法國國王廚師

馬利安東尼．卡瑞蒙（Marie Atonin Careme）（1784年6月8日～1833年1月12日）生於法國巴黎，家境貧寒。由於他父親無力撫養多個孩子，因此他從13歲開始就在一家小餐館當幫廚。由於勤奮好學，自學了法語和麵食製作，不久就脫穎而出，聞名巴黎。他經過著名美食家，年輕的主教德塔列朗（Talleyrand）的測試和培養，並推薦為法國拿破崙皇帝廚師。他用了大量時間鑽研和學習希臘、羅馬和埃及的繪畫和雕刻藝術。他設計和雕刻了許多精緻的餐桌裝飾品。在當時的新古典主義影響下，他用棉花糖、蠟或麵糰為原料製成精緻的古廟、大橋，將這些藝術品布置在餐桌上。在卡瑞蒙做主廚前，法國宴會儘管餐點種類和數量豐富，但是廚師很少關心餐點的質地、顏色、味道和裝飾。卡瑞蒙任廚師長後，規定了宴會餐點道數、餐點味道、顏色和裝飾的標準以及宴會每道餐點的協調性。卡瑞蒙是法國第一個把糕點樣品陳列在拿破崙．波拿巴皇帝的餐桌上的廚師。他先後被邀請到倫敦皇宮、巴黎、維也納、彼得格勒等地獻技。在這期間，他改進並獨創了許多新菜，因而獲得了「國王廚師」和「廚師國王」的美稱。卡瑞蒙常把烹調法和建築學緊密地融合在一起，使用植物調味品，簡化餐點製作工藝，使餐點藝術化，重視餐點的外觀，奠定了西餐古典餐點的基礎。他創造了法國古典烹調法——高級烹飪技術（haute cuisine）。高級烹飪技術使用多種醬，味道濃，採用小分量裝盤，餐點製作精細。他曾先後為英國攝政王（英國喬治四世）和俄國沙皇亞歷山大一世（Czar Alexander I）做主廚。他在倫敦任宮廷主廚時說：「我所關心的問題是用各種花樣的餐點引起人們的食慾。」他寫過幾部重點介紹古典餐點、古典麵食製作方法的烹飪書。但是，由於他過早地離開人世，他寫的大部分書籍均未完成。但這位著名的「國王廚師」仍不失為「最高烹飪」的先驅。卡瑞蒙是具備油畫藝術、雕刻藝術、編寫詩歌、作曲和具有建築學知識5種天賦的烹調大師。

三、歐洲豪華餐點開拓者

喬治斯．奧古斯特．埃斯科菲耶（George Auguste Escoffier），1846年10月

28日生於法國港口城市尼斯（Nice）附近，普羅旺斯（Provence）地區的一個小村莊。其父親是鐵匠，並在家鄉種植菸草。喬治斯．奧古斯特．埃斯科菲耶是個健康、幽默和性格開朗的人並與任何人都相處得很好。12歲時，他來到當地的一所小學讀書。他特別喜好畫畫，他覺得，周圍的一切都是美麗的畫面。然而由於他對祖母的敬仰和影響，最後還是走入廚師的行列。埃斯科菲耶13歲時，他父親將他帶到尼斯，在他叔叔開設的餐館當學徒。在那裡，他受到嚴格的紀律和服務精神的訓練。1870年普法戰爭爆發（Franco-Prussian War），埃斯科菲耶參了軍，被任命為廚師長。在那裡他學習了罐頭食品製作技術和管理廚房的訓練。復員後回到巴黎的拉．派提．特姆林．羅奇飯店（Le Petit Moulin Rouge）任主廚，直至1878年。在其漫長的職業生涯中，他以烹調豪華餐點而引起歐洲社會的矚目。他設計了數以千計的食譜，確立了豪華烹飪法的標準。1890 年在蒙地卡羅（Monte Carlo）大酒店當廚師長時，他與飯店經理凱薩．里茲（Cesar Ritz）密切合作，進行了餐飲經營與烹調設施的現代化和專業化建設。這一措施取得了良好的效果。後來，里茲又把他帶到聞名世界的倫敦塞維飯店。埃斯科菲耶不斷地開發新菜並以著名的顧客命名。其中，為了紀念著名的澳洲歌劇演員內莉．梅爾巴（Nellie Melba），他創造了獨特的甜點——梅爾巴桃（Peach Melba）。為了表示對偉大的作曲家裡焦阿基諾．羅西尼（Gioacchino Rossini）的敬仰，埃斯科菲耶開發了羅西尼里脊牛排（Tournedos Rossini）。他還創造了一個冷菜珍妮特雞（Chicken Jeannette），是為了紀念被冰山撞沉的輪船。

埃斯科菲耶曾指出，廚師的任務就是完善烹調法、分道上菜和使用現代廚房。他注意烹飪的專一性，按照俄羅斯服務方式上菜，每一種菜為單獨的一道，改變了全部餐點一齊上桌的傳統方式。他的著作《我的烹調法——食譜與烹飪指南》確立了法國古典烹飪法。此外，他與卡瑞蒙（Careme）一起開發了高級烹飪技術，也稱為豪華烹調法（Grande Cuisine）。埃斯科菲耶透過豪華烹調法將餐點的原料和製作方法形成規律和標準，將各種餐點，根據製作方法劃分種類。例如，將所有的湯分為清湯（Consommes）、濃湯（Potages）和奶油湯（Cremes），然後根據製作細節和餐點特點再分為若干類別，從而形成標準食譜。埃斯科菲耶最終完成了具有偉大意義的烹調書籍——《豪華烹飪藝術指南》

（A Guide to the Fine Art of Cookery）。

四、法國現代烹飪大師

普斯佩·蒙塔寧（Prosper　Montagne）是法國著名的廚師。1938年他透過不懈的努力完成了法國有史以來第一部烹飪百科全書（Larousse Gastronomique）。他年輕的時候在蒙特卡羅大飯店做副總廚，主動地對各種餐點的原料、工藝和造型進行研究，發現餐點中有過多的裝飾品。他認為，這些裝飾品不僅使餐點失去特色，還浪費了大量的時間。當時，很多廚師尚沒有發現其中的道理，因而不同意這種觀點。包括埃斯科菲耶也沒有對此作出任何評論。但是，另一位著名的廚師、文學愛好者菲力斯·吉爾波特（Phileas　Gilbert）發現了其中的奧妙，贊同這種觀點。後來，普斯佩·蒙塔寧和埃斯科菲耶一起在推動烹調技藝改革，簡化和精簡烹調程序，提高餐飲服務效率，簡化宴會菜單及在廚房組織專業化方面作出了巨大貢獻。

本章小結

西餐發展至今已有數千年的歷史。古代巴比倫人在象形文字中記錄了當時西餐的種類和烹調方法。西餐學者和專家將西餐歷史和發展總結為三個階段，古代西餐、中世紀西餐、近代和現代西餐。根據考古發現，西餐起源於古埃及。古希臘餐飲和烹調技術是希臘文化和歷史的重要組成部分，為世界西餐奠定了豐厚的基礎。

思考與練習

1.填空題

（1）公元前3000　年至公元前1000　年，古羅馬人發明了（　　）和製作（　　）及（　　）的方法。同時發酵方法導致（　　）的產生。

（2）8　世紀，義大利人在烹調時，普遍使用（　　）。其中，使用最多的調味品是（　　）和（　　）。

（3）從11 世紀中期至 15 世紀，歐洲人的正餐常是三道菜。第一道菜是（　　），第二道菜是（　　），第三道菜是（　　）。

（4）12　　　世紀，希臘的食品原料不斷豐富。（　　）、（　　）、（　　）、（　　）、（　　）和茶被廣泛地使用。

（5）17 世紀，義大利的烹調方法傳到法國後，烹調技術經歷了一個巨大發展階段，看到法國豐富的（　　），廚師們有了製作（　　）的嘗試。

2.思考題

（1）簡述西餐發源地。

（2）簡述西餐文明古國。

（3）簡述現代西餐的形成。

（4）簡述著名的法國國王廚師。

（5）簡述歐洲豪華餐點的開拓者。

（6）論述中世紀古西餐的發展概況。

（7）論述近代西餐的發展概況。

第3章 法國西餐概況

本章導讀

本章主要對法國西餐概況進行總結和闡述。包括法國餐飲文化、法國著名菜色、法國菜生產特點、餐飲文化和著名菜色。透過本章學習，可以具體瞭解法國餐飲發展、法國餐飲習俗；法國皇宮菜、法國貴族菜、法國地方菜、新派法國菜；法國菜原料和醬等特點。

第一節 法國餐飲文化

一、法國地理概況

法國位於西歐，東北部與比利時接壤，西南與西班牙接壤，西部是比斯開灣（Biscay）和英吉利海峽（English Channel），東南部與地中海接壤，西北部靠近英國，東部與義大利、瑞士、奧地利和盧森堡接壤。邊界線長達2889公裡。該國總體氣候為：冬天涼爽，夏季溫和。地中海沿岸地區冬季溫和，夏季炎熱。北部和西北部較乾燥和寒冷。北部和西部地區是廣闊的平原和起伏的小山，其他地區多山脈，尤其是南部地區的庇里牛斯山（Pyrenees）和東部的阿爾卑斯山脈（Alps）最著名。法國是歐洲第四工業大國，並有廣泛的農業資源。

二、法國餐飲發展

法國歷史文化可以追溯到史前時期，穴居人（Neanderthals）和克羅馬儂人（CroMagnon）在3000年以前創造的油畫文化。法國文化是多民族文化的組合，包括凱爾特（Celtic）文化、格列克-羅馬（Greco-Roman）文化和日耳曼文化（Germanic）。在歷史的每一時期法國人民都創造了藝術。無論從巴洛克時期的建築藝術還是從印象主義學派都證明了這一點。法國文學有悠久的歷史，在公元842年出現了世界名著。法國的古建築很豐富。其中比較著名的有歌德式建築、文藝復興時期的大教堂、法國北部城市凡爾賽（Versailles）的古典教堂、沃子爵城堡（Vaux-le-Vicomte）的美麗花園、盧瓦爾河谷（Loire Valley）的古城堡，以及法國大革命時期的著名作家、現代主義學派建築學家——勒．柯比意（Le Corbusier）設計的建築和路易十四至路易十六年代留下的建築物內部設計、家具、設施和裝飾等，這一切都給人們留下了深刻印象。中世紀由於貴族青睞和贊助及僧侶和學者的努力，一些有價值的文化和藝術受到開發和保護。18世紀早期，由於中產階級的發展，文化和藝術更進一步被法國人民接受。18世紀是法國文化藝術發展的時期，法國文化深深地決定了西方國家的文化，特別是在文學、藝術等方面。法國人認為，巴黎是法國文化的源泉和中心。16世紀文藝復興時期，法國出現了一批世界上著名的詩人、幽默小說家和藝術家。例如，皮耶．隆薩爾（Pierre de Ronsard）、拉伯雷（Rabelais）和米歇爾．德．蒙田（Michel de Montaigne）。

法國文化具有豐富的歷史，其中包括餐飲文化。法國的烹調法被世界公認為著名烹飪法。中世紀法國已經出現了烹調教科書、烹調學校，為法國的烹調教育奠定了基礎。幾世紀以來，法國僧侶們在法國的烹調技術和餐飲文化方面作出了巨大的貢獻。他們自古以來種植葡萄、蘋果，釀造葡萄酒、香檳酒、利口酒，試製各種有特色的奶酪，開創了許多有特色的餐點、醬和烹調方法。這些成果與今天著名的法國菜是分不開的。在法國各地區都有各具特色的餐點，這是由於地方的傳統餐飲文化和富有創新精神的廚師努力而形成的。可以肯定，法國是美食家和美食鑑賞家的天堂。歷史學家讓-羅伯特·派提（Jean-Robert Pitte）在他的著作《法國美食者》中總結，法國餐飲之所以聞名全世界的原因可以追溯到法國的祖先——高盧人。希臘的地理學家斯泰伯（Strabo）和拉丁美洲的旅遊學家瓦羅（Varro）總結法國美食時說：「古代高盧人的餐點非常優秀，尤其是法國烤肉。」「在羅馬占領高盧時，法國北部的肥鵝還透過陸路出口羅馬並將法國鄉村風格的烤鵝烹調法帶到羅馬。」（茱莉雅·奇格）（Julia Csergo）

傳統的法國餐飲與其他歐洲各國的餐飲風格沒有多大區別，而使法國餐點勝於其他歐洲各國餐點的原因之一是社會文化而不是地理位置。在傳統上，法國菜與其他各國都是以蔬菜為基本原料，麵包和湯為基本食物。中世紀法國餐點的味道以鹹甜味為主，調味品多，味清淡。此外，使法國餐飲繁榮和名聲大振的還有長期開拓創新的皇宮餐飲管理者的努力。尤其17世紀，在路易十七皇帝管理下，要求皇室和貴族的餐飲製作技術超前。近年來，法國菜不斷地精益求精，將以往的古典烹調法推向新菜烹調法，並相互借鑑運用，倡導天然性、技巧性、個性化以及裝飾和顏色的配合。

三、法國人餐飲習俗

餐飲在法國人民生活中占有重要的地位，傳統的法國人將用餐看做是休閒和享受。餐飲中的餐點可以表現藝術，甚至是愛情，用餐的人可以提出表揚或建設性的批評。法國的正餐或宴請通常需要2個至3個小時，包括6道或更多的餐點。常包括開胃菜、沙拉、由海鮮或畜肉製成的主菜、奶酪、甜點、水果。酒水包括果汁、咖啡、開胃酒、餐酒、餐後酒等。法國人喜愛與朋友坐在餐桌旁，一邊用

餐，一邊談論高興的事情，特別是談論有關餐點的主題。現代法國菜與傳統高盧菜和法國貴族菜比較，更樸實、新鮮，富有創造性和藝術內涵，更顯現大自然和地方特色。法國經過數代人的努力，餐點和烹調工藝正走向全世界。法國餐點和烹調方法不僅作為藝術和藝術品受到各國人們的欣賞，而且在法國旅遊經濟中起著舉足輕重的作用。法國人的早餐比較清淡。午餐用餐時間是中午12點至下午2點。法國人喜愛去咖啡廳用餐，不喜愛速食。正餐通常在晚上9點或更晚的時間。歷史上高盧人將人們日常餐飲看做是政治和社會生活重要的一部分。歷史學家總結，高盧人在郊外用餐或農村婚宴中時間很長，並且可在人們之間互相比較餐飲，這種習慣持續至5世紀。法國人喜歡大陸式早餐（Continental Breakfast），包括麵包、奶油、果醬和各種冷熱飲料。午餐通常食用麵包、湯、肉類餐點、蔬菜、麥片粥、水果等。法國人很講究正餐（晚餐），正餐通常包括開胃菜、海鮮、帶有蔬菜和調味汁的肉類餐點、沙拉、甜點、麵包和奶油等。

第二節 法國著名菜色

一、法國皇宮菜

皇宮菜（Haute Cuisine）由高級烹飪技術製成。高級烹飪技術即皇宮烹調法或豪華烹調法。該方法起源於法國國王宴會，受著名廚師安東尼·卡瑞蒙和奧古斯特·埃斯科菲耶影響形成。其特點是製作精細，味道豐富，造型美觀，餐點道數多。這種方法採用綜合烹調方法，非單一方法。所有餐點原料、餐點類別和製作程序都規定了品質和工藝標準並以法國烹調法（French Cuisine）命名。目前，法國的高級飯店和餐廳仍然使用高級烹飪技術。

二、法國貴族菜

貴族菜（Cuisine Bourgeoise）以法國貴族家庭烹調法製成，相當於中餐的官府菜。貴族菜是法國傳統菜，其製作工藝屬於地方菜特點。這種製作風格是油重，醬重，含有奶油成分，餐點製作常採用綜合烹調技術，比較複雜。

三、地方風味菜

地方風味菜色（Cuisine des Provinces）發源於各地的農民菜，使用地方特色原材料，帶有地方特色。北方地區使用奶油烹調，餐點醬常放有奶油、奶酪作為調味品和濃稠劑。由於諾曼地地區的大片草原飼養著大批牛群，該地區盛產優質牛奶。因此，北方地區餐點充滿濃郁的奶製品香味。同時，北方的布列塔尼種植著大片的蘋果樹。這裡的蘋果酒和蘋果白蘭地酒非常出色並使用蘋果酒為餐點的調味品，無疑增加了該地區餐點的風格。南方使用橄欖油烹調餐點。法國菜色之所以有不同的風格和特色，除了法國悠久的歷史文化，還包括各地的餐飲文化。南方菜色使用調味品多，餐點味道濃厚。東北部受德國烹調工藝影響，餐點中放有德國泡菜、香腸和啤酒作配料和調味品。

四、新派法國菜

新派法國菜（Nouvelle Cuisine）誕生於1950年代，流行於1970年代。新派法國菜講究餐點原料的新鮮度和質地，烹調時間短，醬和冷菜調味汁清淡，分量小，講究裝飾和造型。著名的現代烹調法的代表廚師是保羅·博庫斯（Paul Bocuse）、米歇爾·格拉德（Michel Guerard）、珍（Jean）、皮耶（Pierre）和亞倫·夏裴（Alain Chapel）。這種烹調方法結合了亞洲的烹調特點，目前對世界餐飲產生了深遠的影響。

第三節 法國菜生產特點

一、原料特點

法國餐點特點多種多樣，烹飪技術複雜。法國人對餐點的態度非常認真。廚師對於餐點的工藝很投入，餐點生產需要一定的時間。法國烹飪的前提是瞭解食品原料、醬和麵糰的基本原理。很多著名的法國餐點不僅與烹調技術有關，更與原料的產地和品質有關。正像波爾多的葡萄酒受波爾多葡萄品質影響一樣。許多餐點使用的原料常是以生產地命名的優質原料。例如，帕薩克（Pessac）草莓、聖日耳曼（Saint-Germaine）豌豆、朝鮮薊（Artiechokes）等。隨著文藝復興的發展，發現了新大陸，美洲蔬菜源源不斷進入法國，澱粉原料代替了豆類食品。法國菜的食品原料很廣泛，從各種肉類、牛奶製品、海鮮、蔬菜和水果到稀有珍蘑

以至各種野味，如鴿子、斑鳩、鹿、野鴨、野兔、蝸牛、洋百合等都是法國餐點的理想原料。特別是16 世紀末，食品原料在法國發生了翻天覆地的變化，火雞代替了孔雀，餐桌的餐點發生了質的變化，人們的飲食習慣從大吃大喝轉向精美。

二、醬特點

法國菜的優秀味道應歸功於醬。法國人講究調味汁（醬）的製作，注重調味技巧，並且靈活與巧妙地運用調味品，形成了自己的獨特風味。由於法國人很早就在醬中使用葡萄酒，因此使醬具有葡萄酒的特點——開胃、去腥。17世紀法國葡萄酒釀造技術不斷發展，使葡萄酒的味道、顏色和口味不斷進步，從而推動了法國烹飪的發展。由於法國盛產酒，因此法國餐點烹調普遍用酒。廚師對不同類型的餐點選用不同的名酒。如，製作甜菜和點心常用萊姆酒，海鮮用白蘭地酒和白葡萄酒，牛排使用紅葡萄酒等。

三、著名的法國菜

2009年在法國的流行餐點中以地方風味餐點為主要趨勢，其次是鄉村菜和素菜。目前，著名和流行的餐點有，法國洋蔥湯（French Onion Soup Au Gratin）、巴黎小牛柳（Tournedos De Boeuf Parisienne）、焦糖蛋奶凍（Creme brûlee）、鵝肝醬（Foies Ggras）、羅勒蔬菜湯（Soupe Au Pistou）、鳳尾魚洋蔥塔特（Pissaladiere）、燉什錦素菜（Ratatouille）、鳳尾魚和蔬菜三明治（Pan Bagnat）、馬賽魚湯（Bouillabaisse）、生吃扇貝（Scallop-shells）、懷特水波比目魚（Poached Turbot）、豬肉盒子（Kik Ar Fars）、奶油脆餅（Kouign Amann）、布列塔尼脆餅（Crepes）、巧克力慕斯（Chocolate Mousse）、法式紅酒燉牛肉（Boeuf Bourgu）、焗蝸牛帶奶油和香菜末（Escargots de Bourgogne）、瑪麗特雞蛋（Meurette Eggs）、紅酒燉雞塊（Coq au Vin）、燴牛肉奶油醬（Blanquette de veau）、馬鈴薯奶酪塔特（Tartiflette）、拌酸菜、馬鈴薯、鹹豬肉和香腸（Choucroute garni）、奶酪馬鈴薯泥（Raclette）、法式鹹派（Quiche lorraine）、燉牛肚（Tripes a la mode de Caen）、煸炒蒜味馬鈴薯與奶酪（Truffade）和卡酥來砂鍋（Cassoulet）等。

本章小結

法國烹調法被世界各國譽為著名的烹飪法。中世紀法國已經出現了烹調教科書、烹調學校。長期以來，法國人在西餐生產和餐飲文化方面作出了巨大的貢獻。他們開創了許多有特色的餐點，著名的醬和烹調方法。此外，他們在開發餐飲原料發麵也走在世界的前端，特別是葡萄和蘋果的種植，葡萄酒、香檳酒和利口酒的釀製，試製各種有特色的奶酪等方面。

思考與練習

1.名詞解釋題

法國皇宮菜、法國貴族菜、新派法國菜

2.思考題

（1）簡述法國餐飲的發展。

（2）簡述法國人的餐飲習俗。

（3）簡述法國醬特點。

（4）對比分析法國菜色的各自特點。

第4章 義大利西餐概況

本章導讀

本章主要對義大利西餐進行闡述，特別是針對義大利餐飲的發展和著名的義大利菜色等進行全面的總結。透過本章學習，可瞭解義大利菜色的發展歷史、義大利人的飲食習俗、義大利菜色的原料與生產特點、義大利麵條、披薩餅、玉米菜和著名的地方菜色等。

第一節 義大利餐飲文化

一、義大利地理概況

義大利是世界排名第七的工業國家。義大利多山，整個國土的70%左右為山脈，30%是沿海高原和寬廣的平原。義大利兩邊環海，西海岸居住著利古里亞人（Ligurian）、第勒尼安人（Tyrrhenian）和地中海居民（Mediterranean），而東海岸居住著亞得里亞居民（Adriatic）。在歷史上，義大利分為12個自治的行政區域，每一區域都有自己的歷史和文化。最早在義大利國土上居住的是希臘人和伊特拉斯坎人（Etruscans）。由於歷史上鄰國入侵義大利的原因，使義大利成為多民族和多文化的國家。在義大利，到處是古建築，到處是美景和珍貴的藝術品，這些與現代義大利人生活形成對比。義大利有非常長的海岸線，約1600公里，蜿蜒的地中海岸懷抱著義大利寬廣而美麗的田園。

二、義大利餐飲發展

根據記載，義大利餐飲起源於其南部和西西里島，至今已有2000餘年歷史。其餐飲文化始終受古希臘和法國的餐飲文化影響。5世紀由於義大利的食品原料匱乏，因此製作工藝簡單。主要是以澱粉、牛奶和蔬菜類原料製成餐點。中世紀，由於稻米、麵條、菠菜和杏仁等食品原料在南部地區的普遍使用，法國人的砂鍋餐點工藝和海鮮的製作方法引進北方地區，義大利人的餐飲文化和菜色製作技巧發生了很大的變化。12世紀義大利人開始講究餐點的調味，對熱菜中的醬進行不斷的試驗和開發。15世紀宮廷宴會的製作水準不斷提高和改進。宴會中，講究餐點的道數，餐點豐盛，製作精細。1570 年，義大利著名的廚師——巴托洛梅歐．斯卡皮（Bartolomeo Scappi）撰寫了較高水準的烹調書籍，其中包括1000個具有特色的食譜。17世紀，玉米、馬鈴薯、番茄和豌豆成為人們青睞的食品原料。18至19世紀，義大利貴族菜色製作達到了很高的水準。在他們舉辦的宴會上，菜品豐富多樣。其中包括各種具有特色的開胃菜、味道濃郁的湯、畜肉和魚製成的主菜以及精緻的甜點。這一時期，義大利貴族菜的烹調方法不斷地流傳於民間，使義大利菜色的優秀製作技巧和餐飲特色更加廣泛地被人們熟悉並傳播。1871年，第一本有關義大利醬的專著正式出版了。其中，總結了著名

的蒜香醬和蕃茄醬的食品原料配方和製作技巧。1891年，由培雷古利諾·亞爾杜吉（Pellegrino Artusi）撰寫並出版了《烹調科學和餐飲藝術》。許多學者認為，現代的義大利餐飲風格主要是根據稻米、羅馬和威尼斯等地區的宮廷廚師們長期精心創造的製作技巧發展而成。近幾個世紀，義大利餐飲風格正隨著人們現代的生活習慣而發生深刻的變化，味道趨向清淡。至今，義大利的菜色仍保留著一個高尚的民族烹飪特點，被全世界熟知與敬仰。

三、義大利人飲食習俗

義大利餐廳

義大利人通常每日三餐：早餐、午餐和正餐。早餐很清淡，以卡布奇諾（Cappuccino）和麵包為主，午餐常包括義大利麵條湯、起司、冷肉、沙拉和酒水等。正餐比較豐富，特別是較正式的正餐包括開胃酒、清湯或義大利燴飯（Risotto）或燴義大利麵條、主菜、蔬菜或沙拉、甜點等。義大利人喜愛各種開胃小菜（Antipasto）、青豆仁濃湯（Crema di Piselli）、起司披薩餅（Cheese Pizza）、白醬義大利麵（Fettuccine Alfredo）、焗肉醬玉米麵布丁（Polanta

Pasticciata）、米蘭牛排（Costoletta alla Milanese）等。

義大利人正餐或正式宴請包括5道餐點。通常除了最北方地區，首選的餐點是義大利麵條和義大利起司燴飯。此外，玉米粥也是人們最喜愛的食物。

1.開胃菜（Antipasto）

義大利正餐第一道菜，以香腸、烤肉或鑲青椒等為特色的開胃菜，配以烤成金黃色的麵包片，上面放少量橄欖油和大蒜末。

2.湯（Primi）

義大利正餐第二道菜，湯中放有少量的義大利麵條。

3.主菜（Secondi）

以畜肉或魚類為主要原料製成的餐點。

4.副菜（Contorni）

以蔬菜為原料的餐點。

5.甜點（Dolce）

正餐最後的一道餐點，由甜味的麵食、水果或奶製品組成。

第二節 義大利著名菜色

目前義大利有20個行政區域，各地區飲食習慣不同，尤其是南部和北部地區明顯。每個區域有各自的地方菜和烹調特色。從北部至南部，由於不同的地理環境，生長著各種不同的食品原料。北方主要種植玉米和稻米，南方主要種植番茄、檸檬、大蒜和橄欖。這些豐富的食品原料對義大利菜有著很大的支撐作用。

一、北部地區

義大利北部地區是義大利最繁榮的地區。主要包括威尼斯（Venice）、米蘭（Milan）、皮埃蒙特（Piedmont）和倫巴第（Lombardi）地區。威尼斯特色餐點有燴米飯大豆（Braised Rice and Peas）、紫葉菊苣沙拉（Radicchio）、菠菜餃子（Semolina Dumplings with Spinach）、馬斯卡波尼起司湯（Mascarpone Cup）。米蘭市（Milan）是義大利文化的中心，世界著名的史卡拉歌劇院（La Scala）就位於該城市。此外，還有著名的油畫和藝術品，其中就有名作《最後的晚餐》。米蘭的北部是遼闊的大湖和旅遊勝地，該地區的特蘭提諾-阿爾托·阿迪傑（Trentino-Alto Adige）以北是多羅米特（Dolomite）山峰。米蘭西北部的利古里亞地區（Liguria）是生產香蒜醬（Pesto）和粗粒小麥餃子（Semolina Dumplings）的著名地區。米蘭東部是蜿蜒崎嶇的小山和美麗的葡萄園，南部是蘋果園。這裡還盛產香菜籽（Caraway Seeds）。這些物產為義大利北部菜色的建立造成了重要的作用。例如，義大利的湯菜、煙燻火腿（Speck）、油酥餅（Strudels）、泡菜（Sauerkraut）和香醋都需要這些原料。米蘭代表的餐點有米蘭牛肉（Costolette alla Milanese）、米蘭通心粉（Minestrone alla Milanese）、米蘭燴飯（Risotto alla Milanese）。倫巴第著名的餐點有番紅花米飯（Rice with Saffron）、燉辣椒（Braised Peppers）。皮埃蒙特最有特色的餐點是義式鯷魚溫熱沾醬（Bagna Cauda）。倫巴第以東，物產豐富，特別是盛產橘子、鮮花——康乃馨、蜂蜜。倫巴第北部人在烹調上，習慣使用奶油、玉米菜（Polanta）、菠菜、美乃滋醬、鮮義大利麵條和米飯等，該地區烹飪技術馳名世界。該地區以烹製小羊肉、小牛肉為原料的餐點而著稱，餐點味道濃厚。布里安扎（Brianza）是義大利北部奶製品生產的著名地區，著名的起司——藍紋乳酪（Gorgonzola）和貝爾佩斯（Bel Paese）在該地區生產。

二、東部地區

義大利的東部地區與南斯拉夫接壤，東北部與奧地利接壤，因此這些地區的餐點味道和烹調特色都受這兩個國家影響。東北部港口城市——里雅斯特（Trieste）是著名的香腸、辣燉牛肉和海鮮餐點的著名生產地。該地區著名城市維內托（Veneto）是樸素和迷人的地方，餐點樸素和單純，似乎是精心製作的農家餐點。當地著名的菜有豌豆濃湯（Risi e Bisi）和反映亞得里亞海（Adriatic）風味的海鮮義大利麵（Pasta e Fagioli）。艾米利亞-羅馬涅地區（Emilia-Romagna）是義大利農作物生產基地，冬天潮冷，夏天炎熱，多霧。這裡是著名的烹飪原料生產地並以生產番茄、雞肝、醃豬肉和調味蔬菜（Soffrito）而著名。

三、中部地區

中部地區有連綿不斷的山脈，成片的高大柏樹。古老的道路蜿蜒伸向無邊的橄欖樹、整齊的葡萄園以及老式的農舍和別墅，以生產牛肉、羊肉和野生動物而馳名。同時，以扒、燴和烤方法製成的畜肉餐點而聞名。這些餐點旁邊配以新鮮蔬菜、義大利麵條、鮮蘑菇和松露（Truffle），製作簡單，味道清淡，多以新鮮蔬菜和起司為主，含有少量畜肉原料。該地區的托斯卡尼（Toscana）是義大利著名的烹調區，餐點很有特色，主要居住著伊特拉斯坎人（Etruscan）。他們習慣食用的餐點代表義大利菜色的主流。托斯卡尼地區生產的麵包別有風味，使用很少的鹽。由於這裡生產著名的大豆，所以這裡的豆類餐點很有名氣。中部地區常用鼠尾草（Sage）為餐點調味，配以橄欖油。佛羅倫斯牛排（Beef Steak Florentine）、燴豆義大利麵（Beans and pasta）、蔬菜湯（Florentine Vegetable Soup）、茄子烘蛋（Baked Eggplant）是該地區的特色餐點。由於這裡是著名的義大利奇揚地紅酒（Chianti Wine）的生產地，因此使用這種葡萄酒為調味品增加了餐點的味道。翁布里亞地區是著名的小麥和黑松露生產地。餐點製作既簡單又可口。烤乳豬（Porchetta）是翁布利亞地區（Umbria）的名菜。在馬凱地區（Marches）的烏爾比諾市（Urbino），特色餐點有義式香料烤豬（Porchetta）。該餐點的特點是在豬內部鑲入胡椒、迷迭香和大蒜。這裡的烤千層麵佐番茄醬（Lasagna）給各國旅遊者留下了不可磨滅的印象。該餐點也稱作雞肝千層麵（Vincisgrassi），是將煸炒的肉桂雞胗和雞肝放入煮熟的千層麵中，中間抹上奶油醬，放入少量肉荳蔻做裝飾品。此外，什錦魚湯（Brodetto）味道鮮美，該餐點製作方法是在有番紅花的魚湯中放入各種魚肉。該地區的羅馬市是文藝復興時期的文化中心，到處可見梵蒂岡式的建築物。其菜色是義大利中部的典型代表。主要特色餐點有迷迭香味烤全羊（Abbacchio）、烤千層麵佐起司醬（Spaghetti alla Carbonara）、馬薩拉葡萄酒煎小牛肉捲（Saltimbocca）和煎鑲起司米飯（Suppli al Telefono）。該餐點將著名的莫扎瑞拉起司（Mozzarella）鑲入熟米飯糰中，煎熟。奶油起司義大利麵（Noodles with Butter and Cheese）、奶油起司蛋糕（Semolina Cakes with Butter and Cheese）都是該地區的著名餐點。

四、南部地區

義大利南部地區是美麗的地方，整齊的農田像一塊塊綠色的地毯鋪在大地上。透過空中的水霧，金色的太陽閃閃發光。該地區許多地方屬於半熱帶，到處散發著鮮花和柑橘的香氣。南部地區有漂亮的城市、美麗的田園景觀、歷史遺蹟和藝術場地。

南部人在烹調時，習慣使用橄欖油、濃味的紅色醬和乾麵條。這一地區主要包括西西里（Sicily）、阿布魯佐（Abruzzi）、莫利澤（Molise）、坎帕尼亞（Campinia）、巴西利卡塔（Basilicata）和卡拉布里亞（Calibria）等地區。該地區使用多種調味香料，餐點味道清淡，不突出某種香料，香料味平均並有微妙的平衡。該地區的風味餐點有油炸莫扎瑞拉起司三明治（Deep Fried Mozzarella Sandwiches）、醬茄子（Marinated Eggplant）、冷茄子（Cold Eggplant）、馬薩拉卡士達甜點（Zabaglione）。該地區人們的飲食習慣與北部地區完全不同，習慣使用乾麵條製作麵條餐點，而北部地區則使用新鮮麵條。其中，那不勒斯地區（Naples）是非常美麗的旅遊勝地，該地區居民習慣食用短小的大吸管麵（Ziti），使用番茄醬為調味品，貝類和鮮魷魚為配料。許多餐點和披薩餅都配以著名的莫扎瑞拉起司。阿波利亞地區（Apulia）習慣食用小耳朵形的麵條（Orecchiette）。靠近海邊地區的居民以海鮮、穀類、蔬菜和水果為主要食品原料；而內陸以畜肉、穀類、蔬菜和水果為食品原料。這裡的披薩餅別有風味，以木炭為燃料，開放式烤爐製熟，上面配有海鮮、畜肉和起司。這裡烹製的餐點，基本是用橄欖油，而不用奶油。西西里島由於接近埃特納火山（Mount Etna），氣候涼爽。因此，是生產和出口柑橘和檸檬的地方。由於歷史上受希臘人、阿拉伯人和諾曼地人飲食習慣的影響，他們習慣食用海鮮、味道濃郁的鑲餡麵條和茄子。同時，甜點是每天不可缺少的餐點。西西里島最著名的甜點是西西里卡薩塔（Cassata）和瑞可塔起司捲（Cannoli）。這種脆酥餅由一個酥脆的圓錐形麵皮，裡面填入甜起司和巧克力製成。

第三節 義大利菜生產特點

一、原料特點

公元前800年，希臘人將橄欖油引進義大利南部地區，從而義大利在西西里亞區（Sicilia）和埃普利亞區（Apulia）種植了優質的橄欖樹。15 世紀人工種植和開發了許多新的植物原料。例如，為世界披薩餅調味作出貢獻的聖馬札諾番茄（San Marzano Tomatoes），珊尼斯柿椒（Senise Bell Peppers）、維尼托（Veneto）和巴西裡卡塔（Basilicata）菜豆、菊苣及小南瓜等。20世紀早期，羅馬涅地區（Romagna）種植的小洋蔥，由於其纖細的味道和氣味為義大利餐點增添了特色。歷史上，義大利烹飪受到許多民族文化影響。到目前為止，專家也難以說明，用於米飯餐點、玉米粥和義大利麵條的辣椒、罌粟籽、肉桂、孜然（Cumin）和辛辣的山葵（Horseradish）等調味品受到哪種文化影響。義大利菜常以蔬菜、穀類、水果、魚類、起司、家禽和少量畜肉等為主要原料，使用橄欖油和調味品。現代義大利人，經常使用的原料不是畜肉，取而代之的是蔬菜、穀物和大豆。橄欖油是義大利人首選的烹調油。義大利餐點之所以世界聞名是因為其使用了有特色的原料和調料。例如，朝鮮薊、鳳尾魚、鮮蘆筍和各種優質的起司。許多學者認為，義大利餐點的精華在於烹調中善於使用蔬菜和水果。義大利餐點卓越的味道來自大自然的綠色食品和調味品。義大利是盛產白米的國家，在整個歐洲都很有名氣。其中，最著名的白米生產地是皮埃蒙特地區。該地區生產的白米品質屬歐洲最佳。義大利所有的農產品均使用天然肥料。調味品來自海鹽、自然植物香料、自然礦物調味品和鮮花等。此外，馬鈴薯在現代義大利餐點中起著舉足輕重的作用。

二、烹調特點

許多西餐專家認為，義大利烹調技術是西餐烹飪的始祖。義大利餐點突出主料的原汁原味，烹調方法以炒、煎、炸、紅燴、紅燉為主。義大利麵條和餡餅世界聞名，義大利人在製作麵條、餛飩和餡餅方面非常考究，麵條有各種形狀、各種顏色和各種味道，其顏色來源於雞蛋、菠菜、番茄、胡蘿蔔等原料，不僅增加了麵條的美觀還增加了其營養價值。它們的餛飩外觀精巧，造型美觀。義大利餐點常用的食品原料有各種冷肉和香腸、肉類、牛奶製品、水果、蔬菜等。義大利

烹調技術對餐點火候要求很嚴格。餐點既要製熟，更要達到最佳成熟度，不能過火。

三、著名的義大利菜

1.義大利麵條

麵條（pasta）是義大利著名的餐點，有著悠久的歷史。根據它的形狀、顏色、配料等因素，其種類近600　種。最早的義大利麵成型於公元13至14世紀。文藝復興時期，義大利麵的種類和醬也隨之逐漸豐富起來。義大利麵條可透過焗、煮、燉和炒等方法製成多種類型的餐點。細小麵條，可以製湯；細長麵條，經水煮製成主菜；扁平麵條用來製成焗菜，一些空心麵條，填料後，製成各種餐點。同時，配以各種義大利醬——調味醬。義大利南部地區是著名的麵條生產地。該地區麵條以高山流下的純淨水混著麵，使麵條既有拉力，又有新鮮味道。

2.披薩餅

披薩餅是經濟、實惠、有營養，生產速度快並在午餐和喝茶時間的首選餐點，是以麵粉為原料，製成餅狀，放入起司、醬、蔬菜和蛋白質原料，經過烤製的餐點。根據考古材料，義大利披薩餅（pizza）起源於約2000年的那不勒斯鎮（Naples）。目前，被世界人民所喜愛。傳統的披薩餅的製作工藝，是將麵糰用手　，甩成薄的圓餅。再按照顧客的口味需求，加入不同的配料。首先是調味醬的選擇。例如，在餅的上部塗上番茄醬或不塗醬。然後，選擇配料。例如，蘑菇、洋蔥、青椒、火腿、香腸、蔬菜、醃製的小魚等。通常，不論顧客選擇哪種配料，起司是製作披薩餅不可缺少的原料。然後，將成型的餅放入以果木炭為燃料的爐子裡烤製，為了使餅受熱均勻，廚師不斷地變換餅底的方向，經5分鐘烘烤，披薩餅製成。

炭火烤製的披薩餅

3.玉米菜（Polenta）

玉米菜有悠久的歷史，傳承於羅馬時代。它是以玉米粉為原料，透過煮、蒸、煸炒和烘烤，配以調味品、蔬菜和蛋白質原料製成的餐點。其形狀既可以是粥狀，也可以是丁、條或片狀，可以冷吃或熱吃。目前，該餐點是義大利保留的傳統餐點。在義大利，最優秀的玉米餐點產於佛里烏利-威尼斯朱利亞（Friuli-Venezia Giulia）。當地出產白玉米，以質地細膩的白玉米粉為原料可以製成多種餐點。1950年代，玉米菜多以玉米粥的形式出現，而當今配以海鮮、蔬菜和醬，是義大利傳統餐廳和高級餐廳銷售量較高的餐點。

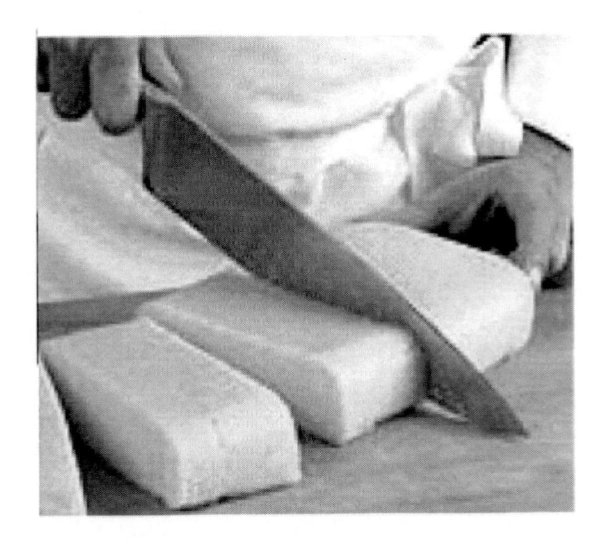

玉米菜（polenta）

焗義大利麵（Beef Peene Pasta Casserale）

奶油煎餅（Napoleon Cannoli Stacks）

本章小結

義大利烹調技術是西餐烹飪的始祖。義大利餐點突出主料的原汁原味，烹調方法以炒、煎、炸、紅燴、紅燉為主。義大利麵條和披薩餅有著悠久的歷史，世界聞名。近幾個世紀，義大利餐飲風格正隨著人們現代的生活習慣而發生深刻的變化，味道趨向清淡。至今，義大利的菜色仍保留著一個高尚的民族烹飪特點，被全世界熟知與敬仰。

思考與練習

1.名詞解釋題

披薩餅、玉米菜、義大利麵條

2.思考題

（1）簡述義大利的餐飲文化。

（2）對比義大利南部與北部不同的菜色。

（3）簡述義大利餐飲的發展。

（4）簡述玉米菜的特點和工藝。

（5）論述義大利餐點的生產特點。

第5章 美國西餐概況

本章導讀

本章主要對美國西餐概況進行總結和闡述。包括美國餐飲文化、美國著名菜色等。透過本章學習，可以具體瞭解美國的地理概況、美國餐飲特色、美國人的餐飲習俗、著名的加州菜色、中西部菜色、南部菜色、西南地區菜色、新奧爾良菜色等。

第一節 美國餐飲文化

一、美國地理概況

美國成立於1776年，由多民族組成，主要民族是荷蘭人、西班牙人、法國人和當地的美洲人。美國國土面積在世界排名第三。美國各地的地貌和地形各異，東部有成片的森林，樹木茂密，佛羅里達州有著名的紅樹林。中部是寬廣的平原。平原西部是著名的密西西比河——密蘇里河系統及洛磯山脈。洛磯山脈以西是沙漠與太平洋接壤的海岸線。除此之外，阿拉斯加地區在北極，夏威夷屬於火山島區。美國大部分地區屬於大陸式氣候，部分地區屬於地中海氣候和亞熱帶氣候。

二、美國餐飲發展

美國建國僅有200餘年。然而，餐飲業在美國非常發達，各地都有特色的餐飲產品。由於美國是多民族，其餐飲文化受各民族影響，至目前還沒有任何一種烹調方法能代表美國烹調風格。因此，美國餐點有多種風味之稱。根據記載，第一批移民者於1500年來自西班牙。1600年後英國、芬蘭、法國、德國和斯堪地那維亞半島等地的移民相繼登陸美洲大陸。這些移民者將印第安人的食物融入自

己傳統的飲食習慣中。19世紀，世界各地的人們紛紛移民到美國。因此，各種民族文化、美洲及各移民的食物原料和飲食習慣等因素，綜合一起建構了美國餐飲文化。當然，除了以上各因素，還包括美國豐富的食品資源，快速有效的運輸能力，現代食品加工技術，重視餐飲的營養搭配等因素。

三、美國餐飲習俗

由於受當地美洲人影響，美國菜色原料廣泛使用玉米、豆和南瓜。例如，橫穿美國大陸的玉米麵餅乾麵包、美國南部的黑豆培根飯（Hoppin' John）、西南部地區帶有墨西哥風味的玉米餅（Tortillas）和燴豆（Pinto Beans）、東北地區的烤豆（Baked Beans）、玉米麵和大豆製作的甜點（Succotash）和南瓜派（Pumpkin Pie）等。許多歷史學家和餐飲專家認為，美國飲食習慣和餐點特色部分來自奴隸歷史的影響，表現突出的有野外燒烤（Barbecue）及以肉類、蔬菜和水果為原料製成的油炸餐點（Fritters）及種類齊全的青菜沙拉。確實，非洲人民為美國帶來了一些烹調方法。例如，燻肉、油炸穀類和豆組成的餐點、水煮蔬菜和加入香料的醬。自從美國南部非洲血統的美國人進入種植園以來，他們對南部地區的烹調風格有著深遠的影響。許多南部的風味麵包、餅乾、沙拉和調味品都發源於當時農場工人家屬之手。當美國鐵路發達後，美國人將這種烹調特色和餐點風味帶到美國北部和西部。

美國人早點有各種各樣的習慣，傳統美國人的早點包括麵包、奶油和果醬、雞蛋、肉類（培根、火腿或香腸）、果汁、咖啡或茶等。現代美國人早點講究營養和效率，通常吃些冷牛奶、飯麵鍋巴及水果等。美國人午餐很簡單，常吃三明治、湯和沙拉。美國人對正餐比較講究。正餐常包括三至四道餐點，有冷開胃菜或沙拉、湯、主菜、甜點、麵包、奶油和咖啡等。美國菜有多種製作技巧，但是，燒烤最為流行。在美國，許多食品都能透過烤的方法製成餐點。例如，番茄、小南瓜、鮮蘆筍、畜肉、家禽和海鮮等。當今，沙拉和三明治是美國人民喜愛的餐點。當代美國沙拉選料廣泛，別具一格，打破了傳統西餐沙拉的陳規舊俗。美國沙拉可以作為開胃菜、主菜、配菜和甜菜。各種類型的三明治常是美國人大眾化的早午餐（Brunch）、午餐、下午茶和宵夜的首選餐點。在美國的餐廳

或商場，到處可見銷售沙拉的自助沙拉吧（Salad Bar）。此外，美國餐點常選用各種水果為原料製成餐點和點心。

第二節 美國著名菜色

一、加州菜色

根據歷史記載，加州菜色（California Cuisine）與歐洲菜色的風格很相似。食品原料來自世界各地，加州全年盛產新鮮水果、蔬菜和海鮮，特別是半成品原料多。近年來，加州開發和銷售健康菜色。該菜色使用新鮮食品原料，使用與其他地方不同的複合調味品。例如新鮮青菜沙拉以酪梨和柑橘為原料，配以亞洲人喜愛的花生醬為調味品；烤魚排的製作技巧是，魚肉經過調味後，在烤爐烤製，配以中國大白菜和美洲人喜愛的炸麵包片。同時現代加州成為了國際烹調實驗室和世界烹飪試驗之家。法國廚師或義大利廚師對加州的餐點和烹調特色感慨地說：「加州的餐點種類真是太多了。」由於加州物產的極大豐富和融合了多種移民文化，加州烹調技術和食品原料互相影響和借鑑，使加州餐點和烹調特色高雅、優質，營養豐富，清淡，低油脂。

二、中西部菜色

賓州菜（Midwestern Cuisine）風味來自當地移民飲食文化。該地區主要由北歐人組成。包括瑞典人、挪威人、康瓦爾人和波蘭人。在密西西比和伊利諾州主要居住著德國人。同時，該地區餐點原料豐富，食品種類多。餐點清淡，不放香料。餐飲服務方式以瑞典自助餐式或家庭式為主。當地特色餐點有燉牛肉、各式香腸、甜煎餅及起司。歷史上，由於德國移民的原因，美國中西部城市的啤酒和香腸品質和特色領先於其他地區，給美國人留下了深刻的印象。

三、東北部菜色

美國東北部稱為新英格蘭州，其菜色是美國東北地區典型的風味。由於該地區主要居住著英國人，反映了英國人的飲食習慣。歷史上該地區從英國進口畜肉、蔬菜並與當地的食品原料結合。例如，玉米、火雞、蜂蜜、龍蝦、貝類、各

種蔓越莓（Cranberries）等。當地還盛產冷水海產品。該地習慣食用布倫斯威克燉肉（Brunswick Stew）、什錦燉肉（Yankee Pot Roast）、波士頓蜜糖烤豆子（Boston Baked Beans）、新英格蘭扇貝湯（New England Clam Chowder）。新英格蘭菜（New England Cuisine）的主要代表區域為波士頓（Boston）、普洛威頓斯（Providence）和其他沿岸城市。新英格蘭菜色風味的最大特點是廣泛應用海鮮、奶製品、豆和白米。這種風味還受波多黎各、西班牙和墨西哥烹調文化的影響，經多年發展而成。

蔓越莓（Cranberries）

著名的特色餐點包括印第安布丁（Indian Pudding）、波士頓布朗麵包（Boston Brown Bread）和緬因水煮龍蝦（Maine Boiled Lobster）、炸香蕉（Platanos Fritos）等。

四、南部菜色

美國南部地區菜色（Southern Cuisine）被認為是美國家庭式菜色，其特點是油炸食品多，餐點帶有濃郁的調味醬，每餐都帶甜點。此外，該地區還突出了非洲美國人的傳統菜色。所有南方餐點在美國其他地區最受歡迎的是炸雞。除此之外，南部的速食業發達。南部人習慣食用豬肉，尤其喜愛維吉尼亞火腿肉、鹹豬肉和培根肉（Bacon）。此外，青菜和豆常作為餐點的配料。南部人早餐和正餐習慣食用小甜點和餅乾。該地區東南部卡羅來納州是生產白米的著名地區，那裡有著白米的烹調文化，是著名燴豆鹹飯的發源地。該餐點以查爾斯頓白米、豆和鹹火腿肉為主要原料製成。同時，查爾斯頓蟹肉湯（Charleston Crab Soup）是當地著名的海鮮湯之一。此外，南卡羅來納州人喜愛酸甜味餐點，當地餐點的醬加入了少量的糖和醋作調味品。該地區的南部喜愛燒烤菜，東南部喜愛炭火燒烤的豬肉或豬排骨並用青菜、豆和玉米餅作配菜。南部地區特色甜點有核桃派（Pecan Pie）、脆皮蜜桃盅（Peach Cobbler）、香蕉布丁（Banana Pudding）和甜馬鈴薯派（Sweet Potato Pie）。

五、西南菜色

墨西哥捲餅（Enchiladas）

西南地區受美洲本地人、西班牙人和鄰國墨西哥人的影響，餐點種類繁多，食用當地出產的食品原料及墨西哥的香料和調味品。該地區菜色代表傳統的美洲菜，特別具有墨西哥風味。1845年該地區還是以墨西哥人為主要居民。如今儘管是多民族居住，然而許多餐點原料和烹調方法都接近墨西哥，特別是在餐點中使用玉米、豆和辣椒做原料和調味品。該地區辣椒「Chili」、番茄「Tomato」等詞來源於16 世紀的墨西哥阿茲特克民族語言（Aztec）。在與墨西哥接壤的地區和德克薩斯州還表現出墨西哥和美國混合的餐飲特色。該地區菜色偏辣，人們青睞野外燒烤餐點。此外，該地區還是著名的沙爾薩醬（Salsa）、烤玉米片帶起司醬（Nachos）、填料玉米餅卷（Tacos）和填料麵餅（Burritos）之鄉。西南地區玉米餅仍然屬於當地人喜愛的食品。燴豆（Pinto Beans Stewed）是當地人們理想的特色餐點。墨西哥玉米粽（Tamales）是當地人節日食品。此外，以豬肉和牛肉為原料的餐點由西班牙人傳入該地區後，經口味調整，更適合當地居民的飲食習慣。新墨西哥州的辣燉豬肉（Carne Adovado）就是典型的例子。亞利桑那州南部墨西哥捲餅（Enchiladas）也都是具有特色的產品。

六、新奧爾良菜色

新奧爾良位於美國南部，在密西西比河的河口，受西班牙、法國餐飲文化的影響，其烹調方法是克利歐（Creole）烹調方法和法國卡津（Cajun）烹調方法完美的結合。同時，由於使用美洲的調味品，體現了西印度群島的餐飲文化。新奧爾良菜（New Orleans Cuisine）頻繁地使用奶油濃湯（Roux）、白米和海鮮，精細，味道偏辣。此外，保留民間的工藝特色，使用較多的辣調味醬，採用慢速度「燉」烹調方法。特色餐點有秋葵濃湯（Gumbos）和什錦飯（Jambalayas）。

第三節 美國菜生產特點

一、原料特點

美國的氣候與地理環境各異，具有肥沃的田園和廣闊的森林。因此，美國食品原料豐富。同時，美國交通設施的發達，使本國任何地方都能得到其他各地的特色食品原料。例如，在美國到處可以購得加州和佛羅里達州的柑橘和葡萄柚、緬因州的龍蝦和馬里蘭州的牡蠣和螃蟹。現代美國餐點最顯著的特點是使用較多的水果和蔬菜，尤其是新鮮水果。其目的是攝取較高的營養素。當今，以蘋果為原料製成的餐點就有多種。例如，蘋果泥、蘋果蛋糕、蘋果餃子、炸蘋果片、蘋果派、焦糖蘋果派、蘋果醬等。同時，現代美國菜色特點是味道清淡，低鹽，低脂肪。

二、生產特點

美國餐飲業具有創新精神，使美國餐點呈現與眾不同的鮮明特點和獨特的風格。同時，由於美國是經濟發達國家，其烹飪與其他國家相比，具有強烈的時代感，餐點變化和創新的速度快，在一定程度上領導著世界烹飪的新潮流。應該說，美國餐點的生產風格正代表著世界烹飪最高水準，講究原料的新鮮度，講究餐點與季節的適應性，講究餐點適應人身體營養需要。當今，美國人越來越重視食品中的維生素和礦物質的含量，追求餐飲的營養互補。餐飲行業認識到，他們必須與各相關行業進行溝通，致力於舉辦餐飲雜誌，報紙中的餐飲專刊，在廣播和電視中介紹餐飲生產與烹飪方法，提高本國餐飲的發展水準。

三、著名的美國菜

烤牛肉（Roast Beef）、炸雞（Fried Chicken）、烤牛排（Grilled Steak）、烤火雞（Stuffed Turkey）、肉捲（Meat loaf）、烤馬鈴薯（Baked Potato）、山藥（Yams）、馬鈴薯沙拉（Potato Salad）、蘋果派（Apple Pie）、扇貝湯（Clam Chowder）、漢堡（Hamburgers）、熱狗（Hot Dogs）等。此外，許多美國餐廳銷售香辣雞翅和烤玉米片（Nachos）。

本章小結

美國是講究餐飲品質和營養的國家，美國的餐飲業非常發達，在旅遊經濟中占有重要位置。美國各地都有自己的特色餐飲。然而，由於美國是多民族組成的國家，歷史文化受各民族影響。所以，至目前還沒有任何一種烹調方法能代表美國的餐點製作技巧。現代的美國菜總體而言趨向清淡，保持原料的自然味道。美國各地有各自特色的烹調方法和菜色，因為每個地區菜色都受當地民族文化和食品原料影響。北部地區突出海鮮菜，以蒸、煮和燴為主要烹調方法。烤豆和玉米

常作為主菜的配菜。正餐常以派（Pies）或帶有鮮水果的烤布蕾甜點（Cobblers）為最後一道餐點。在南部地區，一餐常包括鹹火腿肉和鹹魚餐點，習慣食用帶有青菜的烤豬排或烤豬肉、玉米粒常作為主菜的配菜。同時，以白米和海鮮為原料，使用凱燕地區（Cayenne）或智利（Chile）出產的辣椒做調味品，餐點味道濃郁芳香。當地喜愛馬賽魚湯（Bouillabaisse）和貝涅餅（Beignet）。南方菜色還受墨西哥餐飲文化的影響，墨西哥捲餅（Tacos）、油炸墨西哥玉米捲（Fried Tortillas）及以畜肉和起司為原料的餐點很流行。中西地區部受德國、英國、挪威、瑞典、丹麥和冰島的餐飲文化影響，喜愛奶製品和雞蛋。當地人青睞的主菜包括烤肉、燉燒牛肉及以各種烹調方法製成的鮭魚和白魚餐點。此外，麵包常以小麥或玉米為原料。

水果沙拉Fruit Salad

烤火腿番茄三明治Grilled ham and Tomato Sandwich

辣燴牛肉Hearty Beef Stew

思考與練習

1.判斷對錯題

（1）由於美國是多民族，其餐飲文化受各民族影響，至目前還沒有任何一種烹調方法能代表美國烹調風格。

（2）由於受當地美洲人影響，美國式西餐原料廣泛使用玉米、豆和南瓜。

（3）許多南部的風味麵包、餅乾、沙拉和調味品都發源於當時的農場工人家屬之手。當美國鐵路發達後，他們將這種烹調特色和餐點風味帶到美國北部和西部。

（4）由於加州物產的極大豐富和融合了多種移民文化，加州烹調技術和食品原料互相影響和借鑑，使得加州餐點和烹調特色高雅、優質，營養豐富，清淡，低油脂。

（5）美國食品原料豐富。交通設施發達，使本國任何地方都能得到其他各地的特色食品原料。

2.思考題

（1）簡述加州菜色特點。

（2）簡述美國人的餐飲習慣。

（3）簡述美國餐飲的發展。

（4）論述美國菜的生產特點。

（5）對比分析美國各地菜色的不同特點。

第6章 其他各國西餐概況

本章導讀

本章主要對英國、俄國、德國、希臘與西班牙等國家的西餐進行了總結和闡述。透過本章學習，可以瞭解英國、俄國、德國、希臘和西班牙等國家的餐飲文化和餐飲習俗及其西餐的生產特點。其中，特別對各國著名菜色的食品原料、製作技巧等特點進行了較全面的總結。

第一節 英國

一、英國餐飲文化

1.英國地理概況

英國始於英格蘭王國。該國家由三個聯盟法令建立起來。1536年與威爾斯聯盟，1707年與蘇格蘭聯盟，1800年與北愛爾蘭聯盟。英國位於西歐，在北大西洋和北海之間，法國的西北部。其中陸地面積241,590平方公里，水域面積3230平方公里，東部地區和東南部地區以平原為主，其他以丘陵和小山為主。英國主要的山脈有康瓦爾山（the Cornish Heights）、威爾士山脈（Cambrian Mountains）、彭尼山脈（Pennies），其中最高的山脈在蘇格蘭的本尼維斯地區。英國有眾多的河流。最著名的河流是流入北海的泰晤士河（Thames），長度是336公里。海岸線12,429公里。英國礦藏和資源豐富，有石油、天然氣、煤和鐵等。英國的氣候，總體溫和，但受大西洋影響，天氣變化無常。溫度總體範圍在32℃至零下10℃，每年降雨量充沛，西部與北部比東部降雨量多。英國人口總數約為6000 萬，英格蘭人約占81.5%，蘇格蘭人約占96%，愛爾蘭人約占24%，威爾斯人約占19%，阿爾斯特人（Ulster）約占18%，西印第安人（West Indian）、印度人（Indian）、巴基斯坦人（Pakistani）等共占28%。近年來，從南亞地區和加勒比海地區來的移民不斷增加。英國是工業國家，特別是在製藥、生物、化學、塑料和電子工業在世界有一定的知名度。此外，海上石油工業和天然氣成為英國經濟主要來源之一。英國是世界第五貿易大國。英國人享受著豐富的文化生活，其中包括餐飲文化。歷史上，許多英國人在文化和藝術方面取得世界的聲望。例如，著名的戲劇家、文學家和詩人——喬叟（Chaucer）、莎士比亞（Shakespeare）和狄更斯（Dickens）等。

2.英國餐飲習俗

英國人習慣每天四餐，包括早餐、午餐、早午餐和正餐。早餐在7點至9點之間，午餐在12點至下午1點半之間，午茶常在下午4點至6點，正餐在晚上6點半至8點。週日正餐在中午而不在晚上，晚上吃些清淡的餐點。週日正餐常包括

烤牛肉（Roast Beef）、約克夏郡布丁（Yorkshire Pudding）和兩種蔬菜餐點。英格蘭式的早餐世界聞名，包括麵包、鹹豬肉、香腸、煎雞蛋、蘑菇菜、烤豆、咖啡、茶、果汁等。由於英國是工業國家，人們每天工作緊張，因此午餐講究營養和效率。從1860年至今，英國各餐廳的餐點外賣業務相當普遍。英國人很注重正餐（晚餐）。正餐是英國人日常生活重要的組成部分，他們選擇較晚的用餐時間，並在用餐時間進行社交活動，促進人們之間的情誼。

二、英國著名菜色

1.英格蘭菜色

英格蘭位於英國中部，由多個郡組成。其中，在林肯郡（Lincolnshire）、康瓦爾郡（Cornwall）和約克夏郡（Yorkshine）都是具有英格蘭風味菜色（English Cuisine）的城市。代表餐點有各式香腸、黑布丁香腸和豬肉餡餅（Pork Pies）、英格蘭傳統蛋糕、杏仁果醬塔（Bakewell Tarts）和愛格斯酥餅（Eccles Cakes）等。同時，康瓦爾郡是世界著名的起司生產地，著名的斯迪爾敦（Stilton）起司享譽世界。該地區沿海城市有眾多的海鮮餐點。其中，白蠔（White Oysters）是著名的水產品，以這種原料製成的餐點，味道鮮美。約克夏郡是英格蘭著名的傳統菜色名城，這裡傳統的茶社、家庭服務式餐廳比比皆是。經過長時間的發展，約克夏郡菜色已將現代清淡的英格蘭菜、傳統的民族菜與地方特色菜融合在一起。英格蘭西南部的德文郡（Devon）奶油茶享譽世界。這種奶油茶是配套產品。包括一壺滾燙的英格蘭茶、剛出爐的司康鬆餅（Scones）及奶油和果醬。14世紀以來，英國西南地區的奶油茶和特色餐點已經具有一定知名度，其原因可追溯至當時的貿易。那時，該地區從東方國家進口植物香料，在茶、餐點和甜點中使用不同的香料，從西印度群島進口具有巧克力和萊姆酒味道的甜點。此外，英格蘭的漢普郡（Hampshire）是盛產優質草莓和蘋果的地方，這些水果作為餐點和甜點的原料，也為地區菜色的特色作出了貢獻。該地區東部的巴斯市（Bath）的薩利甜餅（Sally Lunns）在18世紀已經小有名氣。因為放入了當地生產的奶油和香菜籽，因此味道香郁。

2.蘇格蘭菜色

蘇格蘭位於英格蘭的北部。不論它的歷史、文化還是各城市中的古建築都給人們留下了深刻的印象。蘇格蘭是個美麗的地方，它的湖泊、海灘和高地的美景都使人流連忘返。現代的蘇格蘭菜（Scottish Cuisine）融會了傳統的美食，結合本地區出產的新鮮海魚、龍蝦和扇貝、蔬菜、水果，以及牛肉，並以高超的烹調技藝製成。其中，能夠代表蘇格蘭地區風味的地方是格拉斯哥（Glasgow）。至目前，它已被英國選為第二大美食城市，僅次於倫敦。蘇格蘭是食品原料的著名生產地，該地區盛產優質的畜肉、水產品和奶製品。該地區還盛產各種各樣的糖果。近年來，蘇格蘭餐點和烹調方法不斷創新和改進。著名的蘇格蘭傳統菜有肉餡羊肚（Haggis）、馬鈴薯燉牛肉（Stovies）和羊肉蔬菜湯（Scots Broth）。

傳統式蘇格蘭餐廳

3.威爾斯菜色

威爾斯菜（Welsh Cuisine）是英國有代表性的菜色。該地區許多飯店和餐廳門前都展示威爾斯風味證章，以證明本企業為正宗的威爾斯風味。威爾斯盛產奶製品，尤其是起司，是英國著名起司卡爾菲利（Caerphilly）的生產地。該地區高爾半島（Gower）出產特色扇貝，稱作烏蛤（Cockles）。以這種扇貝為原料製成的餐點，味道鮮美。當地傳統餐點多以羊肉、鮭魚和鱒魚為原料，餐點中常使用韭蔥以增加香味。著名的威爾斯麵食有海藻麵包（Laver Bread），其中放有當

地出產的乾海藻和燕麥。巴拉水果麵包（Bara Brith）、起司麵包捲（Glamorgan Sausages）、羊肉馬鈴薯湯（Cawl）及威爾斯起司醬（Welsh Rarebit）都是很有特色的餐點和麵食。

4.北愛爾蘭菜色

愛爾蘭民族有悠久的歷史。綿延的海岸線為他們帶來了豐富的海產品，此外當地還盛產畜肉、奶製品和蔬菜。傳統的愛爾蘭菜（Irish Cuisine）以新鮮的海產品、畜肉和蔬菜為主要原料，以煮和燉的方法製作餐點。在燉煮海鮮時，放入部分海藻以增加餐點的味道。18世紀後，北愛爾蘭的烹調技術不斷發展，餐點中的原料和調味品種類也不斷增加。在餐點製作中，糖作為調味品代替了傳統的蜂蜜。人們對茶更加青睞，從而代替了非用餐時間飲啤酒的習慣。18 世紀早期出現了著名的蘇打麵包（Soda Bread）、蘋果派（Apple Tart）、酵母水果麵包（Barm-brack）、馬鈴薯麵包（Boxty）、愛爾蘭馬鈴薯泥（Colcannon）、愛爾蘭燉羊肉（Irish Stew）、培根肉馬鈴薯（Potatoes and Bacon）、都柏林式燉培根馬鈴薯（Dublin Coddle）等。

愛爾蘭燉羊肉（Irish Stew）

威爾斯起司麵包捲（Glamorgan sausages）

三、英國菜生產特點

英國有悠久的歷史，經歷了羅馬時代、盎格魯撒克遜時代、諾曼地人管理時代、亨利時代、伊麗莎白時代及英國大革命等，在18世紀初建立了英帝國。縱觀歷史，英國對人類文化和藝術作出了巨大的貢獻。許多歷史學家將英國稱為珍品寶庫，英國到處是藝術珍品，其中包括古堡式飯店和餐廳、世界著名的城堡和教堂。儘管英國餐點和烹飪稍遜於法國，然而近年來英國餐飲文化和烹飪文化不斷發展和提高，這種趨勢正在對歐洲產生重要影響。許多餐飲學家指出，英國菜由多菜色組成，在歷史上受多種餐飲文化影響。主要受古羅馬人和法國人的影響，尤其是諾曼地人（Frankish Normans）的影響，餐點使用較多的調味品和植物香料。其中包括肉桂、番紅花、肉荳蔻（Nutmeg）、胡椒、薑和糖等。1836年至1961年在維多利亞女王時代，傳統的油膩餐點配以進口的調味品，組成了英國傳統的風味，一直流傳多年。1980年代後，現代英國菜以新鮮海產和蔬菜

為主要原料製成餐點。其特點是清淡，選料廣泛，使用較少的香料和酒，注重營養和衛生。烹調方法以煮、蒸、烤、燴、煎、炸為主。現代英國人把各種調味品放在餐桌上，顧客可根據自己的口味在餐桌上調味。如鹽、胡椒粉、沙拉醬、芥末醬、辣醬油、番茄醬等。此外，以英格蘭早餐為代表的英式早餐新鮮、清潔、高雅，受到各國顧客的好評。著名的英國餐點有雞肉原湯（Chicken Broth）、新英格蘭煮牛肉（New England Boiled Beef）、愛爾蘭燴羊肉（Irish Stew）、愛爾蘭馬鈴薯泥（Colcannon）、英格蘭烤魚塊（Baked Pike Fillets Eng-lish Style）、倫敦牛烤（London Broil）、麵包奶油布丁、烤牛肉、約克夏郡布丁、司康（Scones）、康瓦爾甜點（Cornish Pasties）、牛肉腰子派（Steak and Kidney Pie）及其他畜肉等。

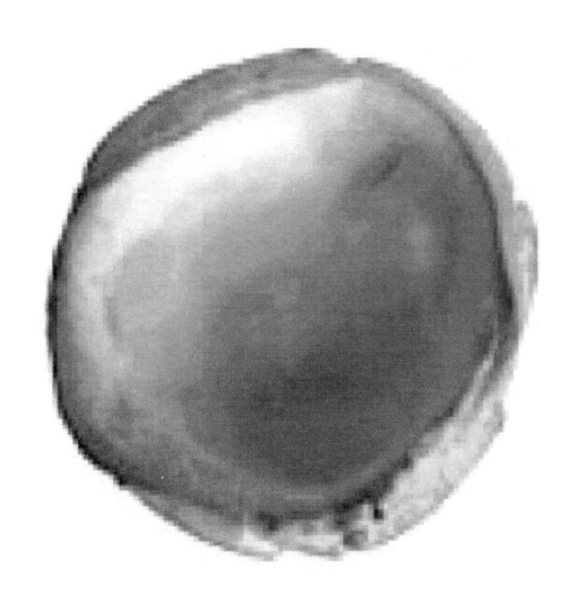

約克夏郡布丁（Yorkshire pudding）

烤牛肉（Roast beef）

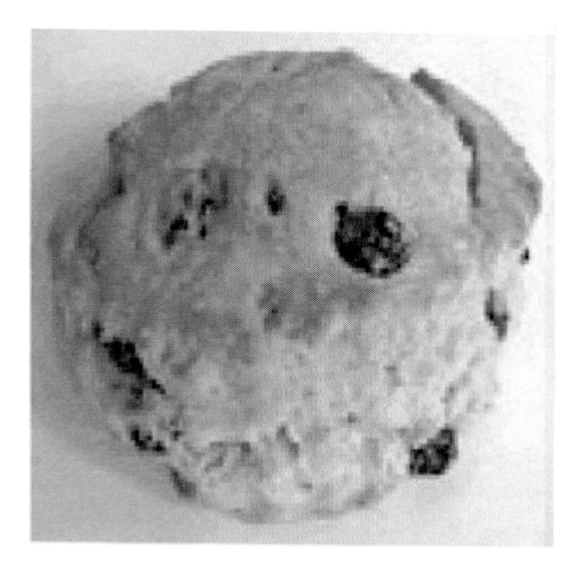

司康（Scones）

第二節 俄國

一、俄國餐飲文化

1.俄國地理概況

俄羅斯聯邦共和國，簡稱俄國，橫跨歐洲東部和亞洲北部，是世界上國土最大的國家。俄羅斯的氣候與加拿大很相近。其大片土地在北緯50度以上，大陸性氣候，許多地方天氣寒冷。俄國北部延伸至北冰洋及巴倫支海（Barents）、克拉海（Kara）、拉普捷夫海（Laptev）、東西伯利亞海和西伯利亞東北部地區。東部臨太平洋和白令海峽（Bering Strait）、鄂霍次克海（Okhotsk）和日本海。東南方與朝鮮的東北部接壤。南部地區與中國、蒙古、哈薩克斯坦、裡海地區、阿塞拜疆、美國喬治亞洲和黑海接壤；西南部與烏克蘭、拉脫維亞、愛沙尼亞及芬蘭接壤，在它的西北部與挪威、立陶宛和波蘭等國家接壤。人口世界排名第七。主要民族包括俄羅斯人，占80%；韃靼人（Tartar）4%；其他各民族占16%，其中有烏克蘭人（Ukrainians）、楚瓦時人（Chuvash）、巴士克人（Bashkir）、白俄羅斯人（Belorussians）、摩爾多瓦人（Mordvin）、德國人（Germans）、阿德模特人（Udmurt）、毛伊人（Mari）、哈薩克人（Kazakhs）、猶太人（Jews）、亞美尼亞人（Armenians）、奇根人（Chechens）、雅庫特人（Yakut）和奧塞提亞人（Ossetians）等。俄羅斯有著不同的民族文化。俄羅斯國家起源由東斯拉夫人（East Slavs）及相同文化的烏克蘭人（Ukrainian）和白俄羅斯人（Belorussian）組成。俄羅斯有廣闊的森林、眾多的湖泊、豐富的食品資源。

2.俄羅斯菜色發展

根據資料記載，16世紀義大利人將香腸、通心粉和各式麵食帶入俄國。17世紀，德國人將德式香腸和水果糖帶入俄國。18世紀初期，法國人將醬、奶油湯和法國麵食帶入俄國。18世紀以後，馬鈴薯被俄羅斯人青睞。

3.俄羅斯餐飲習俗

由於俄國的地理位置和氣候寒冷的原因，俄國餐點油多和味濃。俄國人習慣於清淡的大陸式早餐，喝湯時常伴隨黑麵包，喜歡食用黃瓜和番茄製成的沙拉，喜歡食用魚類餐點和油酥點心。主菜常以牛肉、豬肉、羊肉、家禽、海產為主要原料，以蔬菜、麵條和燕麥食品為配菜。俄羅斯人擅長製作麵食和小吃，包括各種煎餅(Blini)、肉派(Kulebyaka)、填料酥點(Rastegai)、起司蛋糕、香料點心(Spice-cakes)等。俄羅斯人喜愛蘑菇餐點、餡餅、鹹豬肉和泡菜。在喜慶的日子,餐桌上受青睞的餐點是各種燉肉和餡餅。由於俄羅斯是傳統文化國家,因此人們重視每年的各種節日。俄羅斯傳統的基督徒每年有200多天不食肉類餐點、奶製品和雞蛋,這樣促使了俄羅斯人喜愛蔬菜、蘑菇、水果和海產。俄羅斯北部是無邊的森林,是蘑菇的盛產地區,以蘑菇為原料製成的餐點在俄羅斯種類很多。俄羅斯多個地區靠近海洋,有眾多的江河湖泊,因此盛產海產。俄國菜使用多種植物香料和調味品,開胃菜放有較多的調味品和調味醬。包括辣根醬(Horseradish)、克拉斯醬(Kvass)、蒜蓉番茄醬(Garlic and Piquant Tomato Sauces)等。

煎餅(blini)

俄羅斯人每日習慣三餐,早餐(Zavtrak)、午餐(Obed)和晚餐(Uzhin)。俄式早餐比美式早餐更豐富,包括雞蛋、香腸、冷肉、起司、土司片、麥片粥、奶油、咖啡和茶等。午餐稱為正餐,是一天最重要的一餐,習慣在下午2點進行。包括開胃菜(Zakuski)、湯(Pervoe)、主菜(Vtoroye)和甜點(Tretye)。正餐中,開胃菜非常重要,常包括黑魚子醬(Caviar)、酸黃瓜、燻魚和蔬菜沙拉。下午5點是俄羅斯人的下午茶(Poldnik)時間,人們常食用小甜點、餅乾和水果,飲用咖啡或茶。下午7點以後的時間是晚餐。晚餐的餐點與午

餐很接近。通常比午餐簡單，包括開胃菜和主菜。

通常，俄羅斯人的宴請或宴會的第一道餐點是湯，早先的湯稱為菜粥（Khlebovo），因為湯中常有燕麥片。俄式湯具有開胃作用，講究原湯的濃度及調味技巧。著名的湯包括酸菜湯（Schi）、羅宋湯（Borsch）、酸黃瓜湯（Sassolnik）、俄羅斯凍湯（Okroshka）和什錦湯（Solyanka）。宴會的最後一道菜常是蛋糕、水果或巧克力甜點。

4.俄羅斯菜生產特點

俄國菜色不僅指俄羅斯民族菜色，更具有廣泛的含義。通常包括俄國各民族餐點和附近各地區的餐點。多年來，俄羅斯與其他歐洲各國文化交流中，不斷融合了其他各國餐點的製作技巧，特別是來自法國、義大利、奧地利和匈牙利等國，經與本國的餐飲習慣和食品原料融合形成了獨特的俄國菜。俄國菜常以禽肉、海鮮、雞蛋、起司、蔬菜和水果等為原料，經過燉、燴、焗等為主要生產手段，形成多種口味的餐點。包括酸、甜、鹹和微辣等。俄羅斯餐點注重以酸奶油調味品，增加餐點的濃郁，減少餐點的腥味。其冷菜的特點是新鮮，常使用未經加熱的食品作冷菜的原料。例如，生醃魚、新鮮蔬菜和酸黃瓜等。著名的俄羅斯餐點有：黑魚子醬（Caviar）、什錦肉凍（Holadets）、鹹鯡魚（Salted herrings）、羅宋湯（Ukranian borsch）、鮮蘑菇湯（Mushroom soup）、高加索焗雞盅（Chakhokhbily）、基輔奶油雞肉捲（Chicken Kiev）、串烤羊肉（Lamb Shashlik）、煎牛肉條酸奶鮮蘑汁（Beef Stroganoff）、煎鮭魚餅（Cotletki Siemgoi）、炸豬肉丸番茄醬（Russian Croquette Tomato Sauce）、酸菜燉肉（Meat schi with sauerkraut）、燉辣牛肉（Beef Goulash）、鑲蘋果（Goose with Apple）、西伯利亞水餃（Pelmeni）、焗鱸魚（Baked Perch）和煎餅（Pankakes）等。

雞蛋蔬菜沙拉（Okroshka）

西伯利亞水餃（Pelmeni）

煸炒牛肉條和鮮蘑菇（Beef Stew Stroganoff）

二、俄國著名菜色

1.白俄羅斯菜色

白俄羅斯菜色（Byelorussian Cuisine）廣泛使用馬鈴薯、畜肉、雞蛋和蘑菇為原料。該菜色以馬鈴薯和蘑菇餐點為特色。該地區的特色小吃和開胃菜有炸薯片（Draniks）、馬鈴薯粥（Komoviks）和馬鈴薯沙拉。此外，白俄羅斯人喜愛各式麵包、雞蛋餐點和各種粥。

2.高加索菜色

高加索菜（Caucasian Cuisine）源於車臣（Chechnya），該地區長期受南部的喬治亞（Georgia）、亞美尼亞和亞塞拜然等國家和地區的烹飪特色影響，經過不斷發展和創新，逐漸形成高加索菜色。該菜色的特點是色調美觀，使用較多的調味品、植物香料和乾葡萄酒。肉類餐點常以青菜做配菜，並使用石榴、梅脯和果乾為裝飾品。高加索菜色以野外燒烤餐點、酸奶油、麵食而馳名。

3.烏克蘭菜色

烏克蘭菜（Ukrainian Cuisine）有鮮明的特色，許多餐點以豬肉和紅菜為主要原料，以製作酸甜味餐點而聞名。著名的烏克蘭風味餐點有烏克蘭沙拉

（Ukraine Salad）、燴起司酸奶油麵條（Noodles Mixed with Cottage Cheese and Sour Cream）、燴馬鈴薯鮮蘑菇（Potato and Mushroom）、白捲餅鑲什錦米飯（Golubtsi）、餡鑲葡萄葉（Vine Leaves Stuffed with Rice and Meat）、蕎麥飯帶脆豬油丁（Buckwheat Kasha with Crackling）、煮起司水果餡餃子（Vareniki）、牛肉丸子湯（Galushki）、油炸餡餅（Fritters）、基輔奶油雞肉捲（Chicken Kiev）、酸菜馬鈴薯燉豬肉（Kapustnyak）等。

蕎麥飯帶脆豬油丁（Buckwheat Kasha with Crackling）

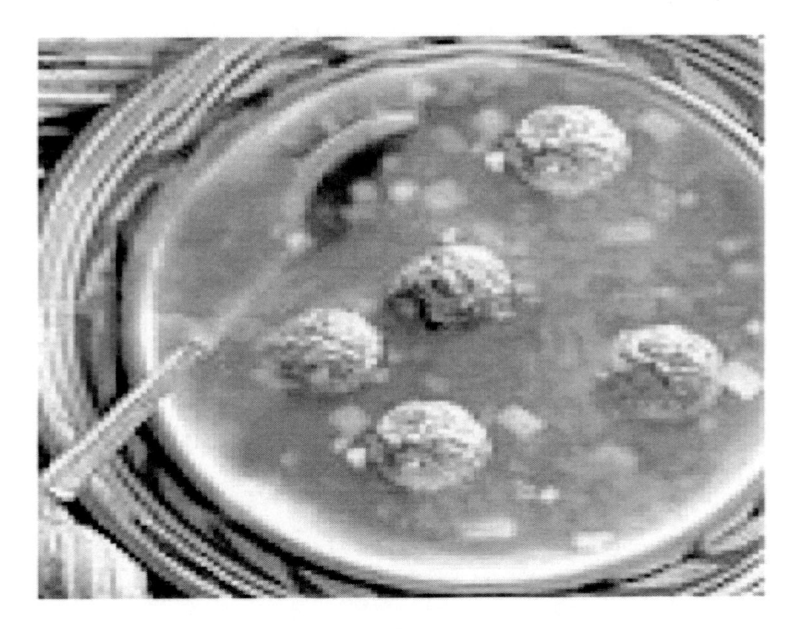

牛肉丸子湯（Galushki）

4.烏茲別克菜色

烏茲別克菜色（Uzbek cuisine）有悠久的歷史，餐點種類多。該菜色各種餐點的變化隨著季節變化而變化。夏季餐點充分運用當地生產的新鮮水果、蔬菜製作餐點。冬季利用蔬菜乾和果脯為餐點配料。當地人們喜愛食用羊肉、牛肉和馬肉餐點，味道豐富，常用的調味品有孜然、辣椒、百倍莓（Barberries）、芫荽（Coriander）和芝麻。烏茲別克人在用餐前通常喝些綠茶。著名的傳統餐點——什錦飯（Uzbek PLov）享譽整個東歐地區。該餐點不僅是烏茲別克人民喜愛的日常餐點，更是重要的節假日和宴會必不可少的餐點。什錦飯以白米為主要原料，配以各種香料和調味品、葡萄乾、青豆和榲桲（Quince）以增加味道和美觀。此外，著名的開胃菜有馬肉香腸（Kasy），以馬肉為主要原料。烏茲別克人以傳統的工藝製作麵包，將麵糰貼在烤爐內的爐壁上，用自然的明火將麵包表面烤成金黃色。人們攜帶麵包時，將麵包放入草籃中，將草籃放在頭頂上，以示對麵包的尊敬。其中有代表性的麵包是扁平的圓餅式麵包，稱為　（Patyr）。該麵包放有羊油幫助麵糰發酵以增加新鮮度和提高儲存時間。烏茲別克人經常將這種麵包放入湯中，一起食用。烏茲別克的湯菜別有風味，味道濃郁。其特點是以胡蘿蔔、白蘿蔔、洋蔥和其他青菜為主要原料，放入適當調味品和植物香料。著名的風味湯菜有，牛肉蔬菜白米粥（Mastava）和羊肉湯（Shurpa）。著名的餐點有烏茲別克烤羊肉（Shashlyk）和油炸甜餃（Samsa）。

百倍莓（Barberries）

5.西伯利亞菜色

西伯利亞菜色（Siberian Cuisine）有悠久的歷史。西伯利亞地區氣候寒冷，餐點油大，味道濃郁，餐點中常顯現較多的奶油。著名的主菜水餃（Pelmeni）享譽東歐各國。該餐點上桌前撒上少量醋和新磨碎的胡椒。人們在夏季喜愛食用奶製品和蔬菜為原料製作的餐點，冬季青睞畜肉與酸菜製成的餐點。西伯利亞餐點種類多，製作精細。著名的餐點有雞蛋蔬菜沙拉（Okroshka）和奶燉鮮蘑菇（Gruzdianka）等。

三、俄羅斯麵包文化

麵包文化是俄羅斯餐飲文化的重要組成部分。俄羅斯食用多種麵包，為了獲得更多營養，更喜愛食用黑麵包。俄羅斯人認為，麵包是個人的財富。俄羅斯麵包以多種糧食為原料，包括小麥、燕麥、大麥和稷子等。他們喜愛使用發酵方法製成酸麵包。俄羅斯製作麵包以手工操作，工藝複雜，製作週期長，需要在前一

天晚上發酵麵糰，第二天製作麵包。他們認為，麵包有多種人體需要的維生素、礦物質和纖維素，對人們的健康非常重要。因此，麵包的外觀必須美觀，氣味芳香。他們總結出200餘種不同的麵包香氣。他們還常用芫荽和香草作麵包的裝飾品。

第三節 希臘

一、希臘餐飲文化

希臘共和國位於歐洲東南部的南巴爾幹半島，人口約1000萬。希臘是文明古國，是歐洲文明的發源地。公元前1050年至公元前31年，古希臘為人類創造了舉世矚目的藝術、建築、繪畫、雕刻和裝飾等藝術作品。

儘管希臘是個島嶼國家，然而它的餐點特色和烹調風格享譽世界，影響著歐洲。希臘菜色有悠久的歷史，它的餐飲特色以本國的食品原料為基底，在土耳其、中東和巴爾幹半島等餐飲文化影響下，逐漸形成了自己的餐點特色。由於希臘盛產海鮮、植物香料、橄欖油、葡萄酒和檸檬等，為希臘餐點風格打下了良好的基礎。人們總結說，希臘生產的特色起司——新鮮菲達（Fresh Feta）、羅馬諾（Romano）和卡塞里（Kasseri）配以當天生產的鮮麵包是希臘人的餐飲享受。在希臘的海邊城市，到處是繁忙的飯店、餐廳和遊客，廚師們整天忙於燒烤、煎炸和烹製各種海鮮餐點。希臘有4000餘年的烹調史，希臘菜種類繁多，烹調方法靈活多樣。希臘歷史上，第一本烹調著作，在公元前330年，由希臘人安吉思奎特斯撰寫而成。希臘菜之所以世界聞名，首先歸功於它的悠久歷史和餐飲文化。其二，是優越的地理位置和豐富的食品原料——新鮮的海鮮、水果、蔬菜、畜肉和奶製品。其三，希臘是著名的橄欖油和植物香料出產地。由於當地的新鮮食品原料，廚師們可以科學地搭配香料和調味品，使希臘餐點味道豐富、新鮮、有特色。從而，受到世界各國人民的好評。

二、希臘餐飲習俗

希臘人的早餐很清淡，午餐和晚餐包括湯、起司、雞蛋、青蔥和麵食。希臘人喜愛下午茶。下午茶包括各式蜂蜜塔（Fila Pastries）、奶油小點心、卡布奇

諾等。晚餐（正餐）除了包括各式開胃菜、主菜和甜點外，還包括當地出產的新鮮水果。其中，主要品種有無花果、橘子、蘋果和西瓜。希臘人的開胃菜常以黑魚子、雞肝、起司、肉丸子和蔬菜等為原料。希臘人喜愛與家人或朋友聚會並一起用餐。他們覺得與家人或朋友用餐是一種享受、休閒和樂趣。在希臘繁忙的餐廳，顧客可以體會到希臘人的餐飲社交活動。希臘字「Symposium」有著深刻和悠久的含義，其含義是與朋友一起用餐，深深表達了希臘人的餐飲習慣。

三、希臘菜生產特點

根據世界餐飲協會總結，希臘菜以焗、烤、烤、燴等烹調方法見長。人們日常食用的餐點除了海鮮外，以羊肉、牛肉、豬肉、家禽和蔬菜為主要原料，透過焗或烤的方法熟製。同時，肉類餐點與各種蔬菜搭配在一起，配以檸檬醬（Avgolemono）或肉桂番茄醬，形成了希臘菜色的味道特色。希臘盛產調味品。主要包括大蒜、牛至、薄荷、羅勒和蒔蘿。這些植物香料都是西餐生產中不可缺少的香料。

四、著名的希臘菜

著名的希臘菜有：烤菠菜與三種起司（Baked Spinach with Three Cheeses）、茄子派（Moussaka）、茄子番茄沙拉（Aubergine Salad）、拌香菜鮮蘑菇（Mushrooms a la Grecque）、檸檬雞湯（Greek Lemon Soup）、魚子醬（Taramasalata）、葡萄葉鑲米飯（Dolmathakia Me Rizi）、培根蔬菜湯（Soupa Horiatiki）、烤肉（Souvlaki）、燴牛肉丸子（Soutzoukakia）、燉羊肉雞蛋檸檬醬（Arnaki Fricassee me Maroulia）、焗烤茄子牛肉（Roasted Beef with Aubergine）、焗烤虹鱒魚（Psaria Plaki）、焗烤菠菜（Spanaki Psime-no）、燉什錦蔬菜（Cretan Vegetable Stew）、燉章魚條（Ktapothi Me Saltsa）、蔬菜起司沙拉（Horiatiki）、蔬菜白米粥（Spanahorizo）、鷹嘴豆泥（Hummus Veg）、焗烤茄子番茄洋蔥（Melitzanes Imam Bayldi）、烤杏仁點心（Amygthalota）、烤核桃酥（Kourabiedes）、蜂蜜酥點（Theepless）、酸奶布丁（Yaourtopita）、松仁餅乾（Halvas Tou Fournou）等。

蔬菜起司沙拉（Horiatiki）

茄子派（Moussaka）

第四節 德國

一、德國餐飲文化

德國位於歐洲中部，北部面臨北海、丹麥和波羅的海；東部與波蘭和捷克接壤；南部臨近澳洲和瑞士；西部與法國、盧森堡、比利時和荷蘭連接，人口約8,300萬。城市面積占全國總面積85%，農村占15%。主要民族為日耳曼人，占全國總人數96%。其他民族包括土耳其人、波蘭人、義大利人、南斯拉夫人，占總人口4%。官方語言為德語，其他語言包括索布語（Sorbian）及其他少數民族語言。德國是有著悠久歷史和文化的國家，根據歷史學家塔西佗（Tacitus）在公元98年的記載，德國各族人民在這塊土地已經生活幾千年。德國是個工業國家，其支柱產業包括鋼鐵、煤炭、機械、電子、化工、造船和汽車製造業等。

德國菜色以傳統的巴伐利亞菜色而享譽世界。現代的德國菜除了傳統的烹調特色外，還融合了法國、義大利和土耳其等國家的優秀烹調技藝並根據各地的食品原料特色和飲食習慣而形成了不同的地方菜色。南部菜色以巴伐利亞（Bavaria）和斯瓦比亞地區（Swabia）餐點特色為代表，受鄰國瑞士和奧地利菜色影響。西部菜受法國東部地區影響。德國菜不像法國菜那樣加工細膩，也不像英國菜那樣清淡，在西餐中以經濟實惠而著稱。由於受氣候和地理位置的特點及鄰國烹調風格的影響，德國菜色形成了不同的風格。這種風格表現了各國餐點的特點。德國是畜肉消費國，主要是豬肉和家禽的消費。家禽包括雞、鴨、鵝和火雞等。德國是香腸消費大國，目前整個國家的香腸種類約1,500種。德國盛產海產、蔬菜、糧食和水果。德國的萊茵河（Rhine）、易北河（Elbe）和奧得河（Oder）盛產鮭魚、梭魚、鯉魚和鱸魚。德國的海產品以鯡魚和鮭魚而著稱。除此之外，德國是世界著名的葡萄酒和啤酒生產國。

二、德國餐飲習俗

德國人每日習慣三餐。早餐和晚餐比較清淡，午餐豐富。早餐食用麵包、奶油、咖啡、嫩煮的雞蛋、蜂蜜和麥片粥等。午餐包括肉類餐點、馬鈴薯、湯、三明治和砂鍋菜（Casserole）。德國人有喝午茶的習慣，午茶的內容經常包括香腸和啤酒。正餐時間大約在晚上7點進行，其內容包括起司、開胃菜、麵包、湯、甜點等。德國人的宵夜常包括香腸、起司、三明治、甜點和咖啡等。德國人喜愛酸甜味的餐點，水果常作肉類餐點的配菜，常用的食品原料有各種畜肉、海鮮、家禽、雞蛋、奶製品、水果和蔬菜等。一些餐點以啤酒為調味品，別有風味。

三、著名的餐點

德國著名的餐點包括蔬菜沙拉（Rohkostsalatteller）、鮮蘑菇湯（Schwammerlsuppe）、蔬菜燴牛肉（Schmierwurst）、柏林式炸豬排（Fried Pork Berlin Style）、焗魚排（Fischragout）、紅酒焗火腿（Schinken in Burgunder Wein）、慕尼黑白香腸（Weisswurste）、嫩燉豬肉（Schweinebraten）、香腸捲心菜（Kohl und Pinkel）、烤香腸（Bratwurst）、馬鈴薯餃子（Klöße）、紐倫堡薑味麵包（Gingerbread）、哥倫醬（Green Sauce）、填料豬肚（Saumagen）、德

式洋蔥派（Zwiebelkuchen）、圖林根小香腸（Thuringian Bratwurst）、培根煎餅（Speckpfannkuchen）、酸菜（Sauerkraut）、德國麵疙瘩（Spaetzle）、德式醋燜牛肉（Sauerbraten）、史多倫聖誕麵包（Stollen）、咖哩香腸（Currywurst）、馬鈴薯沙拉（Kartoffelsalat）和黑胡椒洋蔥牛排（Pfefferpotthast）等。

烤香腸佐馬鈴薯和酸菜（Bratwurst）

烤雞肉捲（Geflugel-Saltimbocca）

第五節 西班牙

一、西班牙餐飲文化

西班牙位於歐洲西南部，面積在歐洲排名第三，地貌複雜，多山，有豐富的礦藏。根據記載，最早西班牙由腓尼基人、希臘人和迦太基人（Carthaginian）在沿海岸線的區域定居。然後，羅馬人和摩爾人（Moors）加入。西班牙傳統菜和烹調方法受猶太人、摩爾人及地中海各國飲食文化影響，其中摩爾人對西班牙的餐飲特色起著重要的作用。歷史上，從美洲大陸進口的馬鈴薯、番茄、香草、巧克力、豆、南瓜、辣椒和植物香料對西班牙的餐飲特色和品質也起著極大的推動作用。大蒜在西班牙餐點製作中占有重要作用。著名的大蒜餐點有炒蒜味鮮蝦（Gambas al Ajillo）、炒蒜味鮮蘑菇（Champignon al Ajillo）、蔬菜大蒜湯（Sopa Juliana）。雪莉酒常作為醬以增加餐點的味道。

二、西班牙餐飲習俗

西班牙人早餐食用烤麵包片、熱咖啡或巧克力牛奶。午餐時間約在下午2點進行，正餐（晚餐）在晚上10點或更晚些的時間。正餐餐點常是燉燴的肉類或海鮮、麵包和甜點等。著名的西班牙傳統餐點有炒飯（Paella）、西班牙番茄冷湯（Gazpacho Soup）、烤乳羊（Lechazo Asado）、烤羊排（Chulletillas）和吉拿棒（Churros）等。

三、西班牙菜色

由於西班牙地理位置和氣候原因，各地出產的食品原料不同，形成西班牙菜的多種風味。西北部的加利西亞地區（Galicia）繼承凱爾特人（Celtic）傳統餐飲習慣，以烹製小牛肉、肉排、魚排和扇貝餐點見長；東部地區的阿斯圖里亞斯地區（Asturias）以烹製豆、起司、燉豆豬肉（Fabada）為特色；巴斯克人（Basque）居住區以烹製魚湯、鰻魚、魷魚和乾鱈魚見長。加泰隆尼亞地區（Cataluna）以當地盛產的海產品、新鮮的畜肉、家禽為主要原料結合蔬菜和水果製成和創新了現代西班牙餐點。瓦倫西亞（Valencia）是著名的白米生產地。當地的番紅花炒飯（Paella）代表了西班牙特色餐點，在國際上有很高的知名度。安達盧西亞（Andalucia）位於西班牙南部，天氣炎熱、乾旱。當地生產葡萄和橄欖，著名的西班牙冷菜湯發源於該地區。

本章小結

英國是著名的西餐生產與消費國家。其特點是味道清淡，講究營養，以海鮮、蔬菜和水果為主要原料。俄羅斯是具有悠久文化歷史的大國。俄國對世界文化有著重要的影響。其中包括餐飲文化。俄國菜以禽肉、海鮮、家禽和雞蛋、起司、優格、蔬菜和水果等為原料，有多種口味，注重以酸奶油調味。其冷菜特點是新鮮和生食。希臘菜以焗、烤、烤、燴等製作技巧見長。人們日常以海鮮、羊肉、牛肉、豬肉、家禽和蔬菜為主要原料。同時，肉類餐點與各種蔬菜搭配在一起，配以檸檬醬或肉桂番茄醬。德國菜以傳統的巴伐利亞菜色而享譽世界。現代德國菜除了傳統的烹調特色外，還融合了法國、義大利和土耳其等國家的優秀烹

調技藝，根據各地的食品原料特色和飲食習慣而形成了不同的地方菜色。西班牙傳統菜和烹調方法受猶太人、摩爾人及地中海各國飲食文化影響。其中摩爾人對西班牙的烹調特色和餐點特點起著重要的作用。西班牙生產優質的大蒜，大蒜在西班牙餐點製作中占有重要作用。

思考與練習

1.判斷對錯題

（1）受古羅馬人和法國人的影響。英國餐點使用較多的調味品和植物香料。

（2）英式早餐，鮮嫩、清潔、高雅，受到各國人們的好評。

（3）14世紀英國西南地區的奶油茶已經具有名氣，其原因可以追溯至當時的植物香料貿易。

（4）俄羅斯是著名的西餐大國之一，其餐點不僅指俄羅斯民族餐點，更廣泛的含義，包括俄國各民族和附近各地區的餐點。

（5）在希臘的海邊城市，到處是繁忙的飯店、餐廳和遊客。廚師們整天忙於燒烤、煎炸和烹製各種海鮮餐點。

2.思考題

（1）簡述英國人的餐飲習俗。

（2）簡述俄國人的餐飲習俗。

（3）簡述俄國的麵包文化。

（4）簡述德國人的餐飲習俗。

（5）簡述希臘菜色特點。

（6）簡述西班牙菜色特點。

（7）對比分析英國菜色的不同特點。

（8）論述俄國各著名菜色的特點。

第2篇 西餐工藝與生產管理

第7章 西餐食品原料

本章導讀

食品原料的種類、品質與西餐品質和特色緊密相關。本章主要對食品原料進行系統的介紹和總結。透過本章學習，可詳細瞭解牛奶、煉乳、奶粉、酸奶、優格、奶油、冰淇淋、冷凍奶油、奶油、起司、家禽、雞蛋、畜肉、海產、蔬菜、澱粉類原料、水果、香料和常用調味酒的特點及其在西餐的作用。

第一節 奶製品

奶製品（Milk Products）是西餐不可缺少的食品原料，包括牛奶、奶粉、冰淇淋、奶油、奶油和各種起司等。奶製品在西餐中的用途廣泛，有些可以直接食用，有些作為餐點的原料。

一、牛奶

牛奶（Milk）種類較多，包括全脂牛奶、低脂牛奶和脫脂牛奶。它們各有不同的用途，滿足不同顧客的需求。牛奶可製成奶油、脫脂牛奶、奶粉、冰淇淋和各式各樣的起司。未經消毒的奶稱為生奶，生奶不能直接飲用，必須經過滅菌才能飲用。

（1）全脂牛奶（Whole　Milk）。未經撈取奶油的牛奶，含有約3.25%的乳脂。全脂牛奶靜態時分為兩部分：上部是漂浮的奶油，下部是非奶油物質。為了使牛奶的奶油和其他物質成為一體，牛奶必須同質處理。所謂同質處理就是將牛

奶倒入高速攪拌機進行加工，使奶油和其他物質攪拌為一體。同質後的牛奶冷藏數天後，仍保持統一的整體。

（2）低脂牛奶（Low-fat Milk）。經過提取部分奶油後的牛奶，通常含乳脂0.5%～2%之間。

（3）脫脂牛奶（Skim Milk）。提取全部乳脂後的牛奶，幾乎不含乳脂。

（4）冷凍牛奶（Ice Milk）。帶有糖和調味品的牛奶，經冷凍製成。包括2%的乳脂。

（5）冷凍果汁牛奶（Sherbet）。由牛奶和果汁混合而成，包括1%～2%的乳脂。

二、煉乳

煉乳（Evaporated Milk）指脫去部分水分的全脂牛奶。通常脫去50%的水分，配以白糖製成。

三、奶粉

奶粉（Dry Milk），經脫水的全脂牛奶或低脂牛奶，成品為淡黃色粉末，用水調製後與牛奶相似。

四、酸奶

酸奶（Buttermilk），將乳酶放入低脂牛奶，經發酵製成帶有酸味的液體牛奶。

五、優格

優格（Yogurt），將乳酶放入全脂牛奶中發酵，製成帶有酸味的半流體產品。

優格（Yogurt）

六、奶油

奶油（Cream）是乳黃色的半流體。常用的奶油有四種：普通奶油、配製奶油、濃奶油和酸奶油。奶油和酸奶油廣泛用於西餐的各種湯、餐點和點心。下面是各種奶油及其特點：

（1）普通奶油（Regular Cream），稱為咖啡奶油或清淡型奶油，含18%乳脂，用於湯和醬的製作，伴隨咖啡等。

（2）配製奶油（Half-and-half Cream），含有10%～12%的乳脂。用全脂牛奶與普通奶油（18%的乳脂）配製而成，伴隨咖啡。

（3）濃奶油（Heavy Cream），稱為攪拌奶油，含有30%～40%乳脂，打成泡沫狀後，用於製作點心和餐點。

（4）酸奶油（Sour Cream），是經乳發酵的普通奶油，帶有酸味。用於製作醬、湯和麵食。

七、冰淇淋

冰淇淋（Ice Cream）是奶油、牛奶、雞蛋、糖類和調味品製成的甜點。它

包含約10%的乳脂。

八、冷凍奶油

冷凍奶油（Ice Cream）是將奶油、糖和調味品混合冷凍製成的甜點。它包括約10%的乳脂。

九、奶油

奶油（Butter）從奶油中分離出來的油脂，在常溫下為淺黃色固體。奶油脂肪含量高，平均2公斤奶油可製成0.5公斤奶油。奶油含有豐富的維生素A、D及無機鹽，氣味芳香並容易被人體吸收，用途廣泛，可直接食用或作為調料。

十、起司

起司（Cheese）是由牛奶或羊奶製成的奶製品。牛奶在凝乳酶的作用下濃縮，凝固，再經過自然熟化或人工加工製成。起司有各種顏色，營養豐富，通常為白色和黃色，呈固體狀態。起司具有各種奇異的香味、營養豐富，既可直接食用，也可製作餐點。起司在西餐用途很廣，許多帶有起司的餐點、湯、調味汁和甜點很受歐美人的青睞。起司還是沙拉和沙拉醬的理想原料。歐美人喜愛帶有起司的開胃菜，三明治和漢堡。起司應當保鮮並冷藏儲存，硬度較大的起司比硬度小的品種容易儲存。質地柔軟的起司容易變質，儲存期短。經熟化的起司可在冷藏箱中儲存數個星期。起司在常溫下味道最佳。為了避免起司的黏性增加，烹調時應使用適當的火候，縮短烹調時間。常用的起司烹調溫度為60℃。在製作調味汁時，起司是最後放入的原料。烹調前應先將其切碎，使其均勻地溶化。同時，應根據各種餐點特點選用不同品種的起司。三明治選用味厚的天然起司；沙拉的裝飾品應選用味道溫和的起司。起司有許多種類，分類方法也不同，最簡單的方法可將起司分為兩大類：天然起司和合成起司。

1.天然起司

天然起司是經過成型、壓製和自然熟化製成的起司。由於使用不同的微生物和熟化方法，起司有不同的風味和特色。著名的瑞士起司（Swiss）、切達起司（Chedder）、高達起司（Gouda）和艾登起司（Edam）等都屬於天然起司。它們

都需要數個月的熟化才能製成。

2.合成起司

合成起司是新鮮起司和熟化的天然起司的混合體，經巴氏滅菌後製成。合成起司氣味芳香、味道柔和、質地鬆軟並表面光滑。其價格比天然起司便宜。合成起司有片裝和塊裝。

3.常用的起司品種及其特點

（1）美式起司（American）。白色或橘黃色，表面光滑，味道中和，質地結實，用途廣泛。用於三明治。

（2）茅屋起司（Cottage）。凝乳狀顆粒，質地軟，未熟化，白色，氣味溫和，帶有酸味，產於美國。用於沙拉、開胃菜的調味醬及起司點心。

（3）瑞可達（Ricotta）。產於義大利，白色，略有甜味，質地軟，未經過熟化。用於開胃菜、沙拉、甜菜和小食品。

（4）莫扎瑞拉（Mozzarrella）。產於義大利，質地堅固，有韌性，奶油色，未熟化，氣味溫和。用於小食品、三明治、披薩餅和沙拉。

（5）布利（Brie）。產於法國，表面光滑，奶油色，質地軟，熟化期4周至8周，辣味。用於開胃菜、餅乾及以水果為原料製作的甜菜。

（6）卡門貝爾（Camembert）。產於法國，表面光滑，奶油色，質地軟，熟化期4周至8周，辣味。用於開胃菜和水果類甜點。

（7）伯瑞克（Brick）。產於美國，有韌性，體內有小孔，熟化期2個至4個月，質地半軟，味濃郁。用於三明治和開胃菜。

（8）莫恩斯特（Muenster）。產於德國，半固體，體內有小孔，熟化期1周至8周，氣味芳醇。用於開胃菜、三明治和甜菜。

（9）切達（Chedder）。產於英國，表面光滑，質地堅硬，顏色有白色和橘黃色，熟化期1至12個月。熟化期短的，味香醇；熟化期長的，味濃郁。用於三明治、熱菜、醬和甜菜。

（10）寇比（Colby）。產於美國，熟化期1個至3個月，質地堅硬，味溫和、香醇。用於三明治和小食品。

（11）艾登（Edam）。產於荷蘭，半固體，有奶油色和橘黃色兩種，外部用紅蠟包裝，熟化期2個至3個月，味香醇。用於開胃菜、小食品、沙拉和甜菜。

（12）高達（Gouda）。產於荷蘭，半固體或固體，黃色或橘黃色，體內有小孔，熟化期2個至6個月，味香醇。用於開胃菜、小食品、沙拉和海鮮餐點的調味醬。

（13）波芙隆（Provolone）。產於義大利，固體，堅實，表面光滑，外部呈淺棕色，內部呈淺黃色，熟化期2個至12個月，有煙燻味和鹹味，香醇，味濃郁。用於三明治和開胃菜。

（14）瑞士（Swiss）。產於美國，質地堅硬，表面光滑，奶油色，體內有較大圓孔。用於三明治、小食品和沙拉。

（15）帕馬森（Parmesan）。產於義大利，質地堅硬，奶油色或淺棕色顆粒狀，熟化期14個至24 個月，味道非常濃郁，帶有辛辣味。用於義大利麵條、義大利餡餅和蔬菜。

（16）藍紋（Blue）。產於美國，半固體，帶有藍色花紋，熟化期2個至6個月，有怪味，味濃郁、辛辣。用於開胃菜、沙拉、三明治和甜菜。

（17）洛克福（Roquefort）。產於美國，半固體，帶有藍色花紋，熟化期2個至6個月，有怪味，味濃郁、辛辣。主要用於開胃菜、沙拉、三明治和甜菜。

第二節 畜肉、家禽與雞蛋

一、畜肉

畜肉（Meat）指牛肉（Beef）、小牛肉（Veal）、羊肉（Lamb）和豬肉（Pork）。畜肉是西餐的主要原料之一。西餐使用的畜肉以牛肉為主，其次是羊肉、小牛肉和豬肉。畜肉必須經過衛生部門檢疫才能食用，經過檢疫合格的畜肉應印有檢驗合格章。

1.畜肉部位

畜肉烹調是與其部位的肉質嫩度緊密聯繫的。畜肉通常分為7個較大的部位，每一個部位根據其肉質的嫩度和形狀又可以分為不同的肉塊和用途。畜肉包括頸部肉（Chuck）、接近頸部的後背肉（Rib）、接近尾部的後背肉（Loin）、前胸肉（Brisket）、後腿肉（Round）、中肚皮肉（Plate）和後肚皮肉（Flank）等部位組成。

2.畜肉級別

畜肉根據畜肉的質地、顏色、飼養年齡及瘦肉中脂肪的分布等因素劃分等級。中國商業目前對牛肉、小牛肉和羊肉尚無等級劃分，主要強調它們的部位。在美國將牛肉、小牛肉和羊肉分為4個級別：特級（Prime）、一級（Choice）、二級（Good）、三級（Standard 或 Utility）。美國飯店業和餐飲業對豬肉不分等級，只強調豬肉的衛生和檢驗。中國商業目前對豬肉尚無等級的劃分，主要強調豬肉的部位。

T-骨牛排T-bone Steak

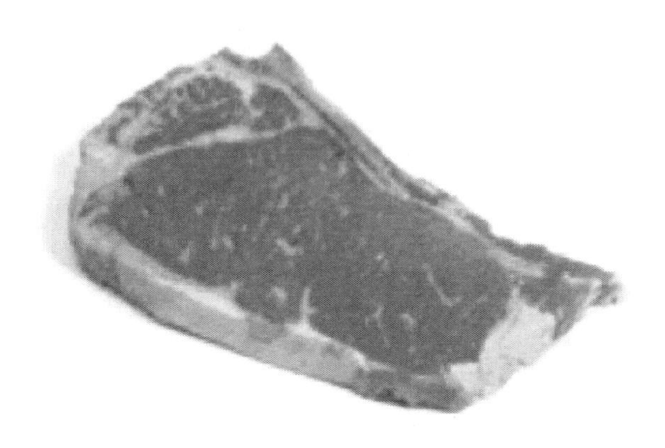

帶骨通脊牛排Bone-in Top Loin Steak

里脊牛排Tenderloin Steak

二、家禽

1.家禽概述

家禽（Poultry）是西餐不可缺少的原料。常用的家禽有雞、火雞、鴨、鵝、珍珠雞和鴿等。禽肉的營養素與畜肉很相近。禽肉中含有較多的水分，易於烹調。禽肉的老嫩與它的飼養時間和部位相關。通常，飼養時間長的禽類及經常活動的部位肉質較老。歐美人習慣地將禽肉分為白色肉和紅色肉。雞和火雞的胸脯及翅膀肉為白色肉，因為這些部位的肉中含脂肪和結締組織較少，烹調時間短。禽的腿部，包括小腿和大腿為紅色肉，因為這一部位的肉質含脂肪和結締組織較

多，烹調時間較長。鴨和鵝所有部位的肉均為紅色肉。禽肉像畜肉一樣，也要經過衛生檢疫，不合格的禽肉不可食用。合格禽肉的包裝上常印有衛生合格章。

2.肉質組成

家禽包括雞、鴨、火雞和鴿等。每一種禽類根據飼養年齡和特點又可分為不同的種類。禽肉的主要組成部分是水、蛋白質、脂肪和糖等成分，水占禽肉的75%，蛋白質約占20%，脂肪約占5%，糖只占禽肉的很少部分。

3.家禽級別

家禽肉常分為3個等級：A級、B級和C級。這些級別的劃分是根據家禽軀體的形狀、肌肉和脂肪的含量及皮膚和骨頭是否有缺陷等因素。A級禽肉體形健壯，外觀完整。B級禽肉體型不如A型健壯，外觀可能有破損。C級禽肉外觀不整齊。

（1）雞（Chicken）

種　　類	特　點
雛雞(Cornish)	特殊餵養的小雞，肉質非常細嫩。飼養時間5週至6週，重量為0.9公斤以下。
童子雞(Broiler)	小公雞或小母雞，皮膚光滑，肉質鮮嫩，骨頭柔軟。飼養時間9週至12週，重量為0.7公斤至1.6公斤。
小雞(Capon)	小公雞，皮膚光滑，肉質鮮嫩，骨頭柔軟性差。飼養時間3個月至5個月，重量為1.6公斤至2.3公斤。
閹雞(Stag)	閹過的公雞，肉質嫩味濃，雞胸部肉豐富，價格高。飼養時間8個月，重量為2.3公斤至3.6公斤。
母雞(Hen)	成年母雞，肉質老，皮膚粗糙，胸骨較硬。飼養時間10個月以上，重量為1.6公斤至2.7公斤。
公雞(Cock)	成年公雞，皮膚粗糙，肉質較老，肉呈深色。飼養時間為10個月以上，重量為1.8公斤至2.7公斤。

（2）火雞（Turkey）

火雞的種類	火雞的特點
雛火雞(Fryer-roaster)	年齡最小的公火雞或母火雞，肉細嫩，皮膚光滑，骨軟。飼養時間僅有16週，重量常在1.8公斤至4公斤。
小火雞(Young Hen 或 Young Tom)	童子雞(Young)，飼養時間較短的小母火雞或小公火雞，5個月至7個月。肉嫩，骨頭略硬，重量為3.6公斤至10公斤。
嫩火雞(Yearling)	飼養時間15個月內，肉質相當嫩。重量為4.5公斤至14公斤。
成年火雞(Mature turkey)	肉質老，皮膚粗糙。飼養時間15個月以上，重量為4.5公斤至14公斤。

(3)鴨(Duck)

種　類	特　點
雛鴨(Broiler)	小嫩鴨，嘴部和氣管柔軟。飼養時間8週內，重量為0.9公斤至1.8公斤。
童子鴨(Roaster)	小嫩鴨，嘴部和氣管剛開始發硬。飼養時間16週內，重量為1,8公斤至2.7公斤。
成年鴨(Mature)	成年鴨，肉質老，嘴和氣管質地硬。飼養時間6個月以上，重量為1.8公斤至4.5公斤。

(4)鵝(Goose)

種　類	特　點
幼鵝(Young Goose)	肉質嫩，飼養時間6個月以內，重量2.7公斤至4.5公斤。
鵝(Mature Goose)	成年，肉質老，6個月以上，重量為4.5公斤至7.3公斤。

(5)珍珠雞(Guinea)

種　類	特　點
幼雞(Young Guinea)	肉質嫩，飼養時間約6個月，重量為0.34公斤至0.7公斤。
成年雞(Mature Guinea)	肉質老，飼養時間約1年，重量為0.45公斤至0.9公斤。

(6)鴿(Pigeon)

種　類	特　點
雛鴿(Squab)	飼養時間短，肉嫩，色淺。飼養時間在3週至4週，重量為0.45公斤。
成年鴿(Pigeon)	肉呈深色，肉質老。飼養時間為4週以上，重量為0.45公斤至0.9公斤。

三、雞蛋

1.雞蛋概述

雞蛋（Egg）是西餐常用的原料，常作為餐點主料和醬的配料。雞蛋由3部分構成：蛋黃、蛋白和外殼。蛋黃為黃色的濃稠液體，重量占全蛋的31%，含有豐富的脂肪和蛋白質。蛋白也稱為蛋清，其成分主要是蛋白質，重量占全蛋的58%。蛋殼包裹著蛋黃和蛋白，重量占全蛋的11%。蛋殼含有小孔，人們不易觀察到，蛋內的濕度會透過小孔蒸發。

2.雞蛋種類

（1）標準雞蛋（Standard Eggs）

室內人工飼養的雞蛋。由於雞的品種不同，雞蛋殼有白色和棕色。但是，營養相等。

（2）自然雞蛋（Free-range Eggs）

大自然放養的雞蛋，飼養成本高，價格高。

3.雞蛋級別

在美國和歐洲各國根據蛋白在蛋殼內部體積的比例和蛋黃的堅固度，將雞蛋分為特級（AA）、一級（A）、二級（B）和三級（C）。特級雞蛋的蛋白在雞蛋內的體積最大，蛋黃堅硬適用於水波（Poach）、煎和煮等烹調方法。一級和二級雞蛋適用於煮、煎等方法。二級以下雞蛋不適用煮和煎等方法製作餐點。在歐美國家，雞蛋的價格常根據它們體積的大小而定。市場上的雞蛋分為巨大、特大、大、中、小，體積越大的雞蛋，價格越高。

標準雞蛋（Standard Eggs）

自然雞蛋（Free-range Eggs）

第三節 海產

海產（Fish and Shellfish）通常指帶有鰭或軟殼及硬殼的海水和淡水動物。包括各種魚、蟹、蝦和貝類。海產是西餐的主要食品原料之一。根據美國餐飲業統計，西餐業全年銷售的以海產為原料製作的餐點占全國銷售各種餐點總量的50%以上。近幾年，歐美人對海產的需求量有上升趨勢。

一、淡水魚

常用的淡水魚（Freshwater Fishes）包括鱒魚（Lake Trout）、鱸魚（Perch）、白魚（Whitefish）、美洲鰻（American Eel）等。

種　類	特點與用途
鱒魚(Lake Trout)	鱒魚有湖鱒等品種。顏色有白色、紅色和淡青色。全身有黑點。鱒魚是歐美人喜愛食用的魚之一。大鱒魚的重量可達5公斤，肉質堅實，味道鮮美、刺少。世界上許多地方均出產，以丹麥和日本的鱒魚最為著名。適用於煮、烤、煎、炸等烹調方法。
鱸魚(Perch)	鱸魚品種很多，如黃鱸、湖鱸、白鱸等。鱸魚體長，呈圓形，嘴大，背後，鱗小，肉豐厚，呈白色，刺少，魚肉鮮美。其重量從1公斤至10公斤不等。世界各地均出產，加拿大和澳大利亞產量最高。鱸魚適用於炸、煮、煎等烹調方法。
白魚(Whitefish)	產於加拿大、澳大利亞，平均重量約2公斤，體呈圓形。白魚是歐美人喜愛的食用魚之一，以肉色白、肉質精細而著名。其肉拌有香瓜味，適用於煎、炸等烹調方法。
美洲鰻(American Eel)	可生活在鹹水或淡水中。體長可達1.5米，魚肉硬實、細膩，表皮光滑，口味肥厚。燻鰻魚是十分受歡迎的菜餚。

二、海水魚

常用的海水魚（Saltwater Fishes）包括海鱸魚（Sea Bass）、比目魚（Sole）、扁鰺（Bluefish）、石斑魚（Snapper）、鮪魚（Tuna）、鮭魚（Salmon）、米魚（Pollack）、鯷魚（Anchovy）、沙丁魚（Sardine）、鰩魚（Skate）、鯖魚（Mackerel）、紅真鯛（Porgy）、海鰻（Sea Eel）、鯡魚（Herring）和鱈魚（Cod）等。

種　類	特點與用途
海鱸魚(Sea Bass)	海鱸包括若干種類，飯店業和西餐業常用4種海鱸魚：黑鱸、花鱸、白鱸和紅鱸。黑鱸體積較小，體形像黃花，呈黑色。花鱸體形像鯉魚，背部有黑點。白鱸體形較長。紅鱸體形圓，全身呈黑色。鱸魚是西餐常用的魚類之一。其肉質堅實，呈白色，味道鮮美，略帶甜味，適用於各種烹調方法。
比目魚(Sole)	主要產於大西洋、太平洋、白令海及許多內海地區。它有若干品種。如檸檬鰈、灰鰈、白鰈等。其身體扁平像一個薄片，長橢圓形，有細鱗，兩眼都在右側，左側常常朝下，臥在沙底，生活在淺海中。比目魚肉質細嫩，味美，適用於各種烹調方法。
鯖魚(Bluefish)	又名鮐魚，身體呈梭形側扁，魚鱗圓而細小。頭尖，口大，青藍色。其身體最大特點是在背鰭和臀鰭之間有五個小鰭，西餐業常用的品種有大西洋藍鯖，西班牙鯖和墨西哥出產的王鯖。大王鯖的重量可達30公斤左右。鯖魚肉鬆軟，味道鮮美，適用於燒烤。
石斑魚(Snapper)	產於熱帶與亞熱帶海洋、墨西哥灣、我國東海和南海。其外形與鱸魚相似，體呈橢圓形，扁側。其體帶有暗褐色橫帶和紅色小斑。石斑魚肉質較粗，肉味鮮美。適用於煎、烤、炸、蒸等方法。
金槍魚(Tuna)	屬於鯖魚類，用途廣泛，肉質堅實，味道鮮美。其重量可以從300公斤至1000公斤不等。金槍魚除了可製作罐頭、魚乾、冷菜外，還可用於煎、炸、燒烤等方法的菜餚。
鮭魚　(Salmon)	產於大西洋海岸，肉質堅實，粉紅色肉，略帶淺棕色，用途廣泛，常用於自助餐中的開胃菜，生吃，也可以醃製、燻烤。
明太魚(Pollack 或 Pollock)	產於大西洋，屬於鱈魚家族，體長，肉厚，眼珠鮮紅，無細刺，味道鮮美。
鯷魚(Anchovy)	又叫銀魚、小鳳尾魚，是一種短而細小、銀色的魚，體形像沙丁魚和小鯡魚，約10釐米長，肉色粉紅，味嫩鮮，常作為西餐菜餚的裝飾品和配菜。
沙丁魚(Sardine)	一般長約15釐米，多用於罐頭食品，或用於番茄醬或芥末醬的配料。
鯡魚(Herring)	與鰳魚同屬鯡科，是冷水海洋魚類，分佈於北太平洋和印度洋。中國沿海也有鯡魚，但數量有限。鯡魚體側扁，長約20釐米，背青黑色，腹銀白色，有眼瞼，腹部有細弱棱鱗，含脂肪較高，小鯡魚常作為沙丁魚銷售。
鰩魚(Skate)	無魚鱗，體形圓而平，尾巴與身子一樣長，魚背呈黑色。表皮有許多穗狀花紋，魚鰭像翅膀。常使用煎或烤的烹調方法。

續表

種　類	特點與用途
真鯛　(Porgy)	產於大西洋，有紅色斑點，尾鰭呈黑色，頭大，口小，上下頜前體呈圓錐形。背鰭和臀鰭上部呈刺狀。真鯛體高而側扁，肉質細嫩，略帶甜味。
海鰻(Sea Eel)	體形細長，表面有黏液而光滑，鱗細小，頭尖，肉質細嫩。
鱈魚(Cod)	產於北大西洋，顏色有淡紅色和灰色等，肉質細白，是製作魚肉串的理想原料。體積小，年齡小的鱈魚稱為scrod。

三、貝殼海產

貝殼海產（Shellfish）的外形和結構與魚類最大區別是沒有魚鰭和魚脊骨。貝殼海產包括兩大類：甲殼海產（Crustaceans）和軟體海產（Mollusks）。

1.甲殼海產（Crustaceans）

這一種類指帶觸角的及連體外殼的海產。包括海蟹（Crabs）、龍蝦（Lobsters）和蝦（Shrimp）等。

（1）龍蝦是較大的甲殼海產，形狀與大小不等，一些龍蝦重量只有200克，最大的龍蝦有5公斤至6公斤。優質的龍蝦尾巴比較靈活，四對足，兩支大爪，外殼深綠色，烹調後呈鮮紅色。龍蝦肉除了來自龍蝦的身體外，還來自龍蝦的腿和尾部。龍蝦肉呈白色，味鮮美，略有甜味。龍蝦子和龍蝦肝也可以食用。龍蝦新鮮度直接影響餐點的品質，活的龍蝦烹調後，肉質結實，死龍蝦烹調後，肉鬆散。西餐通常以活龍蝦或熟製的龍蝦肉為原料。龍蝦常儲存在養殖缸中，裡面放有鹹水，水缸中應補充氧氣。根據需要，龍蝦可以整隻烹調或切成不同形狀後烹調。烹調整隻龍蝦，先將龍蝦頭部放在沸水中，然後按每公斤6分鐘的烹製時間來計算龍蝦的熟製時間。

（2）蝦是西餐常用的原料，體形較大的稱為大蝦或明蝦（Prawn）。蝦的種類和名稱非常多，這些名稱常來自它們的出產地、它們的大小和加工程度等。蝦作為餐點原料必須新鮮，新鮮的蝦殼成淺綠色，肉質白色，氣味清淡。蝦應在零下18℃儲存為宜。在西餐製作中，蝦頭常被切掉，然後剝去蝦殼，去掉腸泥。再根據烹調需要，切成不同形狀。市場上銷售的蝦有三種：未加工的蝦

（Green）、去掉腸泥的蝦（Peeled，Deveined，縮寫為 P&D）、熟製的蝦（Peeled，Deveined，Cooked，縮寫為PDC）。

（3）螃蟹是西餐餐點常用的原料，可以用於主菜、沙拉、開胃菜和湯等。市場銷售的螃蟹有帶殼的活蟹、冷凍的熟蟹腿、蟹肉和整隻的軟殼螃蟹等。螃蟹作為餐點原料必須新鮮，新鮮的螃蟹和蟹肉味道清淡，略有甜味，肉絲成線形。根據烹調需要將硬殼螃蟹用鹽水煮熟，去殼，去掉沙包，剝出肉，軋碎蟹腿取出肉並製成各種餐點；軟殼螃蟹應去掉沙包和呼吸器，經外部修整，蘸上麵粉糊或麵粉，油炸成熟。

2.軟體海產（Mollusks）

這種海產指只有後背骨和帶有成對的硬殼海產品。例如，蝸牛（Snail）、魷魚（Squid）、蠔（Oysters）、蛤（Clams）、淡菜（Mussels）和扇貝（Scallops）等。軟體海產在西餐烹調中有著舉足輕重的作用。

（1）蠔，稱為牡蠣，帶有粗糙和不規則的兩個外殼，上面的殼呈扁平狀，下面的殼呈碗狀。蠔肉細嫩，含有較高的水分。市場出售的蠔共有3個種類，帶殼的活蠔、剝去外殼的鮮蠔或冷凍蠔、罐頭蠔（西餐中很少使用）。蠔的儲存與蠔肉的品質有著一定聯繫。將採購的活蠔放入容器中，放在潮濕涼爽的地方，可以儲存一週。將加工過的並去殼的鮮蠔放在零下1℃的冷藏箱中可以保鮮一週。將冷凍蠔肉放入零下18℃以下的冷藏箱中，可儲藏較長的時間，直至使用時為止。

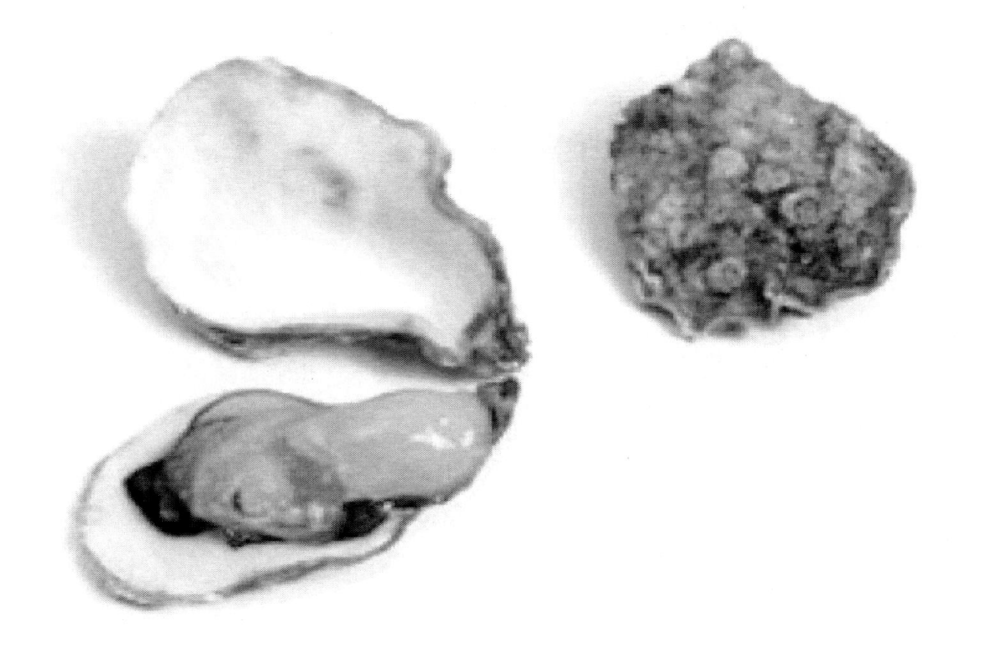

蠔（Oysters）

（2）蛤，可分為硬殼蛤和軟殼蛤，不論是哪一種，市場上銷售的蛤有帶殼活蛤、去殼新鮮和冷凍的蛤及罐頭蛤肉。新鮮的活蛤經碰擊後，貝殼緊閉。沒有加工的活蛤或經加工的鮮蛤味道新鮮柔和，不新鮮的蛤有刺鼻的味道。蛤的儲存與蠔的儲存方法相同。

（3）淡菜，指體積小、帶有黑色或黑藍色殼的蛤。淡菜肉很軟嫩，黃色或橘黃色，西餐常以帶殼的活淡菜為原料。經過碰擊，貝殼緊閉的淡菜是活的，可以食用。活淡菜味道新鮮、柔和，不新鮮的淡菜有刺鼻的味道。淡菜體積超重，說明其內部充滿沙土。相反，重量過輕說明它失去了水分，以上兩種情況都說明淡菜已不能食用。淡菜的初加工程序是，先將淡菜放入鹽水中，使淡菜吐出內部沙土。然後，將外殼沖洗乾淨，用蛤刀將淡菜的殼撬開。

（4）扇貝，肉質鮮嫩，奶油白色。優質的冷凍扇貝味道清新。相反，氣味濃，顏色深的扇貝已變質，不能食用。常用的扇貝有兩個品種，海灣扇貝（Bay Scallop）和海洋扇貝（Sea Scallop）。海灣扇貝形狀較小，肉質纖細，每公斤約70個至88個。海洋扇貝形狀較大，肉質不如海灣扇貝纖細。但是，肉質仍然很

嫩，每公斤約22個至33個。這種扇貝在烹調前常切成片或塊。扇貝的最佳儲藏溫度是± 1℃。

第四節 植物原料

一、蔬菜

蔬菜（Vegetable）是西餐主要的食品原料之一。也是歐美人非常喜愛的食品。蔬菜含有各種人體需要的營養素，是人們不可缺少的食品。蔬菜有多種用途，可生食，可熟食，有很高的食用價值。蔬菜有多個種類。包括葉菜類、花菜類、果菜類、莖菜類和根菜類等。不同種類的蔬菜又可分為許多品種。蔬菜的市場形態可分為鮮菜、冷凍菜、罐頭菜和脫水菜。鮮菜一年四季均有。但是，在淡季，價格較高；而在旺季，價格較低，當地生產的蔬菜比外地生產的價格便宜。冷凍蔬菜是收穫後，經加工，速凍而成，一年四季均有供應，價格穩定。速凍蔬菜的營養素損失少，顏色和質地與新鮮蔬菜相近。罐頭蔬菜是在收穫季節經熱處理後的蔬菜，罐頭蔬菜不像速凍蔬菜和新鮮蔬菜顏色鮮豔，水溶性維生素有一定的損失。但是，其他各方面的品質尚符合飯店業和西餐業的品質要求，使用方便。脫水蔬菜的特點是儲存時間長。

蔬菜品種

蔬菜類別	蔬菜品種
葉菜類（Leaf）	萵苣（Lettuce）、菠菜（Spinach）、卷心菜（Cabbage）、苦苣（Endive）、其他各种青菜（Greens）
花菜類（Flower）	各色花椰菜（Cauliflower）、青花菜（Broccoli）
果菜類（Fruit）	番茄（Tomato）、茄子（Egg-plan）、辣椒（Pepper）、南瓜（Squash）
莖菜類（Stem）	西芹（Celery）、蘆筍（Asparagus）、洋葱（Onion）、大蒜（Garlic）、韭葱（Leek）
根菜類（Root）	甜菜（Beet）、胡蘿蔔（Carrot）、白蘿蔔（Radish）
種子類（Seed）	扁豆（Bean）、豌豆（Pea）、嫩玉米（Corn）

菊苣（Endive）

韭蔥（Leek）

鮮蘆筍（Asparagus）

二、馬鈴薯和澱粉類原料

馬鈴薯和澱粉類原料（Potatoes and Starches）常作為西餐主菜的配菜或單獨作為主菜的原料。西餐最常用的澱粉原料是馬鈴薯、白米和義大利麵條。

1.馬鈴薯（Potato）

當今，馬鈴薯在西餐中愈加重要。馬鈴薯含有豐富的澱粉質和營養素。包括蛋白質、礦物質、維生素B和C等。它適於多種烹調方法。例如，烤和炸，並可製成馬鈴薯丸子、馬鈴薯麵條和馬鈴薯餃子等。在西餐中馬鈴薯作用不亞於畜肉、家禽和海鮮。一些國家和地區有經營馬鈴薯餐點的餐廳。根據廚師經驗，馬鈴薯餐點品質與它的儲藏和保管緊密相關。馬鈴薯儲藏溫度應在7℃～16℃，否則其含糖量和營養素會下降。

2.白米（Rice）

白米是西餐常用的原料，其種類和分類方法有很多。白米常作為肉類、海鮮和禽類餐點的配菜，也可以製湯，還可製作甜點。在西餐業，常用的白米有長粒米、短粒米、營養米、半成品米和即食米。下面表格說明了各種白米的特點與用途。

種　　類	特點與用途
長粒米(Long-grained Rice)	外形細長，含水量較少。成熟後蓬鬆，米粒容易分散，是製作主菜和配菜的理想原料。
短粒米(Short-grained Rice)	外形橢圓形，含水分較多。成熟後黏性大，米粒不易分開，是製作布丁（Pudding）的理想原料。
短粒米(Enriched Rice)	經加工的米，在米粒的外層包上各種維生素和礦物質，用於彌補大米在加工中的營養損失。
半成品米(Converted R　)	半熟的米，米粒堅硬，易於分散，是飯店業常用的大米。特點是烹調時間短，味道和質地均不如長粒米。其營養成分仍然保持良好。
即食米(Instant Rice)	煮熟並脫水的大米，使用方便，價格高。常用的烹飪方法有三種，煮、蒸和燜。

3.麵粉（Flour）

麵粉是製作西點和麵包的主要原料。含蛋白質數量不同的麵粉，其用途也不同。含量高的品種可做麵包，中低含量的麵粉適宜做各種西點，全麥粉適用於麵包及一些特色的點心。此外，大麥、玉米和燕麥也常用於西餐。

4.義大利麵條（Pasta）

義大利麵條既可作為主菜的原料，也常作為主菜的配料。它包括數十個品種。以麵粉、水及雞蛋製成。優質義大利麵條選用硬粒小麥為原料，其特點是烹調時間長，吸收水分多，產量高。下面表格說明了各種義大利麵條的特點和用途。

品　　名	特點與用途
(Akin di Pepe)	米粒狀，製湯。
(Acini di Peppe)	胡椒粒形狀，製作沙拉，冷菜和湯。
(Farfalle Fedelini)	蝴蝶形，用作焗菜的原料。
貝殼麵　(Conchiglie)	(貝殼) 貝殼形，製作主菜，沙拉和冷菜。
小水管通心粉(Elbow Macaroni)	空心，短小彎曲，管狀，製作冷菜，沙拉和沙鍋菜餚。
寬板麵 (Fettucine)	扁形，較窄的麵條，製作主菜。
千層麵(Lasagna)	寬片形，邊部捲縮。煮熟後，可在兩片麵條中鑲上熟製的餡。例如，香腸，熟肉和海鮮，配上新鮮的蔬菜及奶酪等。
管狀通心麵(Manicotti)	圓桶狀，空心，直徑較大，用於餡菜餚，製作主菜。
(Noodles)	扁平形，較寬的麵條，製作主菜。
(Spaghetti)	細長、圓柱狀，實心的麵條，製作主菜和配菜。
(Spaghettini)	細長，圓形，實心的麵條，製作麵條湯。
(Stelline)	小五星形狀的麵條，製作沙拉和湯。
(Vermicelli)	非常細的實心圓形麵條，製作麵湯。
米麵 (Orzo)	米粒形的麵條，製作沙拉和湯。
雙槽麵(Casarecce)	S形，5.08厘米長，空心，製作主菜與沙拉。

通心麵（Elbow Macaroni）

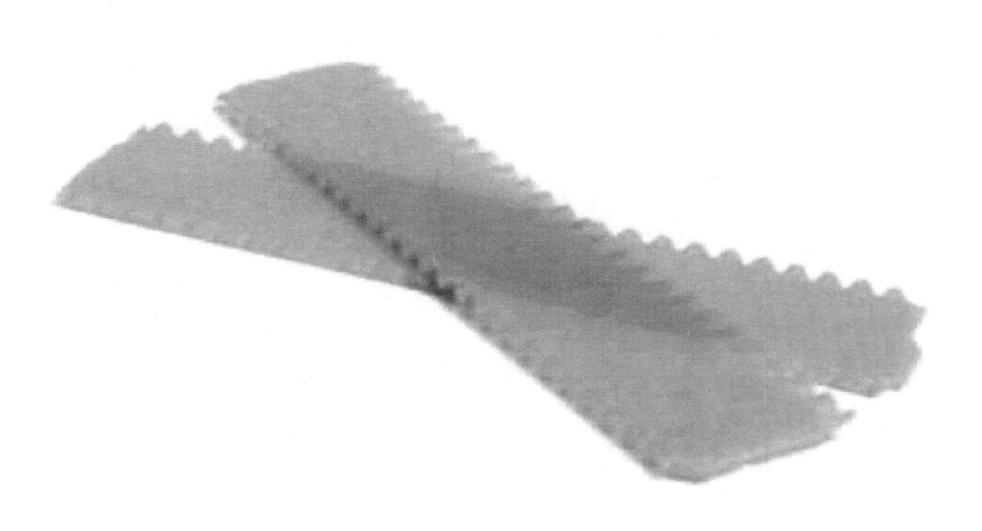

千層麵（Lasagna）

三、水果

水果（Fruit）在西餐用途甚廣，主要用於甜點。例如布丁、水果餡餅和果凍等。水果在鹹味餐點中也占有重要位置。例如，在傳統法國菜中比目魚配綠色葡萄。多年來，水果在西菜常作為配菜或調味品，解除畜肉和魚的腥味，減少豬肉和鴨肉的油膩或增加小牛肉和魚肉的味道等。水果常與起司搭配在一起，作為甜點。下面表格裡是西餐中常用的水果品種。

水果種類	包括的品種
軟水果（Soft Fruits）	Strawberry（草莓）、醋栗（Gooseberry）、黑莓（Blackberry）、蔓越莓（Cranberry）。
硬水果（Hard Fruits）	蘋果（Apple）、梨（Pear）。
核果（Stone Fruits）	杏（Apricot）、櫻桃（Cherry）、李子（Plum）、桃（Peach）、酪梨（Avocado）。
柑橘類（Citrus Fruits）	柳橙（Orange）、橘子（Mandarin）、葡萄（Grapes）、檸檬（Lemon）。
熱帶水果及其他品種（Tropic Fruits And Others）	香蕉（Banana）、鳳梨（Pineapple）、無花果（Fig）、榴槤（Durian）、芒果（Mango）、荔枝（Litchi）和各種甜瓜（Melons）。

酪梨（Avocado）

榴槤（Durian）

鵝莓（Gooseberry）

第五節 調味品

調味品（Seasonings）是增加餐點味道的原料，在西餐中擔當著重要的角色。西餐調味品種類多，西餐生產中，香料和調味酒被認為是兩大調味要素。但是，許多西餐專家認為，調味品不應代替或減少食品原料本身自然的味道。當某些食品原料本身平淡無味或有特殊的腥味或異味時，在原料上加些調味品，餐點味道會得到改善，甚至變得更加豐富。因此，西餐生產離不開調味品。

一、香料

1.香料種類與特點

香料（Herbs）是由植物的根、花、葉子、花苞和樹皮，經乾製、加工而成。香料香味濃，廣泛用於西餐餐點的調味。香料有很多種類。不同的香料，其特色和味道在烹調中的作用不同。下面是各種香料的名稱、特點和用途。

名　稱	特點與用途
月桂葉(Bay Leave)	月桂樹的樹葉，深顏色，帶有辣味，用於製湯和畜肉、家禽、海鮮、蔬菜等菜餚的調味。
茴芹　(Anise)	帶有濃烈甘草味道的種子，常用於雞肉和牛排菜餚的調味，也用於麵包，麵點和糖果的調味。
羅勒(Basil)	植物的樹葉和果肉，帶有薄荷香味，辣味和甜味，用於番茄醬，畜肉和魚類菜餚的調味。
墨角蘭　(Marjoram)	灰綠色樹葉，帶有香味和薄荷味，用於意大利風味菜餚，也用於畜肉，家禽，海鮮，奶酪，雞蛋和蔬菜類菜餚的調味。
麝香草(Thyme)	又名百里香，帶有丁香味的深綠色碎葉，用於沙拉調味醬，湯和家禽、海鮮、雞蛋、奶酪爲原料的菜餚調味。
蒔蘿(Dill Weed)	帶有濃烈氣味的植物種子，用於奶酪，魚類和海鮮等菜餚的調味，也可作爲沙拉的裝飾品。
茴香(Fennel)	帶有茴香和甘草味，綠褐色顆粒，作麵包，披薩，魚類菜餚等的裝飾品。
迷迭香(Rosemary)	淺綠色樹葉，形狀像松樹針，帶有辣味，略有松子和生薑的味道，常作爲麵包和沙拉的裝飾品，也用於畜肉，家禽和魚類菜餚的調味。
香薄荷(Savory)	辣味，略帶有麝香味的碎植物葉，用於肉類，雞蛋，大米和蔬菜爲原料的菜餚調味。
番紅花(Saffron)	番紅花的花蕊纖維和碎片，帶有苦味，用於魚類和家禽類菜餚的調味，也用於菜餚著色（淺黃色）。
牛至(Oregano)（濱香薷）	植物葉或碎片，與牛至屬植物的氣味相似，但比牛至屬植物的氣味濃烈，用於意大利菜餚的調味。

續表

名　稱	特點與用途
葛縷子(Caraway)	植物種子味道微甜，帶有濃香的氣味，用於麵點，餅乾和開胃菜調味汁。
香菜籽(Coriander)	植物種子，帶有芳香和檸檬氣味，味道微甜。將種子碾成粉狀，與其他原料一起製成咖哩粉，是麵包，麵點及醃菜理想的香料。
小荳蔻(Cardamom)	帶有甜味和特殊芳香味的褐色顆粒，是麵點和水果的調味品。
鼠尾草(Sage)	帶有苦味和柑橘味的灰綠色葉子或粉末。用於畜肉、家禽、奶酪菜餚的調味。
多香果(Allspice)	樹的種子，也稱作牙買加甜辣椒。其形狀比胡椒大，表面光滑，略帶辣味。由於它帶有肉桂，丁香和荳蔻的三種味道。因此，人們稱它爲多香果。它常用作畜肉，家禽，醃製的酸菜和麵點的調味品。
罌粟籽(Poppy Seed)	藍灰色種子，帶有甜味，氣味芳香。用於沙拉調味醬中的調味及裝飾，也用於麵點，麵條和奶酪的裝飾。
肉豆蔻(Mace)	荳蔻外部的網狀外殼，使用時將其磨碎。其味道比荳蔻濃郁，形狀比荳蔻粗糙。它的用途廣泛，常作爲湯類，沙拉調味汁，畜肉、家禽等菜餚的調味品，也用於麵點，麵包和巧克力中的調味。

香葉（Bay Leaves）

馬鬱蘭（Marjoram）

番紅花（Saffron）

2.香料的運用

在西餐餐點製作中，不同餐點配以不同的香料。這樣可減輕餐點的腥味，增加餐點的味道。下面表格說明了各種餐點常用的香料。

原料與菜餚	適用的香料
牛肉、羊肉與豬肉	羅勒，月桂，咖哩粉，大蒜，牛至屬，洋蔥，麝香草
家禽與海鮮	香葉，蒔蘿，茴香，大蒜，芥末，歐芹，紅辣椒粉，迷迭香，鼠尾草，番紅花，香草，麝香草，肉豆蔻
沙拉醬	罌粟籽，香葉，羅勒，蒔蘿，大蒜，洋蔥，牛至屬，芥末，牛至，麝香草，肉豆蔻
馬鈴薯	芹菜，洋蔥，紅辣椒粉，歐芹
麵包	羅勒，茴香，小荳蔻，蒔蘿，大蒜，牛至屬，洋芹，歐芹，香草，麝香草，罌粟籽

二、常用的調味酒

1.調味酒概述

酒是常用的調味品。酒本身具有自己獨特的氣味和味道，當它們與餐點的湯汁和某些香料混合後，形成了獨特的氣味和味道。調味酒主要用於醬、湯、醃製的畜肉和家禽。

2.各種調味酒的特點與用途

（1）乾白葡萄酒（Dry White Wine），無甜味的淺黃色葡萄酒。用於魚和蝦類餐點的調味。

（2）雪莉酒（Sherry），加入了白蘭地的葡萄酒，西班牙生產。用於湯、畜肉、禽類餐點的調味。

（3）白蘭地酒（Brandy），以葡萄為原料，透過蒸餾製作的烈酒，褐色，香味濃郁，用於魚和蝦類餐點的調味。

（4）馬德拉紅葡萄酒（Madeira），馬德拉島出產的葡萄酒，加入了適量的白蘭地酒，味道香醇。適用於畜肉和禽肉餐點的調味。

（5）波特酒（Port），著名的葡萄酒，葡萄牙生產。該酒加入了適量的白蘭地酒，味道香醇。適用於海鮮類餐點的調味。

（6）香檳酒（Champagne），法國香檳地區生產的傳統葡萄汽酒。適用於

烤雞、焗火腿等餐點的調味。

（7）萊姆酒（Rum），以甘蔗及甘蔗的副產品為原料製成的烈酒，味道甘甜，香醇。適用於甜點。

（8）利口酒（Liqueur），以烈性酒和植物香料或水果香料混合製成的酒。利口酒有多個品種和多種味道。適用於各種甜點和水果的調味。

本章小結

食品原料是西餐品質和特色的基礎與核心。奶製品是西餐不可缺少的食品原料。如各種牛奶、奶粉、冰淇淋、奶油、奶油和起司等。畜肉是西餐的主要原料之一。畜肉必須經衛生部門檢疫才能食用，經檢疫合格的畜肉應印有檢驗合格章。家禽是西餐不可缺少的原料。常用的家禽有雞、火雞、鴨、鵝、珍珠雞和鴿等。禽肉的營養素與畜肉很相近。禽肉中含有較多的水分，易於烹調。雞蛋是西餐常用的原料，它既可作為餐點的主料，又可以作為餐點和醬的配料。海產指帶有鰭的或軟殼及硬殼的海水和淡水動物，包括各種魚、蟹、蝦和貝類。蔬菜是歐美人喜愛的食品。馬鈴薯和澱粉類原料常作為西餐主菜的配菜或單獨作為主菜原料。調味品是增加餐點味道的原料，它在西餐中起著重要的作用。

思考與練習

1.名詞解釋題

起司（Cheese）、優格（Yogurt）、香料（Herb）

2.思考題

（1）簡述天然起司和合成起司的特點。

（2）簡述奶製品種類與特點。

（3）簡述海產品種類與特點。

（4）簡述調味品種類與特點。

（5）對比分析天然起司與合成起司的各自特點。

第8章 生產原理與工藝

本章導讀

西餐生產指將食品原料加工成餐點的全過程，包括食品原料選擇、食品原料初加工、食品原料切配及將原料烹調成餐點。西餐製作技巧與西餐品質和營銷有著緊密的聯繫，西餐生產原理和工藝是西餐經營管理的基礎。本章主要對西餐生產原理與工藝進行總結和闡述。透過本章學習，可掌握食品原料選擇、食品原料初加工、食品原料切配和掛糊原理，瞭解熱能在西餐生產中的作用和熱能傳遞原理，掌握水熱法和乾熱法工藝等。

第一節 原料初加工與切配

一、食品原料的選擇

優質的西餐餐點首先從選擇原料開始。所謂優質的食品原料指新鮮衛生、沒有化學和生物汙染的原料，具有餐點生產需要的營養價值並在質地、顏色和味道方面達到產品需要的標準。因此，選擇食品原料時，首先需進行感官檢查和物理檢查。包括食品原料的顏色、氣味、彈性、硬度、外形、大小、重量和包裝等。透過這些檢查確定原料的新鮮度、規格和品質水準。其次，按照加工和烹調要求選用適合的品種和部位。例如，不同品種和脂肪含量的魚適用於不同的製作技巧。又如畜肉有不同的部位，各部位的肉質老嫩不同。因此，生產畜肉餐點，必須按照畜肉部位特點進行加工和生產，才能烹製出理想的餐點。

二、食品原料初加工

食品原料初步加工指食品原料的初步加工。包括剖剝、整理、洗滌、初步熱處理等環節。食品原料初步加工是西餐生產中不可缺少的環節，它與餐點的品質

有著緊密的聯繫。合理的初步加工可以綜合利用原材料，降低成本，增加營業效益，並使原材料符合烹調要求，保持原料的清潔衛生和營養成分，增加餐點顏色和味道，突出產品的形狀特點。在初步加工中，不同的食品原料有不同的加工方法。當今，在旅遊發達國家，飯店業在餐點生產中，初步加工工作越來越少。因為，供應商已完成大部分原料的初步加工。

1.蔬菜初步加工

蔬菜是西餐常用的原料。由於蔬菜種類及食用部位不同，因此加工方法也不同。但是無論西餐以任何蔬菜做原料，基本上都從洗滌開始，然後切成理想的形狀，保持蔬菜的營養素。蔬菜初步加工時，常遵循以下程序。

（1）將葉菜類蔬菜老根、老葉、黃葉去掉，清洗乾淨。

（2）剝去根莖類蔬菜的外皮。

（3）去掉果菜類蔬菜的外皮和菜心。

（4）剝去豆莢上的筋絡或剝去豆莢。

（5）剝去花菜類的外葉、根莖和筋絡。

2.畜肉初步加工

當今在旅遊發達國家，飯店使用經過加工和整理好的牛肉、羊肉和豬肉，因此，購進的畜肉已切成所需要的各種形狀。然而，在某些國家和地區，仍然有一些飯店購入帶骨、帶皮的畜肉，需要初步加工。首先，去掉骨頭。其次，根據部位的用途進行分類，清洗、瀝去水分。最後，將初步加工的畜肉放入容器，冷凍或冷藏。

3.海產初步加工

海產在切配和烹調前需要初步加工工作。如宰殺、刮鱗、去腮、去內臟、清洗等。在旅遊發達國家，海產初步加工工作基本上由供應商完成，供應商根據西餐烹調要求將整條魚切成不同的形狀。

4.禽類初步加工

西餐業常購進經過宰殺和整理好的家禽原料。例如，經開膛去內臟的雞和鴨、雞大腿、雞翅和雞胸肉等。然而，以上家禽原料仍需再次初步加工。這些工作包括整理和清洗。

三、食品原料切配

食品原料切配是將經初步加工的原料切割成符合烹調要求的形狀和大小並根據餐點原料的配方，合理地將各種原料搭配在一起，使之成為完美的餐點，這就需要運用不同的刀具和刀法將原料切成不同的形狀。

1.常用的切割方法

（1）切（Cut），將原料切成統一尺寸和較大塊狀。

（2）劈（Chop），將食品原料切成不規則塊。

（3）剁（Mince），將食品原料切成碎末狀。

（4）片（Slice），將食品原料橫向切成整齊的片狀。

切成末（Mince）

小條（Julienne）

2.食品原料形狀

（1）末（Fine Dice），3毫米正方形的顆粒。

（2）小丁（Small Dice），6毫米正方形。

（3）中丁（Medium Dice），1釐米正方形。

（4）大丁（Large Dice），2釐米正方形。

（5）小條（Julienne），6毫米×6毫米×4釐米形狀。

（6）中條（Batonnet），3毫米×3毫米×8釐米形狀。

（7）大條（French Fry），0.75釐米至1釐米×8釐米至10釐米形狀。

（8）片（Slice），3毫米至8毫米厚形狀。

（9）楔形（Wedge），西瓜塊形狀。

（10）圓心角形（Daysanne），將長圓形原料，順刀切成四瓣或三瓣，然後切成片。

（11）橢圓形（Tourne），任何尺寸的橢圓形。

3.配菜原則

配菜是根據餐點的品質和特色要求，把經過刀工處理的各種食品原料進行合理的搭配，使它們成為色、香、味、形等各方面達到完美的餐點。此外，現代西餐講究營養搭配以滿足不同顧客的需求。一些飯店，菜單上註明每個餐點中的蛋白質含量和餐點所含的熱量。配菜中，廚師常遵循以下原則：

（1）注意原料的數量協調，突出主料數量，配料數量應當少於主料。

（2）注意各種原料顏色配合，每盤餐點應有二至三種顏色，顏色單調會使餐點呆板。顏色過多，餐點不雅觀。

（3）突出主料的自然味道，用不同味道的原料或調料彌補主料味道。

（4）將相同形狀的原料搭配在一起，使餐點整齊和協調。如果配菜和裝飾菜的形狀與主料不同，也會增加餐點的美觀。

（5）將不同質地的食品原料配合在一起以達到質地互補。例如，馬鈴薯沙拉中放一些嫩黃瓜丁或芹菜丁，菜泥湯或奶油湯中放烤過的麵包丁等。

四、掛糊原理

麵粉糊工藝（Dredging）

掛糊（Coating）是將食品原料的外部包上一層糊的過程。在西餐生產中，尤其是透過油煎、油炸工藝製成的餐點，常在原料外部包上一層麵粉糊、雞蛋糊、麵包屑糊以增加餐點的味道、質地和顏色。

1.麵粉糊工藝（Dredging）

先在食品原料上撒些細鹽和胡椒粉，然後再裹上麵粉。

2.雞蛋糊、牛奶糊工藝（Batters）

將原料裹上雞蛋液或牛奶麵粉糊。掛糊前，在原料上撒些細鹽和胡椒粉。

3.麵粉工藝（Breading）

先在原料上撒些細鹽和胡椒粉，然後裹上麵粉、雞蛋，再裹上麵包屑的過程。

第二節 廚房熱能選擇

熱能在西餐生產中起著重要的作用，它直接影響餐點品質、特色、質地和成熟度並影響生產成本。合理選擇熱能是西餐生產的一項基礎工作。

一、熱能在餐點生產中的作用

餐點由不同食品原料構成，而食品原料含有蛋白質、脂肪、碳水化合物、水和礦物質等。餐點受熱時，其各種成分會發生變化，表現在餐點質地、顏色和味道等方面。

1.熱能對蛋白質原料的影響

畜肉、海鮮、禽肉和雞蛋是含有豐富蛋白質的食品原料。蛋白質原料受熱後會收縮和凝固。受熱越多，失去的水分就越多，使餐點變得越堅硬。經過試驗，含有蛋白質的食品原料在85℃的溫度下就會凝結。因此，含有結締組織多的蛋白質原料不適宜高溫烹製，應用低溫烹調。例如，使用低溫和煮的方法使餐點的質地達到理想的程度。根據試驗，在烹調蛋白質食品中，放一些檸檬汁、番茄醬或醋會幫助溶解畜肉的結締組織。

2.熱能對碳水化合物原料的影響

含有碳水化合物的食品原料主要有糧食、水果和果乾等。這些原料受熱後會有兩種主要的變化：焦糖化和膠體化。因此，在使用嫩煎方法製作餐點或烤麵包時，食物表面會變成金黃色。這一變化是原料的焦糖化。在製作調味汁時，汁中的澱粉受熱後，調味汁稠度增加，這就是湯汁膠體化的過程。

3.熱能對纖維素原料的影響

纖維素指水果和蔬菜中的結構和纖維。含有纖維素的蔬菜和水果受熱後，其質地會受到一定的損失。通常在烹調水果和蔬菜中放一些糖會使蔬菜外形整齊。

4.熱能對油脂的影響

油脂在烹調中有著非常重要的作用。通常畜肉、海鮮和奶製品含有較多的油脂。某些植物原料也含有油脂。大多數油脂在室溫下呈液體狀態，然而某些油脂呈固體狀態，例如，奶油（Butter）。在烹調中，油脂受熱後會產生煙霧，高品

質的油脂煙霧點高。

5.熱能對食品的礦物質、維生素、色素和氣味的影響

礦物質和維生素是餐點的基本營養素，色素和氣味組成餐點的外觀和口味。然而，以上因素都與食品原料受熱的程度和受熱的時間有一定關係。因此，適當地選擇烹調方法和烹調溫度可減少餐點營養素的流失，保持餐點美觀。

二、熱能傳遞原理

餐點只有加熱才能成熟，而熱量從熱源傳遞給餐點常以不同的方式進行。通常是透過傳導、對流或輻射三種方式。根據餐點成熟原理，熱的傳遞速度越快，餐點所需要的烹調時間越短。此外，西餐生產常使用兩種或兩種以上的傳熱方法。因此，瞭解熱能傳遞原理，可以充分利用廚房設備和烹調熱源以提高生產效益。

1.熱傳導

熱傳導是透過振盪碰撞方法將熱量由高溫物體傳遞給低溫物體或由物體的高溫部分傳遞給低溫部分。在西餐生產中，熱源將熱量傳遞給炒鍋等容器，然後炒鍋再將熱量傳送至餐點，使餐點成熟。例如，廚師使用平底鍋烹調餐點，食品原料透過熱傳導方式進行烹調。

2.對流傳熱

對流傳熱比傳導傳熱過程複雜，傳導是對相互接觸的固體而言，而對流傳熱是依靠水、食油、空氣和蒸汽等流體的流動進行傳熱。對流是一種間接傳熱方法。在西餐生產中，熱源先將容器內的空氣、食油或液體等介質加熱，再將熱量傳送至食品表層，然後逐漸深入到食物內部組織的過程。例如，油炸餐點，食油受熱後以對流傳熱方式使餐點成熟。

3.輻射傳熱

輻射傳熱不像以上兩種傳熱方式。這種傳熱方法既不需要固體接觸，也不需要固體之間的液體流體。在傳熱中，不需要傳熱介質，而是透過電磁波、光波等

形式進行。因此，物體表面的熱反射和吸收性能很重要，供熱物體或熱源與受熱物體的相對尺寸和形狀及它們之間的距離和溫度也很重要。例如，烘和烤都是透過熱輻射的方法製成餐點。此外，微波爐加熱過程也是熱輻射的過程。

4.食品內部傳導

內部傳導指透過介質將熱傳遞到食品的表面，再繼續傳遞到食品內部的過程。食品原料內部傳導對餐點的色香味形有著關鍵作用。熱從食品表面傳遞到食品內部的熱度不僅取決於傳遞介質的熱度，還取決於食品原料本身的特點。實驗證明，當食品原料質地嫩、形狀薄、內部水分多時，熱傳導速度快。相反，原料質地老，形狀大，內部水分少，傳導速度慢。一塊3斤多的牛肉，在沸水中約煮一個半小時後，牛肉內部的溫度僅接近70℃。

5.水、蒸汽和食用油的傳熱特點

在西餐生產中，除了以金屬烹調鍋常作為傳熱介質外，還有水、蒸汽和食用油。水是生產西餐的常用傳熱介質。水受熱後，其溫度很快升高，透過對流作用將熱傳遞給餐點。水的沸點是100℃，如果將盛水容器密封，使鍋內的壓力增加，水的沸點會增加至102℃。這樣，壓力鍋中的食物成熟速度會提高，從而節約了熱源。水蒸氣是汽化的水，將水蒸氣做傳熱介質是生產西餐常用的方法。在常壓下，蒸汽的溫度為100℃，壓力蒸箱的蒸汽溫度常高於100℃，其成熟速度常超過普通蒸箱，因而節約了熱源。食油常作為傳熱介質，透過對流方式將熱傳遞給食物。由於油的沸點比水高，將油作為傳熱媒介，不僅使餐點成熟速度快而且用途廣泛。現代壓力油炸爐已經被廣泛應用。壓力油炸爐不僅烹調速度快，節約能源而且產品品質優於普通炸爐。

三、西餐熱能選擇

生產西餐常用的熱能有電、天然氣、煤氣和蒸汽。電是一種高效熱能，它廣泛用於西餐生產。電作為熱能，其特點是效率高，使用簡便、安全、清潔和衛生。電在燃燒中不產生任何氣體與灰塵，不消耗廚房中的氧氣。因此，將電作為西廚房的熱能常以乾淨和舒適而受到廚師的歡迎。電的應用很廣泛，許多西廚房設備都以電為動力。如烤爐、烤爐、炸爐、煮鍋和西餐灶等。除此之外，電還用

於冷藏設備和加工設備。但是，廚房選用電，必須裝有配套設備，其基本建設費用較高。

天然氣和煤氣是方便型燃料，起燃快，火勢容易控制，無煙無塵。在西餐廚房，許多烹調設備都以天然氣或煤氣為燃料。例如，烤箱、西餐灶、烤爐和炸爐等。但是，以天然氣或煤氣為熱能，必須經常打掃爐灶燃燒器，保持其清潔。否則，天然氣或煤氣在燃燒中部分熱量會損失。

蒸汽是汽狀的水，常由管道輸送至烹調設備中。在西餐廚房，蒸箱和大型煮鍋常以蒸汽為熱能。當然，蒸汽只適用於部分烹調方法，例如，蒸和煮。

西餐廚房選擇熱能應考慮多方面，包括實用性、安全性、方便性、成本和經濟效益。應考慮到，餐點製作、餐點工藝、體現餐點特色。熱能選擇常受到企業所在地的能源種類、價格及地方管理法規的限制，當然還受廚房生產人員的使用習慣影響。一些廚師根據他們的經驗選擇不同的能源以保證餐點的品質。此外，熱能選擇要考慮成本，包括設備成本、安裝成本、市政設施費、使用費、保養費及保險費等。西餐廚房常選擇兩種以上熱能，使能源達到優勢互補。

第三節 西餐生產原理與工藝

一、西餐生產概述

西餐製作技巧指對食品原料實施不同的初步加工、加熱、調味和裝飾等方法，使餐點具有理想的色香味形的過程。多年來，西餐廚師們利用各種調味品和烹調方法，創作出各式各樣的風味餐點。西餐有著多種製作技巧，不同的工藝使餐點具有不同的顏色、質地、風格和特色。

二、水熱法工藝（Moisture Method）

1.煮（Boil）

在一般的壓力下，食品原料在100℃的水或其他液體中進行加熱成熟的工藝稱為煮。煮又可分為冷水煮和沸水煮，冷水煮是將原料放入冷水中，然後煮沸成熟，而沸水煮是水沸後，再放原料，煮熟。煮雞蛋和製湯都是使用冷水煮的工

藝；煮畜肉、魚、蔬菜和麵條通常選用沸水煮。煮蔬菜時，先在鍋內放入清水、香料和調味品，水沸後，放蔬菜。根據各種蔬菜的特點，掌握烹調時間。煮魚時，先將水煮沸，再將魚放入水中。待水沸騰後，煮鍋離開熱源，魚在沸水中浸三四分鐘，才能起鍋和裝盤。注意魚必須全部浸在水或湯汁中，保證其整體受熱。煮肉時，為了保持原料的鮮味，經沸水煮幾分鐘後，改用小火煮，需要不斷除去湯中的泡沫。

2.水波（Poach）

水波也是將原料放在液體中加熱成熟的方法。與煮不同的是，水波使用水的數量少，水的溫度低，一般保持在75℃～98℃，適用這種方法都是比較鮮嫩的原料。例如，魚片、海鮮、雞蛋和綠色的蔬菜。這種方法也適用於某些水果。例如，杏子、桃子和蘋果等。水波工藝最大的特點是保持原料的鮮味和色澤。同時，保證了餐點原來的質地特點。

3.燉（Simmer）

燉與煮、水波的生產原理非常相似，也是將原料放入湯汁加熱成熟的方法。燉的溫度比煮的溫度低，比水波溫度高，約在90℃～100℃。在西餐菜單中，燉常代替煮。

水波雞蛋

4.蒸（Steam）

蒸是透過蒸汽將食品加熱成為餐點的過程。該工藝烹調速度快。在常壓下，100℃的水蒸氣釋放的熱量比100℃的水多得多。使用該方法應控制溫度和時間，以免使餐點烹調過熟。使用壓力蒸箱時，箱內的溫度常超過100℃。蒸，廣泛用於魚菜、貝類、蔬菜、肉菜、禽類和澱粉類餐點的熟製。其優點是營養成分損失少，保持餐點的原汁原味。

5.燉（Braise）

燉，先將食品煎成金黃色。然後，在少量湯汁中加熱成熟。這種工藝使原料及其湯汁著上理想的顏色和味道。應當注意，主料在放入湯汁前應將胡蘿蔔、洋蔥、芹菜、香葉等下鍋炒至金黃色，加番茄醬，呈棗紅色後，將湯倒入燉鍋內，加葡萄酒、辣醬油和少許清水，放主料，用旺火煮沸後，改為小火慢慢燉爛。最後將燉熟的肉取出，保溫並將原汁過濾。上桌前將成熟的肉切成厚片，裝盤，澆上原汁即完成。用該工藝製作蔬菜餐點時，只需將蔬菜稍加煸炒，然後放入少量湯汁即可。不要用湯汁將原料完全覆蓋，因為原料是依靠鍋內的蒸汽加熱成熟的。一般情況下，湯汁的高度只覆蓋蔬菜的1／3～2／3即可。這樣，餐點成熟後味道濃鮮。製作肉類餐點時，可在西餐爐上進行，也可在烤箱內進行，將鍋蓋蓋上，放在烤箱內。這種成熟工藝優點是，餐點受熱面積大，火候均勻，不需要特別精心照料，可減輕西餐爐的工作負擔。

燉牛肉

6.燴（Stew）

燴與燉的工藝基本相同，燴使用的原料形狀比燉小。通常將原料切成絲、片、條、丁、塊和球等形狀，將原料煎成金黃色，放入燉鍋中熟製。

三、乾熱法工藝（Dry Method）

1.烤（Roast）

烤是將食品原料放入烤爐內，借助四周熱輻射和熱空氣對流，使餐點成熟的工藝。現代西餐廚房，將大塊肉類或整隻家禽放在烤箱內烤熟。傳統方法將鐵籤叉入原料內，用明火將原料烤熟。

2.紙包烤（en Papillote）

食品原料外邊包著烹調紙或錫紙，透過熱輻射將紙包內的原料烤熟的過程。

3.焗（Broil或Bake）

焗，實際也是烤，它是在焗爐中，直接受上方的熱輻射成熟的工藝。焗的特點是溫度高、速度快，適用於質地纖細的畜肉、家禽、海鮮及蔬菜等原料。食品在焗爐中可以透過調節爐架、溫度，將餐點製成理想的成熟度和顏色。對大塊食品原料應當用較低的溫度，長時間烹調；而小塊食品原料應當用較高的溫度、短時間的烹調方法。在西餐生產中，一些餐點已製成半熟或完全成熟，然後需要表面著色（au Gratin）。這時，在餐點表面撒上起司末或麵包屑，放焗爐內，將餐點表面烤成金黃色。例如，焗義大利麵條和焗法國洋蔥湯等。

餐點在焗爐中

4.炸（Deep Fry）

炸是將食品原料完全浸入熱油中加熱成熟的工藝。使用這種方法，應掌握炸

鍋中的油與食品原料的數量比例，控制油溫和烹調時間。薄片形、易熟的食品通常在1至2分鐘成熟；而體積較大、不易熟製的食品原料，需要較長時間生產，使原料達到外焦裡嫩的標準。通常，烹製較大形狀的食品原料，可將原料的外部炸成金黃色。然後，送至烤爐內烤熟。炸，具有許多優點，食品吸收的油很少，食品本身損失的水分也少，餐點外部美觀。油炸的程序是，先將原料掛糊，再透過熱油炸熟。這樣，食品不直接接觸食油，其效果既增加了餐點顏色和味道，又保護了它的營養和水分。

5.壓力油炸（Pressure Frying）

壓力油炸指將食品原料放入帶有鍋蓋的油炸爐內進行烹調。這種油炸爐在烹調時，可保存餐點釋放的蒸汽，增加爐內的壓力。從而，減少食品成熟的時間，達到外觀和質地理想的產品。

6.煸炒（Saute）

煸炒的含義是用少量食油作為傳熱媒介，透過將原料翻動使餐點成熟的工藝。這種方法製出的餐點質地細嫩。其操作程序是將平底鍋預熱，放少量的植物油或奶油，放食品原料，透過平底鍋的熱傳導將餐點煮熟。煸炒較大塊的食品原料，應在原料中撒上少許鹽和胡椒粉，裹上麵粉，然後再煸炒。使用這一方法，每次生產的數量不宜過多，否則會降低烹調鍋的溫度。煸炒肉類餐點時，除了在原料上撒些乾麵粉使餐點著色均勻以防止原料黏住。同時，餐點接近成熟時應放少量葡萄酒或高湯，旋轉一下炒鍋。這樣可溶化炒鍋內濃縮的菜汁以增加餐點的味道。這一操作過程在西餐烹調中稱為稀釋（Deglazing）。上菜時，把被稀釋的湯汁和餐點一起裝盤。在西餐烹調中，Saute和Pan-fry可以互相代替。

7.煎（Pan-fry）

在平底鍋中放食油，加熱後，將原料放入，再加熱成熟。煎用的食油較少，需要低溫，長時間烹調，有時需要運用幾種火力。操作前將鍋燒至七八成熱，油熱後，再將原料下鍋。先煎一面，待原料出現金黃色後再煎另一面。有些餐點下鍋的溫度較低，通常在5至6成油溫下鍋，而且在烹調中原料不翻面。例如，煎雞蛋只煎一面，並且一邊煎，一邊用煎鍋中的熱油向雞蛋表面上澆，直至雞蛋表

面變為白色為止。使用煎這一方法應注意兩個問題。第一，煎鍋中的食油數量應以原料品種為依據。如煎雞蛋應使用少量食油，而煎雞肉的油量就應多一些，油的高度以不超過3毫米為宜。第二，在餐點生產中至少翻面一次（個別餐點除外），有時個別的餐點需要翻轉數次才能成熟。

在烤爐中的牛排

8.奶油煎（A la Meuniere）

食品原料兩邊用鹽和胡椒粉調味，裹上麵粉，用奶油煎成淺金黃色。上桌時，澆上檸檬汁和溶化的奶油，再撒上香菜末。

9.烤（Grill）

烤，也稱為燒烤，一種傳統的烹調方法，源於美洲印第安人。15 世紀由西班牙探險隊將這種燒烤方法帶到歐洲。兩個世紀後，燒烤工藝受到歐洲各國人們的青睞。19 世紀，燒烤又返回發源地，在北美洲廣泛流傳。烤是透過下方的熱源使原料成熟的方法。這一烹調方法需要在鐵烤爐上進行。鐵烤爐的結構是，爐上端有若干根鐵條，鐵條直徑約2釐米，鐵條間隙1.5釐米至2釐米，排列在一

起。烤爐的燃料或熱源有三種，煤氣、電或木炭。烹製時，先在鐵條上噴上或刷上食油。然後，將食品原料也噴上植物油，撒上少許鹽和胡椒粉調味。烹調時，先烤原料的一面，再烤原料另一面。烤熟後的餐點表面呈現一排焦黃色花紋。製作時，可用移動原料的位置來控制烹調溫度。

10.串烤（Brochette）

串烤，實際上也屬於烤的烹調範圍。串烤的食品原料形狀小。串烤時，用鐵籤將一片片的畜肉、禽肉、海鮮、鮮蘑菇、青椒和洋蔥等原料串在一起，撒上鹽和胡椒粉，再噴上植物油，放在鐵烤爐上烤熟。食用時，抽去鐵籤，裝在餐盤上。

本章小結

西餐製作技巧指對食品原料實施不同的初步加工、加熱、調味和裝飾等方法，使餐點具有理想的色香味形的過程。多年來西餐廚師們利用各種調味品和烹調方法，創作出各式各樣的風味餐點。西餐有著多種製作技巧。主要包括水熱法和乾熱法不同的工藝使餐點具有不同的顏色、質地、風格和特色。

優質的西餐首先從選擇食品原料開始。食品原料初步加工是西餐生產不可缺少的環節，它與餐點品質有著緊密的關係，合理的初步加工可以綜合利用原材料，降低成本，增加效益並使原材料符合烹調要求。熱能在西餐生產中有著重要的作用，它直接影響著餐點品質、特色、質地和成熟度並影響生產成本。合理選擇熱能是西餐生產的一項基礎工作。

思考與練習

1.名詞解釋題

煮（Boil）、水波（Poach）、燉（Simmer）、蒸（Steam）、燉（Braise）、燴（Stew）、烤（Roast）、焗（Broil）、炸（Deep Fry）、煸炒（Saute）、煎（Pan-fry）、烤（Grill）。

2.思考題

（1）簡述食品原料的選擇。

（2）簡述食品原料初步加工。

（3）簡述食品原料切配。

（4）論述西餐廚房熱能選擇。

（5）分析乾熱法與水熱法工藝的各自特點。

第9章 開胃菜與沙拉

本章導讀

本章主要對開胃菜和沙拉的生產原理與工藝進行總結和闡述。包括開那批類開胃菜、雞尾類開胃菜、迪普類開胃菜，沙拉和沙拉醬生產原理與工藝。透過本章學習，可掌握各種開胃菜的組成與製作程序；瞭解沙拉的組成、沙拉種類和沙拉製作案例；掌握法國沙拉醬、美乃滋沙拉醬和熟製沙拉醬等的製作方法。

第一節 開胃菜

一、開胃菜概述

開胃菜（Appetizers）也稱作開胃品、頭盆或餐前小吃。它包括各種小分量的冷開胃菜、熱開胃菜和開胃湯等。開胃菜是西餐中的第一道餐點或主菜前的開胃食品。開胃菜的特點是餐點數量少，味道清新，色澤鮮豔，帶有酸味和鹹味並具有開胃作用。

二、開胃菜種類

根據開胃菜的組成、形狀和特點，開胃菜常被分為以下種類。

1.開那批類開胃菜

開那批（Canape）是以小塊脆麵包片、脆餅乾等為底托，上面放有少量的冷肉、冷魚、雞蛋片、酸黃瓜、鵝肝醬或魚子醬等。許多西餐專家們直接稱其為開放型的小三明治。此外，以脆嫩的蔬菜或雞蛋為底托的小型開胃菜也稱作開那批。開那批類開胃菜主要特點是：食用時不用刀叉，也不用牙籤，直接用手拿取入口。開那批的形狀美觀，有藝術性，常用配菜作裝飾。

2.雞尾類開胃菜

在西餐中，「Cocktail」一詞不僅代表雞尾酒，而且代表西餐開胃菜。雞尾類開胃菜指以海鮮或水果為主要原料，配以酸味或濃味的調味醬製成的開胃菜。雞尾類開胃菜顏色鮮豔、造型獨特，有時裝在餐盤上，有時盛在玻璃杯子裡。此外，雞尾類開胃菜的調味汁可放在餐點的下面，也可澆在餐點上面，還可單獨放在另一容器內並放在盛裝雞尾菜餐盤的另一側。雞尾類開胃菜可用綠色的蔬菜或檸檬製成裝飾品。在自助餐中，雞尾類開胃菜常擺放在碎冰塊上以保持新鮮。雞尾類開胃菜的製作時間應接近開餐時間以保持其色澤和衛生。

3.迪普類開胃菜（Dip）

迪普類開胃菜是由英語字Dip 音譯而成，它是由調味醬與脆嫩的蔬菜（主體菜）兩部分組成，食用時將蔬菜裹調味醬後食用。迪普開胃菜常突出主體菜的新鮮和脆嫩，配上濃度適中並有著特色的調味醬，裝在造型獨特的餐盤中，具有很強的開胃作用。

4.魚子醬開胃菜（Caviar）

魚子醬包括黑魚子醬、黑灰色魚子醬和紅魚子醬等，主要取自鱘魚和鮭魚的卵，最大魚子的體積像綠豆。有些魚子取自其他大魚的卵。魚子加工和調味後製成罐頭，作為開胃菜。常用的每份數量30克至50克。使用時，將魚子放入一個小型的玻璃器皿或銀器中。然後，再將容器放入帶有碎冰塊的容器中。常與酥脆的蔬菜或餅乾一起食用，以洋蔥末，鮮檸檬汁作調味品。常用的魚子醬品種有：

黑色鮭魚魚子（Black Whitefish Caviar）

（1）白露格（Beluga）

產自俄羅斯和伊朗的白色鱘魚，卵呈灰色至黑色，尺寸是魚卵中最大的，被認為是世界上品質最好、價格最高的魚子。

（2）馬魯莎（Malosol）

用少許鹽醃製的鮮魚卵。

（3）歐賽得（Oscietr或Osetra）

產自俄羅斯的白色鱘魚卵。被認為是世界上最好的魚卵之一，有黑色、棕色和金黃色。

（4）賽沃佳（Sevruga）

產自俄羅斯的小鱘魚，魚卵的尺寸最小。呈黑色、黑灰色或深綠色，味道鮮美。

（5）希普（Ship）

產自雜交的鱘魚卵，質地堅硬，味道鮮美。

（6）斯特萊特（Sterlet）

以鱘魚名命名的魚子。這種鱘魚尺寸小，味道鮮美。

5.批類開胃菜（Pate）

「批」是法語Pate的音譯。這種開胃菜由各種熟製的肉類和肝臟製成。經攪拌機攪碎，放入白蘭地酒或葡萄酒、香料和調味品，放入模具，經冷凍後加熱成型，切成片，配上裝飾菜。

6.開胃湯（Appetizer Soup）

有開胃作用的清湯。常由原湯、配菜與調味品製成。

7.其他類開胃（Others）

（1）整體形狀的開胃菜（Hors d'oeuvre）

這類開胃菜包括生蠔、起司塊、肉丸等，常配上牙籤，方便食用。這類開胃菜有冷熱之分。冷菜包括起司塊、起司球、火腿、西瓜球、肉塊、燻雞蛋等。熱菜包括肉丸子、烤肉塊、熱鬆餅等。

（2）各種小食品（Light Snacks）

這類開胃菜包括爆米花、炸薯片、鍋巴片、水蘿蔔花、胡蘿蔔卷、芹菜心、酸黃瓜、橄欖。

（3）膠凍開胃菜（Jelly）

由熟製的海鮮肉或雞肉與膠凍製成的液體和調味品，經過冷藏製成的膠凍菜。

開那批與濃味雞蛋（Canape and Deviled Eggs）

（4）火腿卷（Ham Roll）

由鮮蘆筍尖或經過醃製的蔬菜等外面包上一片非常薄的冷火腿肉組成。

（5）起司球（Cheese Ball）

切成圓形的各種小塊起司，冷藏後，外面裹上果乾末或香菜末。

（6）濃味雞蛋（Deviled Eggs）

煮成全熟的雞蛋切成兩半，將雞蛋黃掏出後，攪碎，加入芥末醬、辣椒醬、調味醬。然後，鑲入雞蛋中，上面擺上裝飾品。

（7）蔬菜沙拉、海鮮沙拉及特色沙拉。

三、開胃菜案例

例1，燻鮭魚開那批（Smoked Salmon Canape）（生產20塊）

原料：白土司麵包片5片，燻鮭魚片100克，鮮檸檬條20條，開那批醬（奶油、起司和調味品攪拌而成）200克。

製法：①將烤成金黃色土司片去四邊，平均切成四塊。

②在每塊麵包片上，均勻地抹上調味醬。

③將燻鮭魚片擺在麵包片上。

④將兩條檸檬條放在一塊開那批上，做裝飾品。

例2，鮮蘑菇魚醬開那批（Mushrooms Stuffed with Tapenade）（生產50片）

原料：希臘黑橄欖240克，白鮮蘑菇50片，續隨子30克，熟鯷魚30克，熟鮪魚30克，芥末醬50克，橄欖油75克，檸檬汁5毫升，香菜末7克，百里香、鹽、胡椒粉、多香果各少許。

製法：①將續隨子、鯷魚、鮪魚、芥末醬、橄欖油、檸檬汁、香菜末、百里香、鹽、胡椒粉放入攪拌機，攪拌成魚肉醬，冷藏幾個小時。

②將鮮蘑菇洗淨，去根。用小匙將冷藏過的魚肉醬鑲在鮮蘑菇上，上面放少量的多香果作裝飾。

例3，雞肉蘑菇開那批（Chicken Mushroom Patties）（生產10份，每份1個）

原料：小脆餅10個，熟雞肉丁400克，熟蘑菇丁200克，雞醬（雞肉濃湯與奶油麵粉醬及調味品製成） 500 毫升，新鮮奶油適量，鹽和胡椒粉各少許，洋蔥丁50克，奶油50克，白葡萄酒100毫升，檸檬汁適量。

製法：①將雞醬重新加熱，待用。

②低溫煸炒洋蔥丁，不要著色，放雞肉丁和蘑菇丁，煸炒5分鐘。

③放白葡萄酒、雞醬，煮沸，再加入鮮奶油、鹽、胡椒粉和檸檬汁調味。

④將烹製好的雞肉丁和蘑菇丁放入一個容器內，將容器放入熱水池裡保溫，在雞肉表面上灑些奶油，防止乾燥。

⑤上菜之前，把小脆餅稍加烘烤使其酥脆，然後，放到主菜盤裡，在小脆餅上面放滿煸炒熟的雞肉蘑菇丁。

例4，燻鮭魚慕斯開那批（Smoked Salmon Mousse Barquettes）（生產10份，每份1個）

原料：魚原湯170克，燻鮭魚丁140克，煮熟的果凍（Jelly）30克，打過的濃奶油115克，船形的脆麵食底托（Barquettes）10個。

製法：①將燻鮭魚丁和魚原湯放入食物攪拌機中，打成糊狀。放果凍一起攪拌。放鹽和胡椒粉調味。

②將鮭魚果凍糊從攪拌機取出後與奶油攪拌，然後，放入布袋中，在麵食底托上擠成花形，再放入冷藏箱中使其堅固，需要時從冷藏箱內取出，放在船型的脆麵食底托上。

例5，魚子醬開那批（Caviar in New Potatoes with Dilled Creme Fraiche）（生產10份，每份4塊）

原料：直徑25釐米的馬鈴薯20 個，奶油60 克，酸奶油140 克，新鮮蒔蘿末30克，魚子醬100克，冬蔥片（Chives）適量。

製法：①把馬鈴薯烤熟，切成兩半，用匙將中心挖出後，抹上奶油。

②把挖出的馬鈴薯製成泥狀，與蒔蘿末和酸奶混合在一起填回馬鈴薯的凹處。在每片馬鈴薯上加上半茶匙魚子醬。

③在魚子醬上撒些冬蔥片。

例6，蝦仁雞尾杯（Shrimps Cocktail）（生產10份，每份約80克）

原料：蝦仁600克，碎芹菜100克，煮熟的雞蛋黃1個，沙拉油50克，細鹽和胡椒粉各少許，千島沙拉醬150克，檸檬2個。

製法：①蝦仁洗淨，用水煮熟，晾涼。

②將少許沙拉油、細鹽和胡椒粉、芹菜、部分千島沙拉醬與蝦仁一起攪拌，裝入10個雞尾杯中。

③將雞蛋黃搗碎，撒在蝦仁上，再澆上另一部分千島調味醬。

④杯邊用一塊鮮檸檬做裝飾品。

例7，雞尾海鮮（Seafood Cocktail）（生產10份，每份110克）

原料：去皮熟大蝦（切成丁）250克，新鮮魚丁400克，生菜（撕成片）300克，雞尾菜醬500毫升，煮熟的蘑菇丁80克，芹菜丁80克，檸檬汁20毫升，鹽和胡椒粉各少許，檸檬角10個。

製法：①把魚丁放入濃味原湯中汆熟。撈出後，放入冷水中。

②把蝦肉丁、芹菜丁、蘑菇丁和魚丁放入容器內，加入雞尾醬並輕輕攪拌在一起。

③用鹽、胡椒粉和檸檬汁調味。

④把生菜片放在雞尾菜的杯中，將攪拌好的海鮮和魚丁放在生菜上，再澆上雞尾菜醬，把檸檬角放在雞尾菜醬上。

例8，波特雞尾甜瓜（Melon Cocktail with Port）（生產10份，每份80克）

原料：完全成熟的大甜瓜2個，白糖50克，檸檬（擠成汁）1個，櫻桃10個，波特酒（Port）200毫升。

製法：①將甜瓜切成兩半，去籽，再切成大丁，然後切成小丁，放入容器內。

②在甜瓜丁中加糖、檸檬汁，冷藏1小時後，加波特酒。

③將冷藏好的甜瓜丁放進雞尾菜杯內，加入些原汁，每份雞尾菜上放一個櫻桃，做裝飾品。

例9，藍紋起司迪普醬（Blue Cheese Dip）（生產1升迪普醬，約20份，每份50克）

原料：軟起司375克，牛奶150毫升，美乃滋（Mayonnaise）180克，辣椒醬30毫升，辣醬油3毫升，檸檬汁30毫升，洋蔥末30克，藍紋起司（Blue）末300克、各種洗淨並切好的芹菜、胡蘿蔔、青花椰、黃瓜、甜辣椒適量，再配上炸薯片做主體菜。

製法：①把軟起司放在攪拌機內，攪拌柔軟光滑。加牛奶，慢速度繼續攪拌，再加入美乃滋、辣椒醬、辣醬油、檸檬汁、洋蔥末和藍紋起司末等所有配料繼續攪拌，直至攪拌均勻為止。用鹽和胡椒粉調味製成迪普醬，冷藏。

②上桌時，將製好的迪普醬放在一個小容器內，該容器放在開胃菜盤的中央，四周擺放好新鮮的蔬菜和炸薯片。

例10，胡姆斯迪普醬（Hummus）（生產900毫升迪普醬，約18份，每份50克）原料：熟的或罐裝的鷹嘴豆500克，檸檬汁120毫升，橄欖油30毫升，鹽和辣椒粉各少許，芝麻醬250克，大蒜末8克，切好新鮮蔬菜（芹菜、胡蘿蔔、菜花、黃瓜、甜辣椒）做主體菜。

製法：①將鷹嘴豆、芝麻醬、大蒜末、檸檬汁和橄欖油混合攪拌成糊。如需要，可放少許檸檬汁、涼開水稀釋。加入少許鹽和辣椒粉調味。

②冷藏至少1小時。服務時，上面放少許橄欖油。

③將胡姆斯迪普醬放在一個小容器內，放在開胃菜盤的中部，四周放新鮮蔬菜。

例11，冷魚子醬（Cold Caviar）（生產10份，每份5片雞蛋）

原料：罐頭紅魚子醬（鮭魚產）或黑魚子醬（鱘魚產）1罐（約重250克），新鮮雞蛋10個，蛋黃沙拉醬（Mayonnaise）50克，檸檬2個。

製法：①將雞蛋煮熟，剝去外殼。每個雞蛋切去兩端，分切成5片。

②在每片雞蛋上抹上些沙拉醬，分裝在10個餐盤中。

③用茶匙將魚子醬分裝在蛋片上。

④將檸檬切成瓣形，分裝在魚子醬旁邊。食用時將檸檬汁擠在魚子醬上即可食用。

例12，生吃鮮蠔（Raw Oyster）（生產5份，每份生蠔5個）

原料：鮮蠔25個，檸檬1個，番茄醬50克，辣醬油5克，辣椒粉2克。

製法：①鮮蠔用刀劈開，取有肉的一半分裝5盤。

②將番茄醬、辣醬油、辣椒粉等混合調勻，製成醬，裝入醬盅，同生蠔一起上桌。

③食用時將檸檬汁擠在鮮蠔上，裹上醬即可。

例13，明蝦凍（Cold Prawn in Jelly）（生產4份，每份約120克）

原料：明蝦4隻，雞清湯300毫升，牛奶100毫升，明膠粉30克，香茄1隻，煮熟的雞蛋（切成片）1 個，檸檬（切成塊）1 個，青生菜葉（切成絲）4 張，鹽和胡椒粉適量。

製法：①明蝦煮熟，冷後剝殼，將肉切成片待用。

②明膠粉放少量水使之軟化。雞清湯與牛奶一起加熱，適當調味。將軟化的明膠放入清湯牛奶中，煮沸，製成膠凍的液體，晾涼。先在模具內倒一層膠凍液體，稍加凝固後，放一片煮雞蛋片，一片香茄片，一片明蝦片，將膠凍液體灌滿模具。按這種方法製成4個蝦凍。放入冰箱冷凍成型。

③上桌時將模具放在熱水中加熱，將膠凍體拿出，裝盤。周圍用青生菜絲、檸檬片裝飾。

義大利火腿肉（Prosciutto）

例14，火腿片甜瓜球（Prosciutto and Melon Balls）（生產量隨意）

原料：甜瓜，萊姆汁（lime），火腿肉。

製法：①用一把球形刀，把甜瓜切成小球狀。

②在甜瓜球上灑上萊姆汁，醃製 10分鐘。

③用切片機把火腿切成薄片，把大片切成兩半。

④上桌前，將每片火腿片包住一個甜瓜球，用牙籤固定住。

例15，萊姆橄欖油醬鮭魚（Marinated Salmon with Lime and Olive Oil Vinaigrette）（生產10份，每份魚60克）

原料：橄欖油240毫升，萊姆汁50毫升，檸檬汁25毫升，葡萄酒醋（Wine Vinegar）30毫升，冬蔥末40克，紅辣椒末15克，鹽和胡椒粉各少許，白葡萄酒480毫升，青蔥18克，生鮭魚薄片600克。

製法：①將魚片與各種調味料混合在一起，醃製。

②上菜前，將醃製好的鮭魚片冷藏15分鐘。

例16，焗蝸牛（Baked Snails）（生產12個）

原料：罐頭蝸牛肉12個，蝸牛殼12隻，洋蔥10克，蒜泥5克，香菜末5克，奶油100克，百里香少量，白蘭地酒5毫升，鹽和胡椒粉少許。

製法：①將奶油稍加熱，成醬狀，放入洋蔥末、蒜泥、香菜末及少量鹽、胡椒粉調勻，製成奶油醬。

②將蝸牛肉用少量奶油煸炒，放百里香、白蘭地酒翻炒，用鹽、胡椒粉調味。

③先將奶油醬的50%分裝入蝸牛殼內，再分別裝入蝸牛肉，最後將餘下的奶油醬封口，將蝸牛殼分入蝸牛盤中，入焗爐焗熟。

例17，焗蠔卡西諾醬（Oysters Casino）（生產12份，每份3個）

原料：生蠔36個，奶油230 克，青椒末60 克，甜椒末（Pimiento） 30 克，冬蔥末（Shallot）30克，香菜末15克，檸檬汁30毫升，白胡椒少許、鹽30毫升，培根條（Bacon）9條。

製法：①用蠔刀撬開生蠔，將上面的蠔殼扔掉，放在一個比較淺的烤盤中。

②把奶油放入攪拌器裡攪拌，直到柔軟發亮時為止，加青椒末、甜椒末、香菜末和檸檬汁，混合，直到完全拌勻為止。用鹽和胡椒粉調味，製成卡西諾醬。

③將培根條放在烤箱裡烤至半熟，除去裡面的汁。把每條培根切成4片。

④把混合好的卡西諾醬分別放在生蠔上面，每個生蠔上面放一片培根。

⑤把生蠔放在焗爐（Broiler），焗到生蠔熱透，培根的表面變成金黃色為止，不要過火。

例18，起司卡斯德布丁（Gorgonzola Custards）（生產6份，每份100克）

原料：奶油適量，洋蔥末115克，奶油360毫升，新鮮雞蛋4個，起司末（Gorgonzola或其他味道濃郁的品種）85克，鹽和胡椒粉少許。

製法：①將洋蔥末加奶油煸炒至半透明狀，冷卻。

②在容器中將熟洋蔥、奶油、雞蛋、起司末混合，用鹽、胡椒粉調味，製成奶油雞蛋糊。

③將雞蛋糊放入塗有奶油的模具中。蒸熟。

④上桌時，經過造型，可以熱食或冷食。

例19，冷牛肉魚醬（Vitello Tonnato）（生產16份，每份55克牛肉片）

原料：去骨，烤熟並冷卻的小牛腿肉900克，罐頭鮪魚200克，罐頭鯷魚6條（約120 克），洋蔥末50 克，胡蘿蔔末50克，白葡萄酒60 毫升，白酒醋（White Wine Vinegar）60毫升，水85克，橄欖油適量，煮熟的雞蛋黃（切成末）2 個，續隨子末15克。

製法：①將熟牛肉切成薄片，每份約55克。

②將鮪魚、鯷魚、洋蔥末、胡蘿蔔末、白葡萄酒、白酒醋和水放入攪拌機，攪拌成較光滑的糊狀物，製成醬。

③將牛肉片放在冷藏過的餐盤上，澆上魚醬，淋上橄欖油，用蛋黃末和續隨子末裝飾。

例20，起司培根派（Cheese and Bacon Tart）（生產1個派，切成8塊）

原料：發粉麵糰300 克，起司末150 克，五花培根100 克，洋蔥末100 克，鮮奶100毫升，鮮雞蛋2個，鹽、胡椒粉、荳蔻、辣椒粉各少許，奶油200克。

製法：①把麵糰　成5毫米厚的片，放在直徑為24釐米的圓烤盤中，放入冰箱擱置30分鐘。

②培根去皮，切成條狀和洋蔥丁一起稍微煸炒，晾涼。

③把鮮奶、鮮奶油和雞蛋攪拌在一起，加鹽、胡椒粉、荳蔻和辣椒粉，製成奶油雞蛋糊。

④將起司末、培根條、洋蔥丁攪拌在一起，然後倒在麵片上，再把奶油雞蛋糊倒在上面，約5毫米厚，不能超過派的邊緣。

⑤將派放在180℃的烤箱中，大約用30～35分鐘將派烤熟。

⑥從烤箱中把派拿出來，放在一個較溫暖的地方約10分鐘，再放平盤中，切成8塊，每塊派與派之間用派紙分隔開。

例21，勃艮第小空心餅（Miniature Gougere Puffs）（生產約160片）

原料：和好的空心餅麵糰11 公斤，哥瑞爾起司末（Gruyere） 220 克，雞蛋液適量。

製法：①將空心餅麵糰與起司末攪拌在一起，然後裝入麵食擠花袋中。

②在烤盤上擠出長方形小麵糰（1釐米寬，3釐米長），刷上雞蛋液。

③用200℃的溫度，將小長方形麵食烤製膨脹，表面變為金黃色。約20～30分鐘。

④在每個空心餅的一側開一個小口，使內部蒸汽蒸發，然後，把空心餅放在烤爐烘乾為止。服務時應保持空心餅的熱度。

例22，炸青花椰起司酥（Broccoli and Cheddar Fritters）（生產10份，每份100克）原料：多用途麵粉340克，新鮮雞蛋4個，牛奶340克，發粉15克，鹽、辣醬油、辣醬各少許，煮好的青花椰（切成末）455克，巧達起司末（Cheddar）225克。

製法：①把麵粉、雞蛋、牛奶、發粉、鹽、辣醬油、辣醬混合在一起，攪拌均勻，製成潤滑的奶油雞蛋麵糊。

②在麵糊中加入青花椰和起司，混合好後，倒入裝有約375℃熱油的炸鍋中，炸成金黃色為止。

③用濾網把炸好的餡餅撈出，瀝乾油，放在吸油紙上，吸淨油，立即上桌。

例23，醃烤辣椒片（Marinated Roasted Peppers）（生產8份，每份3片）

原料：各種顏色辣椒（烤、去籽、去皮，切成兩半）12個，橄欖油240毫升，大蒜（製成泥）1瓣，鹽和胡椒粉各少許，醋60毫升，新鮮香菜末10克，帕馬森起司片12片。

製法：①把烤過的辣椒放在一個陶製的容器裡。

②除了起司片和香菜末，將剩下的原料，倒入辣椒中。然後把它們放入冰箱，醃製一夜。

③上桌時，每份裝3個辣椒，保持各種顏色。用新鮮香菜末和起司裝飾。

起司蔬菜迪普（Cheesy Salsa Vegetable Dip）

炸起司鮭魚派（熱開胃菜）（Salmon Balls with Camembert）

焗牛肉丸（熱開胃菜）（Meatballs）

第二節 沙拉

一、沙拉概述

沙拉（Salad）一詞來自英語音譯，其含義是一種冷菜。傳統上，作為西餐的開胃菜，主要原料是綠葉蔬菜。現代沙拉在歐美人的飲食中有著越來越重要的作用，可作為開胃菜、主菜、甜菜、輔助菜。沙拉的原料從過去單一的綠葉生菜發展為各種畜肉、家禽、海產、蔬菜、雞蛋、水果、果乾、起司，甚至穀物等。

二、沙拉組成

沙拉常由4個部分組成：底菜、主體菜、裝飾菜或配菜、調味醬。通常，4個部分可以明顯地可以分辨出來，有時混合在一起，有時底菜或裝飾菜被省略。

1.底菜

底菜是沙拉中最基本部分，它在沙拉的最底部，通常以綠葉生菜為原料。底菜的三大作用是襯托沙拉的顏色，增加沙拉的質地，約束沙拉在餐盤中的位置。沙拉應擺放整齊，不要超出底菜邊緣。一些沙拉用深盤子盛裝，由於它的高度和

形狀，再加上沙拉本身的造型，使這道餐點更加美觀。

2.主體菜

主體菜是沙拉的主要部分。它由一種或幾種食品原料組成。主體菜可以由新鮮蔬菜，熟製的海鮮、畜肉、澱粉原料及新鮮水果等組成。通常沙拉的名稱就是根據主體菜的名稱命名。主體菜擺放在底菜上部，應擺放整齊。例如，馬鈴薯沙拉中的主體菜是馬鈴薯，應當切成丁，尺寸應當規範，而不是泥狀物質。

3.裝飾菜

裝飾菜是沙拉上面的配菜，它不像主體菜那麼重要。但是，它在質地、顏色、味道方面為沙拉增添了特色。沙拉中的裝飾菜應選擇顏色鮮豔的原料。常用的沙拉裝飾菜有櫻桃番茄、番茄片、青椒圈、黑橄欖、香菜、水田芹（Watercress）、薄荷葉、橄欖、水蘿蔔、醃製的蔬菜、鮮蘑菇、檸檬片或檸檬塊、煮熟的雞蛋（半個、片狀、三角形）、櫻桃、葡萄、水果（三角形）、果乾或紅辣椒等。由於這些原料具有顏色、形狀和味道的特點，因此作為裝飾菜給人們留下了深刻的印象。但是，如果沙拉主體菜的顏色很鮮豔，裝飾菜可以省略。

4.沙拉醬

沙拉醬是沙拉的調味品，常由醋或檸檬汁、植物油（沙拉油）、鹽、芥末醬、辣醬、番茄醬、新鮮雞蛋黃等製成。不同種類的沙拉醬所用的食品原料不同。其作用是，為沙拉增添了顏色和味道，帶來潤滑。調味醬有著多種味道和顏色，不同的沙拉配不同的沙拉醬。通常，沙拉醬與沙拉有一定的內在聯繫，這些聯繫表現在顏色、味道、濃度和用餐習慣等方面。例如，綠葉蔬菜沙拉習慣上配酸味沙拉醬——韃靼醬（Tartar Dressing）；而水果沙拉配甜味沙拉醬。例如，鮮奶油、可可粉和糖粉製成的調味醬等。

三、沙拉種類

通常，人們以兩種方式將沙拉分類。一是透過沙拉在一餐中的作用分類。如，具有開胃特點的沙拉，具有主菜性質的沙拉，輔助菜沙拉，一餐最後的甜點沙拉。另一種方法是透過沙拉的食品原料分類。例如，綠葉蔬菜沙拉、一般蔬菜

沙拉、組合原料沙拉、熟食品沙拉、水果沙拉和膠凍沙拉等。

1.開胃菜沙拉（Appetizer Salad）

開胃菜沙拉作為西餐傳統的第一道菜，具有開胃作用。其特點是數量小、水準高、味道清淡、顏色鮮豔等。例如，青菜沙拉、海鮮沙拉、什錦香菜沙拉等。

2.主菜沙拉（Main Course Salad）

主菜沙拉作為餐中的主要餐點，分量大，常選用蛋白質或澱粉原料，顏色和味道很有特色。例如，雞肉沙拉、廚師沙拉、鑲番茄沙拉等都是人們在午餐中常選用的主菜沙拉。

3.輔菜沙拉（Side-dish Salad）

輔菜沙拉常在主菜後食用。輔菜沙拉的質地、顏色和味道應區別於顧客選用的主菜，其特點應與主菜形成鮮明的對比和互補。輔菜沙拉常以清淡、數量小、有特色而著稱。在歐美人的午餐中，輔菜沙拉可以替代其他蔬菜餐點，是歐美人民喜愛的一道餐點。

4.甜點沙拉（Dessert Salad）

甜點沙拉也稱為甜品沙拉，是一餐中的甜點，是一餐中的最後一道菜。甜點沙拉的特點是味甜，以新鮮水果、罐頭水果或果凍為原料。有時，加入奶油和慕斯等，很受人們的歡迎。

5.綠葉蔬菜沙拉（Leafy Green Salads）

綠葉蔬菜沙拉使用新鮮的生菜或其他綠葉青菜為原料。包括生菜、萵苣（Endive）、菠菜和水田芹等。這些原料可以單獨使用，也可以混合在一起使用。製作沙拉常用的生菜品種包括：

（1）愛斯伯格（Iceberg），也稱作冰山菜，外形象捲心菜，葉子較鬆散，綠白色，非常酥脆，味道較濃，是製作綠葉蔬菜沙拉首選的品種。

（2）羅美尼（Romaine），外形像鬆散的大白菜，根部白色，葉部綠色，味道很濃郁，有甜味。

（3）比伯（Bibb），外形像小型的捲心菜，葉子較鬆散光亮，質地纖細，深綠色或黃綠色，略有甜味。

（4）波士頓（Boston），與比伯很相似，根部稍大，甜味稍差，除了用於青菜沙拉的主要原料，還適宜作其他沙拉的底菜。

（5）鬆散的綠葉類生菜（Loose　Leaf），有多種類型，外觀鬆散，像小白菜，葉捲曲綠色，莖白綠色。有時菜葉的邊緣會出現暗紅色，質地酥脆。

（6）苘苣，是製作綠葉生菜沙拉的主要原料。常用的品種有菊苣，也稱為捲曲形的苘苣，外形細長，葉子捲曲，葉子深綠色，根莖白綠色。由於味苦，經常與其他生菜混合使用。比利時苘苣（Belgian　Endive），外觀像大白菜。但是，體積小，長約10釐米至15釐米，黃綠色，略有苦味。

（7）菠菜（Spinach），形狀小，鬆散，細長，葉子大深綠色，莖較短，脆嫩，有味道。

（8）水田芹（Watercress），小型深綠色的葉子，莖較長，有辣味，常與其他綠葉蔬菜一起作為沙拉的主體菜。

愛斯伯格（Iceberg）

波士頓（Boston）

水田芹（Watercress）

義大利菊苣（Radicchio）

菠菜（Spinach）

6.普通蔬菜沙拉（Vegetable Salads）

普通蔬菜沙拉常由一種或幾種非綠葉蔬菜作為主要原料，綠葉蔬菜可作為這種沙拉的底菜。一般蔬菜沙拉將原料切成各種美觀又方便食用的形狀。常用的原料有捲心菜、胡蘿蔔、芹菜、黃瓜、青椒、鮮蘑菇、洋蔥、水蘿蔔、番茄和小南瓜等。

7.組合原料沙拉（Combination Salads）

由兩種或多種不同種類原料組成的沙拉主體菜，稱為組合式沙拉。例如，以蔬菜和熟肉組成的沙拉；以熟海鮮、水果和蔬菜為原料組合的沙拉等。組合原料沙拉常作為開胃菜和主菜。其原料品種及數量搭配沒有具體規定。但是，它們的味道、顏色和質地必須適合組合在一起，而且應互補和協調。

8.熟製原料沙拉（Cooked Salads）

以熟製的主料製成的沙拉稱為熟製原料沙拉。其特點是主料必須熟製，而且習慣於單一的原料作為主體菜。例如，義大利麵條沙拉、馬鈴薯沙拉、火腿沙拉和雞肉沙拉等。這種沙拉經常選用質地脆嫩蔬菜為配料以豐富沙拉的口感。例如，芹菜、洋蔥、泡菜。這類沙拉的調味醬可有各種選擇以提高熟食原料沙拉的品質和口味。熟製原料沙拉常選用馬鈴薯、火腿、米飯、禽肉、義大利麵條、海鮮、雞蛋、蝦肉和蟹肉等為主要原料。

9.水果沙拉（Fruit Salads）

當今，以水果為主要原料製作的沙拉愈加受到人們的歡迎。水果沙拉應選用新鮮、高品質原料，選擇顏色鮮豔的品種並且切成美觀和方便食用的形狀，使沙拉呈自然美。常用的水果原料有蘋果、杏、酪梨、香蕉、草莓、鳳梨、西柚、葡萄、橙子、梨、桃、奇異果、芒果、甜瓜和西瓜等。

10.膠凍沙拉（Gelatin Salads）

膠凍沙拉製作簡單，常受到人們歡迎。它主要包括透明膠凍沙拉（Clear Gelatin Salad），由果凍與水製成的膠凍體，與其他原料搭配而成。果味膠凍沙拉（Fruit Ge-latin Salad），由果凍與具某種水果味道的液體製成的膠凍體組成。其特點是甜味大，有自己獨特的味道和顏色。肉凍或蔬菜凍膠體沙拉（Aspic），由肉類或海鮮味的原湯、果凍、番茄、香料及其他調味品製成的膠凍體製成。蔬菜凍膠體沙拉與肉凍膠體沙拉的原料幾乎相同，只不過將其中的原湯變成清水。

四、沙拉案例

例1，什錦青菜沙拉（Mixed Green Salad）（生產4份，每份約重80克）

原料：4至5品種綠葉生菜180克，胡蘿蔔、黃瓜、番茄、青椒各15克，法國沙拉醬80克。

製法：①將綠葉生菜洗淨，用手撕成片，尺寸應方便食用，長和寬約為1吋。

②將撕好的生菜存入冷藏箱，準備隨時使用。

③食用時，均勻地拌上法國調味醬，放在沙拉盤上。

④將黃瓜、胡蘿蔔、番茄、青椒切成片，攪拌，放在生菜上，做裝飾品。

例2，普通綠葉蔬菜沙拉（Basic Green Salad）（生產25份，每份90克）

原料：愛斯伯格生菜2個（淨料約1公斤），羅美尼生菜2個（淨料約1公斤），經過選擇的水田芹500克，番茄塊25塊，黑橄欖25個，法國沙拉醬（French Dressing）適量。

製法：①將各種生菜和水田芹洗乾淨，生菜撕成方便食用的塊，瀝乾水分，輕輕地攪拌均勻，各種生菜均勻地一起放在塑膠袋內，放入冷藏箱冷藏。

②上桌時，將生菜放在沙拉盤內，澆上法國沙拉醬，放上番茄塊和黑橄欖做裝飾品。

例3，黃瓜和番茄沙拉（Cucumber and Tomato Salad）（生產25 份，每份約重90克）

原料：中等番茄20個，黃瓜6條，墊底的生菜葉25片，香菜末30克，法國沙拉醬適量。

製法：①番茄洗淨後，在根部去籽，分成5個相等厚度的薄片。

②黃瓜洗淨後，用刀或叉在黃瓜上劃上豎條的痕跡，如果黃瓜上有蠟皮，先去掉蠟皮。

③把黃瓜切成3毫米厚的片。

④把嫩的生菜葉洗淨後，平整地放在冷沙拉盤裡。

⑤將黃瓜和番茄搭配著擺放在生菜葉上，設計擺出你認為最美麗的造型來。

⑥把香菜末撒在沙拉上，放冷藏箱裡儲存備用，上桌時澆上法國沙拉醬。

例4，胡蘿蔔沙拉（Carrot Salad）（生產25份，每份90克）

原料：胡蘿蔔2.3公斤，美乃滋350克，法國沙拉醬250克，生菜葉25片，黑橄欖25個，精鹽少許。

製法：①將胡蘿蔔洗淨，去皮，切成粗絲，放美乃滋、法國沙拉醬和少許鹽，攪拌均勻。

②將生菜葉擺在冷藏過的沙拉盤上，將製好的胡蘿蔔沙拉平均地分派在沙拉盤中。每盤沙拉上放一個黑橄欖做裝飾品。

例5，德國蔬菜沙拉（Rohkostsalatteller）（生產16份，每份150克）

原料：白酒醋（White Wine Vinegar） 240 毫升，酸奶油500 克，鹽20 克，糖粉2克，青蔥末7克，胡蘿蔔450克，辣根（Horseradish）25克，黃瓜625克，水90毫升，鮮蒔蘿末2克，白胡椒少許，芹菜莖575克，檸檬汁50毫升，濃奶油150毫升，鹽、白胡椒各少許，波士頓綠葉生菜（撕成3釐米長的片）900克，番茄塊16塊。

製法：①用醋180毫升、酸奶油、鹽10克、糖粉2克、青蔥末混合在一起製成酸奶油沙拉醬，放在一邊，待用。

②胡蘿蔔去皮切絲，與辣根放在一起，放入180毫升的酸奶油沙拉醬攪拌製成胡蘿蔔沙拉待用。

③將黃瓜去皮，切成薄片，用少許粗鹽醃製1至2小時，然後，將黃瓜擠出少許汁後，洗去鹽分，與醋60毫升、水、糖、蒔蘿末和白胡椒混合在一起，製成黃瓜沙拉。

④將芹菜莖切成粗絲，與檸檬汁混合在一起，加入奶油、鹽、白胡椒粉製成芹菜沙拉。

⑤將酸奶油沙拉醬與生菜混合在一起，放在沙拉盤中央。在生菜的周圍放胡蘿蔔沙拉、黃瓜沙拉和芹菜沙拉。生菜上面放一塊番茄。

例6，廚師沙拉（Chefs Salad）（生產1份，每份重250克）

原料：生菜葉60克，火腿25克，起司25克，煮雞蛋1個，小番茄2個，黑橄欖1個，熟火雞肉25克，青椒條15克，胡蘿蔔15克。

製法：①將生菜在盤中墊底。

②將火腿、起司、火雞肉、胡蘿蔔、熟雞蛋切成條，擺在生菜上。

③將青椒切成青椒圈，擺在沙拉上面。

④將黑橄欖放在沙拉頂端，做裝飾品。

⑤可配法國沙拉醬、俄羅斯沙拉醬、千島沙拉醬等任何適用的沙拉醬。

例7，法式尼斯沙拉（Salad Nicoise）（生產25份，每份約重250克）

原料：煮熟的帶皮馬鈴薯700克，煮熟的豆600克，綠葉生菜1500克，罐頭熟鮪魚1700克，橄欖50個，煮熟的雞蛋50個，番茄片100片，熟鯷魚片25片，法國沙拉醬1250克。

製法：①將馬鈴薯去皮，切成小薄片，存入冷藏箱，待用。

②將豆切成5釐米長的段，存入冷藏箱，待用。

③將生菜洗淨，用手撕成碎片，約1吋見方，冷藏後分在25個沙拉盤中。

④將馬鈴薯和豆混合後，分別放在25個沙拉盤的生菜上，每份約90克。

⑤將鮪魚分成每份45克，放在沙拉（馬鈴薯和豆）的中心。

⑥將鯷魚、橄欖、雞蛋塊、番茄片分別放在沙拉上。

⑦將香菜末撒在沙拉上，放冷藏箱冷藏，上菜時，從冷藏箱中取出，澆上法國沙拉醬。

例8，凱薩沙拉（Caesar Salad）（生產25份，每份約重100克）

原料：生菜2300克，白麵包片340克，橄欖油60至120毫升，雞蛋黃4個，大蒜末4克，檸檬汁180毫升，起司末（Parmesan Cheese）60克，細鹽少許。

製法：①將生菜去掉老葉，洗淨，用手撕成約1吋見方小塊放在冷藏箱內。

②將麵包片去掉四邊，放在平底鍋內，烤成金黃色，待用。

③用攪拌機攪拌雞蛋黃，慢慢放橄欖油，直至將雞蛋黃攪拌稠，放蒜末、細鹽、起司末和適量的檸檬汁，製成沙拉醬。

④上桌時，將沙拉醬與生菜輕輕地攪拌在一起，放在經過冷藏的沙拉盤上，上面放烤好的麵包丁。

例9，沃爾道夫沙拉（Waldorf Salad）（生產10份，每份重量約90克）

原料：帶皮熟馬鈴薯150克，蘋果500克，熟雞肉100克，芹菜100克，核桃仁100克，生菜葉10片，美乃滋沙拉醬200克，鮮奶油50克，糖粉、胡椒粉適量。

製法：①將馬鈴薯去皮，蘋果去皮去籽，芹菜和雞肉切成丁，放入容器內，加50克核桃仁、胡椒粉、鮮奶油、糖粉、美乃滋沙拉醬，拌勻，製成蘋果沙拉。

②上桌時，將生菜葉平攤在沙拉盤中，上面放拌好的蘋果沙拉，再撒上核桃仁，即完成。

例10，牛肉沙拉（Beef Salad）（生產10份，每份90克）

原料：熟牛腿肉500 克，番茄150 克，酸黃瓜100 克，法國沙拉醬150 克，洋蔥150克，精鹽10克，胡椒粉5克，辣醬油20克。

製法：①熟牛腿肉、洋蔥、番茄（用開水燙一下，去皮去籽）、酸黃瓜切成3 釐米長的粗絲，放入容器內，加鹽、胡椒粉、辣醬油、法國沙拉醬，輕輕攪拌均勻，放入冷藏箱內。

②上桌時，分派在冷藏的餐盤中。

例11，阿爾曼德沙拉（Salad a la Allemande）（生產10份，每份80克）

原料：熟馬鈴薯片250克，紫蘿蔔片250克，酸黃瓜片150克，熟鹹鯡魚條120克，生菜葉10 張，胡椒粉少許，阿爾曼得醬（Allemande Sauce，以蛋黃奶油製成的醬）150克，法國沙拉醬少許。

製法：①將馬鈴薯、蘿蔔和酸黃瓜片、鹹鯡魚條混合，加胡椒粉、蛋黃奶油醬拌勻，製成沙拉。

②上菜時，先將生菜葉放在盤裡，再將沙拉分別裝在有生菜葉的餐盤上，澆上法國沙拉醬，即完成。

例12，火腿沙拉（Ham Salad）（生產25份，每份100克）

原料：生菜葉25片，熟火腿肉丁1.4公斤，芹菜丁450克，醃製的鹹菜末（甜酸味的）230克，黃瓜丁500克，洋蔥末60克，美乃滋500毫升，醋60毫升。番茄或煮熟的雞蛋適量。

製法：①把鹹菜和洋蔥末、美乃滋和白醋放在容器中，輕輕攪拌，製成沙拉醬，放冷藏箱備用。

②在每個冷藏過的沙拉盤放1片嫩生菜葉，將火腿和黃瓜丁輕輕地混合後，放在生菜葉上。

③用番茄片或煮熟的雞蛋片作裝飾菜。

④上桌時，澆上適量的沙拉醬。

例13，雞肉與起司核桃沙拉（Chicken Breast Salad with Walnuts and Blue Cheese）（生產10份，每份120克）

原料：雞胸肉450克，雞肉原湯適量，鮮蘑菇片450克，法國沙拉醬500毫升，香菜末7克，各式綠色生菜葉（撕成片）共計500 克，核桃末90 克，藍紋起司末（Blue Cheese）90克。

製法：①把雞胸肉用低溫，快速地煮一下，冷卻，切成條放鹽和胡椒粉調味。

②把鮮蘑菇片與香菜放在一起，加100 毫升法國沙拉醬，輕輕地攪拌在一

起。

③在每個冷卻的沙拉盤中放50　　克生菜墊底，在生菜上面的一端放鮮蘑菇片，另一端放雞肉條，沙拉的上方撒上核桃末和起司末。

④上桌前，每份沙拉澆上30毫升沙拉醬。

例14，番茄鑲雞肉沙拉（Stuffed Tomato Salad with Chicken）（生產24份，每份1個番茄，約重110克）

原料：番茄24個（每個約重110克），生菜葉24片，細鹽少許，香菜末少許，雞肉沙拉（熟雞肉丁、芹菜丁、美乃滋沙拉醬、檸檬汁、細鹽、胡椒粉攪拌而成）1500克。

製法：①將番茄洗淨，從根部挖取它們的內心。

②在番茄的內部撒少許細鹽，然後根部朝下，瀝去水分。

③將60克雞肉沙拉鑲在番茄內。

④在每個沙拉盤中放一片生菜葉，將鑲好的番茄放生菜葉上，撒上香菜末做裝飾品。

例15，馬鈴薯沙拉（Potato Salad）（生產25份，重量約110克）

原料：洗淨的生菜葉25 片，甜味的紅色辣椒條50 條，煮熟的帶皮雞蛋200克，煮熟的帶皮馬鈴薯3000 克，熟火腿肉丁200 克，芹菜丁100 克，酸黃瓜丁20 克，洋蔥末50 克，美乃滋沙拉醬200 克，法國沙拉醬120 克，精鹽8 克，白胡椒粉8 克。

製法：①將生菜葉分別放在25個冷藏的沙拉盤中，每盤一片，放在沙拉盤的中部，作底菜。

②將涼馬鈴薯去皮，切成1釐米邊長的丁與法國沙拉醬、鹽、胡椒粉輕輕地攪拌在一起。

③將煮熟的雞蛋去皮，切成丁。

④將雞蛋丁、火腿肉丁、芹菜丁、洋蔥丁、酸黃瓜丁與用沙拉醬攪拌好的馬鈴薯輕輕地攪拌在一起，製成馬鈴薯沙拉。

⑤將馬鈴薯沙拉放在25個沙拉盤中，放在生菜葉的上面。

⑥在每盤沙拉的頂部放兩條紅色甜辣椒，做裝飾品。

例16，素什錦沙拉（Salad Macedoine）（生產10份，每份90克）

原料：熟馬鈴薯400克，熟胡蘿蔔200克，熟白蘿蔔200克，熟青豆100克，煮雞蛋3個，酸黃瓜50克，法國沙拉醬150毫升，精鹽少許，胡椒粉少許。

製法：將馬鈴薯、胡蘿蔔、白蘿蔔、煮雞蛋都切成1　釐米正方的丁，加青豆、鹽、胡椒粉、酸黃瓜丁、法國沙拉醬拌勻裝入冷藏的沙拉盤內，即完成。

例17，鮮蘑菇沙拉（Mushrooms a la Grecque）（生產25份，每份70克）

原料：小蘑菇2公斤，水1升，橄欖油500毫升，芹菜1根，檸檬汁180毫升，鹽10克，香料袋1個（內裝大蒜末少許、胡椒末4　克、丁香1　克、香菜籽2　克，香葉1片），墊底生菜25片，香菜末15克。

製法：①洗淨蘑菇，去掉根部，瀝去水分，擺放整齊。

②把水、橄欖油、檸檬汁、芹菜、鹽放在一個不鏽鋼的醬鍋裡，再把香料袋放入。

③煮沸後，用低溫燉15分鐘，到散發出香味。放蘑菇，煮5分鐘，離開火源，冷卻。

④取出芹菜和香料袋後，將蘑菇晾涼，放在冰箱裡冷藏一夜，使蘑菇入味。

⑤把生菜擺放在冷卻的沙拉盤子裡。上桌前將70克的鮮蘑菇放在生菜上，注意瀝去水分，撒上香菜末。

例18，橙子沙拉（Orange Salad）（生產4份，每份重量約180克）

原料：大甜橙3個，小鳳梨1個，白糖粉60克，可可粉120克。

製作：①將甜橙剝皮，撕去筋絡，切成薄片。

②將鳳梨剝下皮，去籽，切成塊。

③將白糖粉與可可粉混合，製成可可糖粉。

④在盤中或杯中放一層甜橙片，再碼一層鳳梨片，每層都撒上適量的可可糖粉，冷藏兩小時後食用。

例19，番茄膠凍沙拉（Tomato Aspic）（生產6份，每份約重250克）

原料：番茄500克，芹菜100克，細鹽10克，糖粉50克，香葉1片，檸檬皮末30克，洋蔥50克，辣醬5克，果凍粉（Gelatin）50克，辣醬油10克，優格500克，鮮鳳梨末10克，生菜葉少許。

製法：①將番茄、芹菜、洋蔥、香葉洗淨切成小塊，約煮20分鐘，放鹽，煮爛後，放攪拌機中，攪成泥。

②將350克熱水與果凍粉混合，約5分鐘後，果凍粉溶化。

③將番茄、芹菜、洋蔥泥過濾後，與糖粉、檸檬汁、辣醬和辣醬油混合均勻。

④將番茄、芹菜混合物與果凍粉溶液放入鍋內，攪拌均勻後，用低溫煮成稠液體。

⑤將煮好的番茄混合物放入6 個膠凍沙拉模具中，冷卻後，放在冷藏箱中，約4個小時後凝固成型。

⑥將優格、鮮鳳梨末與檸檬皮末攪拌好，製成調味汁放在碗內，用保鮮紙封住，冷藏10分鐘。

⑦將成型的番茄膠凍分別放在沙拉盤中，四邊鑲上生菜葉，膠凍上面澆上優格調味汁。

主菜沙拉——煎牛肉馬鈴薯沙拉（Beef & Potato Salad）

番茄起司沙拉（Mozzarella & Tomato Salad）

亞歷山大沙拉（Alexander Salad）（生菜、黃瓜和起司為主要原料）

沃爾道夫沙拉（Waldorf Salad）

第三節 沙拉醬

一、沙拉醬概述

沙拉醬是為沙拉調味的汁醬，通常人們也稱它為沙拉醬或沙拉調味汁。沙拉醬在沙拉中有著非常重要的作用，它美化沙拉的外觀，增加沙拉的味道。沙拉醬

有無數個品種，但是根據它們的特點，可以將沙拉醬分為法國沙拉醬、美乃滋沙拉醬和熟製沙拉醬（Cooked Salad Dressing）3個種類。

二、法國沙拉醬（French Dressing）

法國沙拉醬又名法國醬（Vinaigrette）或醋油醬（Vinegar-and-oil Dressing）。它是由沙拉油、酸性物質和調味品混合而成。傳統的法國沙拉醬的主要特點是酸鹹味，微辣，乳白色，稠度低，實際上它呈液體狀態。法國沙拉醬泛指的含義是以傳統法國調味醬為基底原料製作的各種味道、各種顏色、各種特色和各種名稱的調味醬。

法國沙拉醬常由橄欖油（純淨的蔬菜油、玉米油、花生油或核桃油），加入酒醋（Wine Vinegar）〔或蘋果醋（Cider Vinegar）或白醋（White Vinegar）或任何醋與檸檬汁（Lemon Juice）〕，再加入調味品（精鹽和胡椒粉）製成。法國沙拉醬配方：酸性原料與植物油的重量比例常是1：3。製作法國沙拉醬時，應當用手搖動它的配料，使沙拉醬成為懸浮體後，才能使用。當沙拉醬被放置一段時間後，油和醋會呈分離狀態，使用時，必須用手搖動。通常，在法國沙拉醬內放入一些乳化劑。例如，適量的糖、起司或番茄醬等。這樣，沙拉醬的混合性和味道會有明顯的改善。

1.傳統法國沙拉醬

傳統的法國沙拉醬也稱為基底法國沙拉醬（Basic French Dressing），是以植物油、白醋為主要原料，加入食鹽和胡椒粉調味而成。這種沙拉醬呈乳白色，帶有酸和微辣味道。它的用途很廣泛，既可直接為沙拉調味，還可以作為其他沙拉醬的原料，放入其他原料和調料後，可成為更有特色的沙拉醬。

例1，傳統的法國沙拉醬（生產2升）

原料：沙拉油1500克，白醋500克，食鹽30克，胡椒粉10克。

製法：①將以上各種原料混合在一起，攪拌均勻。

②每次使用前，攪拌均勻。

2.特色法國沙拉醬

以傳統的法國沙拉醬為基本原料，放入適當的調味品。例如，芥末法國沙拉醬（Mustard French Dressing）、羅勒法國沙拉醬（Basil French Dressing）、義大利法國沙拉醬（Italian French Dressing）〔簡稱義大利沙拉醬（Italian Dressing）〕、濃味法國沙拉醬（Piquante Dressing）、奇芬得沙拉醬（Chiffonade Dressing）、酪梨沙拉醬（Advocade Dressing）。

3.美式法國沙拉醬（American French Dressing）

在傳統法國調味醬中放洋蔥末、熟雞蛋末、酸黃瓜末、香菜末、香料末、續隨子末、胡椒末、辣椒醬、芥末醬、糖、蜂蜜、辣醬油、鯷魚醬、大蒜末、檸檬汁、萊姆汁、起司末（Roquefort Cheese，Parmesan Cheese）等。

例2，芥末法國調味醬（生產2升）

原料：傳統的法國調味醬2升，芥末醬60毫升至90毫升。

製法：將法國調味醬與芥末醬混合在一起。

例3，羅勒法國調味醬（生產2升）

原料：傳統的法國沙拉醬2升，羅勒2克，香菜末60克。

製法：將法國沙拉醬與羅勒、香菜末混合在一起。

例4，義大利法國沙拉醬（生產2升）

原料：傳統的法國沙拉醬2升，大蒜末4克，香菜末30克，碎牛至葉4克。

製法：將法國沙拉醬與大蒜末、香菜末、牛至葉混合在一起。

例5，濃味法國沙拉醬（生產2升）

原料：傳統的法國沙拉醬2升，乾芥末粉4克，洋蔥末30克，紅辣椒粉9克。

製法：將法國沙拉醬與乾芥末粉、洋蔥末、紅辣椒粉混合在一起。

例6，奇芬得法國沙拉醬（生產2升）

原料：傳統的法國沙拉醬2升，煮熟的雞蛋4個（切成末），煮熟的紅菜頭（切成末）230克，香菜末15克，洋蔥末15克。

製法：將法國沙拉醬與雞蛋末、紅菜頭末、香菜末、洋蔥末混合在一起。

例7，酪梨法國沙拉醬（生產3升）

原料：傳統的法國沙拉醬2升，酪梨醬1公斤，細鹽適量。

製法：將法國沙拉醬與酪梨醬混合在一起，用少許細鹽調味。

例8，美式法國沙拉醬（生產2升）

原料：洋蔥末120 克，沙拉油1 升，白醋350 毫升，番茄醬600 毫升，白糖120克，大蒜末2克，辣醬油15毫升，紅辣醬（Tabasco）少許，白胡椒少許。

製法：將以上各種原料放在一個大容器內，混合在一起，攪拌均勻。

三、美乃滋沙拉醬

美乃滋沙拉醬是一種淺黃色的、較濃稠的沙拉醬。這種名稱是根據法語Mayonnaise的音譯而成。它由沙拉油、雞蛋黃、酸性原料和調味品混合製成。人們常把美乃滋沙拉醬稱為蛋黃醬或美乃滋等。這種沙拉醬最大的特點是混合牢固，原料不分離。由於這種沙拉醬中增加了乳化劑——雞蛋黃，從而將美乃滋沙拉醬中的沙拉油和醋均勻地混合在一起。通常，美乃滋沙拉醬不僅作沙拉調味醬，還是其他的沙拉醬的基本原料。例如，著名的千島沙拉醬（Thousand Island Dressing）、藍紋起司沙拉醬、俄羅斯沙拉醬（Russian Dressing）都是以美乃滋沙拉醬為基本原料加上調味品配製的。它們都屬於美乃滋沙拉醬類。

1.傳統美乃滋沙拉醬

傳統的美乃滋沙拉醬實際上就是美乃滋，它是一種淺黃色的，較濃稠的沙拉醬。其味道鮮美，黏著度好，沙拉配上美乃滋沙拉醬後，不僅味道好，還利於顧客食用。

2.特色美乃滋沙拉醬

以美乃滋沙拉醬為基本原料，加入不同的調味品或起司可製出不同顏色和風

味的美乃滋沙拉醬，這種沙拉醬稱為特色美乃滋沙拉醬。著名的特色美乃滋沙拉醬有千島沙拉醬、路易士沙拉醬（Louis Dressing）、俄羅斯沙拉醬、奶油美乃滋沙拉醬（Chantilly Dressing）、洛克伕特沙拉醬（Creamy Roquefort Dressing）及鮮莳蘿沙拉醬（Dill Dressing）等。

常用的特色美乃滋沙拉醬調味品有酸奶油、打過的奶油、魚子醬、火腿末、水果末、洋蔥末、熟雞蛋末、蔬菜末、酸黃瓜末、香菜末、香料末、續隨子末、胡椒粉、辣椒醬、芥末醬、辣醬油、鯷魚醬、大蒜末、檸檬汁、萊姆汁、水果汁、不同風味的醋、不同品牌的起司末。

例9，美乃滋沙拉醬（生產2升）

原料：新鮮雞蛋黃10個，精鹽10克，沙拉油17升，白醋70毫升，芥末粉4克，檸檬汁60毫升。

製法：①將雞蛋黃放進電動攪拌機內，一邊攪拌，一邊滴入沙拉油，開始一滴一滴地放入蛋黃內，然後，逐漸加快，使蛋黃變成較稠的蛋黃溶液。

②加入精鹽和芥末粉，然後慢慢加醋和檸檬汁，注意其味道和稠度。

例10，千島沙拉醬（生產2.3升）

原料：美乃滋沙拉醬2升，番茄醬150克，辣醬150克，胡椒粉20克，檸檬汁30克，酸黃瓜末100 克，煮熟雞蛋末5 個，洋蔥末100 克，香菜末30 克，白醋50毫升。

製法：將雞蛋、洋蔥、酸黃瓜、香菜放入容器內，加入美乃滋沙拉醬、番茄醬、白醋、辣椒醬、檸檬汁和胡椒粉攪拌均勻。

例11，路易士沙拉醬（生產2.3升）

原料：千島沙拉醬2升，濃奶油300克。

製法：在製作千島沙拉醬時，不要放入雞蛋末。然後，放入濃奶油，攪拌均勻。

例12，俄羅斯沙拉醬（生產2.4升）

原料：千島沙拉醬2升，辣醬400毫升，洋蔥末60克。

製法：將以上各種原料攪拌均勻。

例13，奶油美乃滋沙拉醬（生產2.3升）

原料：千島沙拉醬2升，打過的濃奶油300毫升。

製法：將以上各種原料攪拌均勻，儘量在接近開餐的時間製作。

四、熟製沙拉醬（Cooked Salad Dressing）

熟製沙拉醬是一種較稠的液體。由牛奶、雞蛋、澱粉和調味品製成，它的外觀與美乃滋很相似。通常這種沙拉醬在雙層煮鍋內加熱而成。製作這一類沙拉醬應當細心，防止出現燒焦或結塊。

例14，熟製的沙拉醬（生產2升）

原料：白糖120克，麵粉120克，鹽30克，芥末粉6克，辣椒粉05克，新鮮雞蛋4個，新鮮雞蛋黃4個，牛奶1200克，奶油120克，白醋350克。

製法：①將糖、麵粉、芥末粉、辣椒粉放容器內攪拌，加入雞蛋和雞蛋黃打。

②將牛奶放入雙層煮鍋內，用小火煮開，牛奶逐漸地倒入雞蛋混合液中，不斷打，然後倒入鍋內加熱。用小火，不斷地攪拌、打，直至看不到生麵粉為止。

③離開火源，加奶油、白醋製成沙拉醬，然後放入不鏽鋼容器內。

本章小結

開胃菜也稱作開胃品、頭盆或餐前小吃。它包括各種小分量的冷開胃菜、熱開胃菜和開胃湯等。開胃菜是一餐中的第一道餐點或主菜前的開胃食品。開胃菜的特點是餐點數量少，味道清新，色澤鮮豔，帶有酸味和鹹味並具有開胃作用。沙拉一詞來自英語音譯，其含義是一種冷菜。傳統上，作為西餐的開胃菜，主要的原料是綠葉蔬菜。現代沙拉在歐美人的飲食中有著越來越重要的作用，可作為開胃菜、主菜、甜菜和輔助菜。沙拉的原料從過去單一的綠葉生菜發展為各種畜

肉、家禽、海產、蔬菜、雞蛋、水果、果乾、起司，甚至穀物等。

思考與練習

1.名詞解釋題

開那批類開胃菜（Canape）、雞尾類開胃菜（Cocktail）、迪普類開胃菜（Dip）、魚子醬開胃菜（Caviar）、沙拉（Salad）

2.思考題

（1）簡述開胃菜種類與特點。

（2）簡述沙拉的組成。

（3）簡述沙拉的種類。

（4）簡述法國沙拉醬工藝。

（5）簡述美乃滋沙拉醬工藝。

第10章 主菜與三明治

本章導讀

本章主要對主菜和三明治生產原理與工藝進行總結和闡述。透過本章學習，可掌握畜肉組成與烹調之間的聯繫、畜肉部位特點、畜肉成熟度與內部溫度、畜肉製作技巧，瞭解家禽生產原理與工藝，瞭解魚的脂肪及製作技巧、海產生產原理；掌握穀物、豆類和義大利麵條生產原理與工藝，瞭解蔬菜特點與生產之間的聯繫，掌握三明治的組成、種類與特點、生產原理與工藝等。

第一節 畜肉

一、畜肉組成與生產原理

畜肉餐點是西餐的主菜之一。畜肉含有很高的營養成分，用途廣泛。畜肉主要由水、蛋白質和脂肪等成分構成。畜肉的含水量約占肌肉的74%，畜肉中的蛋白質很多，約占肌肉的20%，遇熱會凝固。蛋白質凝固程度與畜肉的生熟度有密切聯繫，畜肉失去的水分越多，其蛋白質凝固程度就越高。脂肪是增加畜肉味道和嫩度的重要因素，約占肌肉的5%。一塊帶有脂肪的牛肉，如果脂肪結構像大理石花紋一樣，其味道會非常理想。這種網狀脂肪結構會將肌肉纖維分開，易於人們咀嚼。烹調時，脂肪還可以充當水分和營養的保護層。此外，畜肉含少量糖或碳水化合物，儘管含量低，卻扮演著重要角色。畜肉經過烤、烤或煸炒後，其顏色和香味通常來自糖的作用。

畜肉中的瘦肉由肌肉纖維組成。肌肉纖維決定著畜肉的質地。質地嫩的畜肉其肌肉纖維細，反之纖維粗糙。構成肌肉纖維的連接物質是畜肉中的蛋白質，稱為結締組織。家畜愈是經常活動的部位，其結締組織就愈多。通常，家畜的腿部比背部的結締組織多。畜肉常有兩種結締組織，白色膠原和黃色的彈性硬蛋白。在西餐烹調中，常用燉和燴等方法烹調帶有膠原的畜肉。如果在烹調前，在畜肉中放入嫩化劑可使畜肉膠質嫩化。

二、畜肉部位特點

1.頸部肉（Chuck）

這塊肉可分為兩個部位。一是接近頸部的肉，肉質比較老，常使用煮和燉等方法熟製。二是接近後背中部的肉塊（Rib），肉質比較嫩，使用烤和烤等乾熱法烹調。

2.後背肉（Loin和Rib）

後背肉，也稱為腰肉、通脊肉，肉質最嫩。這一部位的結締組織很少，其內部有像大理石花紋一樣的脂肪，該部位由3個部分組成：前膀肉（Rib）、後背中部肉（Rib Short Loin）和後背中後部肉（Sirloin）。其中，後背中後部肉最嫩，適用於烤、焗、煎和炸等烹調方法。

3.後腿肉（Round）

後腿肉，靠近背部比較嫩，適用烤或烤的方法。接近腿部肉嫩度稍差，需用煮、燉和燴等水熱法煮爛肉中的膠原體。

4.肚皮肉（Belly）

肚皮肉有3個部分：靠近前腿肚皮肉（Brisket）、中部肚皮肉（Plate）和後腿肚皮肉（Flank）。肚皮肉的肉質老，適合燉和燉等方法，也可製餡。

5.小腿肉（Shank）

小腿肉的纖維素多，肉質較老，適合於燉、煮和燴等方法。

當今，由於西餐烹調技術的提高和使用嫩化劑等方法，可以將較老的肉塊嫩化。同時，養殖業的發展和家畜養殖技術的提高，畜肉的嫩度也不斷提高，肉類各部位嫩度的差別越來越小。

三、畜肉成熟度與內部溫度

畜肉成熟常與肉內部溫度緊密聯繫。通常廚師使用溫度計測量肉的內部溫度或觀看肉外部顏色及測量畜肉彈力的方法測量畜肉的成熟度。

畜肉成熟度與內部顏色、內部溫度對照表

畜肉成熟度	畜肉特點
三四成熟(Rare)	畜肉內部顏色爲紅色，壓迫畜肉時沒有彈力並留有痕跡，肉質較硬。牛肉的內部溫度是49° C～52° C，羊肉的內部溫度是52° C～54° C。三四成熟的豬肉不能食用，豬肉必須全熟。
五六成熟(Medium)	畜肉內部顏色爲粉紅色，壓迫時，沒有彈力並留有很小痕跡，肉質較硬。牛肉的內部溫度是60° C~63° C，羊肉的內部溫度是63° C，五六成熟的豬肉不能食用。
七八成熟(Well-done)	畜肉內部顏色沒有紅色，用手壓迫，沒有痕跡，肉質硬，彈力強。牛肉的內部溫度是71° C，羊肉的內部溫度是71° C，豬肉的內部溫度是74° C~77° C。

四、畜肉製作技巧

常用的畜肉烹調工藝有烤（Roasting）、焗（Broiling）、烤（Grilling）、煎（Pan-fry-ing）、燉（Simmering）、燉（Braising）和燴（Stew）等方法。在

生產前，應當注意畜肉的嫩度與烹調方法之間的聯繫，根據各部位的嫩度選擇適合的烹調方法。

五、畜肉餐點案例

例1，烤牛前膀原汁醬（Roast Rib of Beef au Jus）（生產25份，每份180克）原料：帶骨牛前膀肉9公斤，洋蔥250克，芹菜125克，胡蘿蔔125克，棕色原湯2升，細鹽、胡椒粉各少許。

製法：①將帶有脂肪的牛前膀肉面朝上，擺放在烤盤內，將溫度計插入到牛肉內。烹調時間約在3至4小時。烤爐的溫度需要150℃，五六成熟，其內部溫度在54℃時即可。在切割前，將烤好的牛肉在烤爐內停留30分鐘。

②將牛肉從烤盤內取出，去掉約1／2的烤肉滴下的牛油，放洋蔥、芹菜和胡蘿蔔。

③用高溫將洋蔥、芹菜和胡蘿蔔烤成棕色後，撈去浮油，放500克棕色原湯，用高溫將棕色原湯與烤肉原汁融合在一起。

④將混合好的烤肉原汁與剩下的1.5升棕色原湯放在醬鍋中，混合在一起，用高溫加熱，蒸發約1／3的液體後，過濾，用細鹽與胡椒粉調味製成原汁醬。

⑤上桌時，去骨頭，將牛肉切成片，分為25份，每份放約45毫升的原汁醬。

例2，烤羊脊背肉（Roast Rack of Lamb）（生產8份，每份肉帶有兩根肋骨）

原料：羊脊背肉兩塊（每塊帶有8 根肋骨），細鹽、胡椒粉、百里香各少許，大蒜（剁成碎末）2瓣，棕色原湯500毫升。

製法：①將修整好的羊脊背肉放在烤盤內，將帶有脂肪的一面朝上。

②將烤爐的溫度調至230℃，將羊肉烤至五六成熟，大約需要30分鐘。

③將烤好的羊肉從烤盤中取出，放在溫暖的地方。

④將烤箱的溫度調至中等溫度，將蒜末放在烤羊肉的原汁中，加熱一分鐘

後，放棕色原湯，用高溫繼續加熱，直至蒸發一半的水分後，用胡椒粉和鹽調味，製成原汁醬。

⑤在每根肋骨的位置將烤好的羊肉切片，每份羊肉兩片並帶有兩根肋條骨。每份烤羊肉放30毫升的原汁醬。

例3，烤牛排馬德拉醬（Grilled Sirloin Steak with Madeira Sauce）（按需要生產，每份約170克牛肉）

原料：沙朗牛排（Sirloin Steak）數塊（根據需要），每塊約170克，植物油、馬德拉醬（由棕色醬、馬德拉葡萄酒與調味品製成）、棕色醬適量，澱粉類和蔬菜配菜適量。

製法：①修整好牛排，將牛排放入植物油的容器中，瀝乾多餘的油。

②將牛排放在預熱的烤爐上，當牛排約有1／4的成熟度時，將牛排調整一下角度，使牛排的外觀烙上菱形的烙印（約調整60°角）。

③當牛排半熟時，將牛排翻面，烤製牛排的另一面，直至全部成熟。

④將牛排放在熱的主菜盤中，放上澱粉類和蔬菜配菜。上桌時，將馬德拉醬放在醬容器中與牛排一起上桌。

例4，羅馬式火腿牛排（Saltimbocca alla Romana）（生產16份，每份90克）

原料：小牛肉排32塊（每塊約45克），鹽和白胡椒粉各少許，與小牛排直徑相等的火腿肉片32片，鼠尾草32片，奶油110克，白葡萄酒350毫升。

製法：①把扇形小牛排拍鬆，加鹽和白胡椒粉調味。然後，把火腿片和鼠尾草均勻地放在每個牛排的頂部，用牙籤把它們固定。

②用奶油將牛排的兩邊煎成金黃色。

③加白葡萄酒，直至肉熟，白葡萄酒減少一半時為止。

④裝盤時，每盤裝2塊牛排，帶有火腿的麵朝上，每塊牛排上面澆一小匙原湯。

例5，義大利填料牛排（Costolette di Vitello Ripieno alla Valdostana）（生產6份，每份1塊牛排）

原料：小牛的肋牛排16塊，芳迪娜起司（Fantina） 340 克，白胡椒粉少許，鹽少許，麵粉、雞蛋液和麵包屑各適量，奶油適量，迷迭香末1.5克。

製法：①用刀將肋骨排整理，將黏著在牛排的筋和軟骨去掉，僅留下肋骨。

②牛排橫切一個小口，形成口袋狀。用木槌輕輕地將小牛排拍平，小心不要將牛排拍散。

③將起司切成薄片，填滿牛排上的切口，保證所有起司都填在切口內，不要散落到外面並將切口輕輕捏緊。用少許鹽和胡椒粉撒在牛排上。

④準備一塊面板，將迷迭香末與麵包屑攪拌，將小牛排裹麵粉和雞蛋液，再裹上麵包屑。

⑤將牛排放在平底鍋中，用奶油煎熟，立即上桌。

例6，瑞典蒔蘿牛肉（Sweden Dillkott）（生產16份，每份175克）

原料：經初步加工的小牛前腿肉（切成2.5釐米正方形塊）3.2公斤，洋蔥丁100克，香料袋1個（內裝香菜莖5根、胡椒粒6個、香葉1片）自來水2升，鹽15克，新鮮蒔蘿末14克，奶油濃湯（Roux，奶油和麵粉炒好的糊）120克，檸檬汁30毫升，紅糖7克，續隨子20克。

製法：①把牛肉塊放入鍋裡再加上洋蔥、香料袋、水和鹽煮沸，撈去浮沫。改用小火，然後加入一半蒔蘿末，慢慢地煮，直至嫩熟時為止，大約煮1.5至2小時。

②將肉湯過濾後，倒入另一個鍋內，把湯中的洋蔥和香料袋扔掉。

③用高溫煮肉湯，直至濃縮，減少到約1公斤。

④用奶油濃湯放入湯中，使湯變稠，加入燉好的牛肉塊、檸檬汁、紅糖、蒔蘿末和續隨子，用鹽調製好味道。

例7，燉五花牛肉（Simmer Fresh Beef Brisket）（生產25份，每份110克）

原料：修整好的鮮五花牛肉4.5公斤，洋蔥230克，胡蘿蔔、芹菜各110克，大蒜2瓣，香葉一片，胡椒粒1克，丁香2粒，香菜梗6根，鹽少許，辣根醬適量。

製法：①將牛肉放入沸水中煮開，然後移到小火燉。

②將洋蔥、胡蘿蔔和芹菜切成塊，與其他調味品一起放入牛肉鍋內。

③將肉煮至嫩熟後，撈出，放淺盤內，加適量原湯，使其浸泡在湯中。

④將煮熟的牛肉切成片，澆上辣根醬（Horseradsh Sauce）配上煮熟的蔬菜。

例8，燉牛舌（Braised Ox Tongue）（生產10份，每份55克）

原料：牛舌2條（約700克），洋蔥丁、胡蘿蔔丁各100克，香葉一片，番茄醬100克，奶油100克，鹽、胡椒粉、辣醬油適量，牛原湯250克，紅葡萄酒30克。

製法：①將修整好的牛舌放入清水中，煮至六七成熟。

②將煎鍋燒熱後，放奶油，將牛舌四邊煎成金黃色後，放少量葡萄酒和辣醬油，蓋上鍋蓋，燉燒數分鐘。

③另取燉鍋將洋蔥丁、胡蘿蔔丁煸炒成金黃色，加入番茄醬及香葉。煸炒後放入少量麵粉，再煸炒數分鐘，放牛舌，同時倒入牛原湯。牛原湯高度是牛舌高度的2／3。

④用旺火將它們燒開後，用小火繼續燉燒，直至燉熟。

⑤用適量食鹽、胡椒粉調味後，取出牛舌，切片裝盤，湯汁濾清後，澆在牛舌上。

例9，那波利燉豬排（Lombatine di Maiale alla Napoletana）（生產16份，每份110克）

原料：義大利青椒或燈籠椒（紅色或綠色）6個，蘑菇700克，番茄1.4公斤，橄欖油180毫升，大蒜瓣（剁成泥）2個，豬排16塊，鹽、胡椒粉少許。

製法：①把青椒放在爐上烤，直到表面變褐色，在流動水下去掉褐色的皮和籽，把青椒切成條狀。

②把蘑菇切成薄片。把番茄去皮去籽，切成條。

③在平底鍋放橄欖油。油熱後，加蒜末，煸炒，直到變成淡黃色。然後，取出扔掉。

④用胡椒粉和鹽將豬排調味，放入油中煎成金黃色。完全變色後，取出，待用。

⑤在油中放辣椒條和蘑菇條，煸炒，把肉排和番茄丁放入鍋中，蓋上鍋蓋，放在烤箱裡烤，溫度不要太高，不斷地檢查鍋中的水分，防止乾鍋，直至肉塊成熟。

⑥肉塊燉熟後，從鍋中取出，保持熱度。湯汁煮稠，調味。上桌時，豬排上放湯汁及湯中的蔬菜。

例10，布魯塞爾紅燴牛排（Beef Steak Bruxelloise）（生產10份，每份150克）

原料：嫩牛肉1.5公斤，洋蔥丁100克，芹菜丁50克，胡蘿蔔丁50克，煮熟的胡蘿蔔塊100克，煮熟的白蘿蔔塊100克，小捲心菜100克，煮熟的青豆50克、植物油100克，紅葡萄酒100克，香葉1片，番茄醬50克，奶油濃湯（Roux）50克，鹽、胡椒粉、辣醬油少許。

製法：①將牛肉切成10塊，用木槌拍鬆，撒上鹽和胡椒粉，用油煎成金黃色，放入燴肉鍋。

②將平底鍋燒熱，放植物油，放洋蔥丁、芹菜丁、胡蘿蔔丁、香葉，煸炒成金黃色，放番茄醬，煸炒後，倒入牛肉鍋內，加適量的清水、少許辣醬油，煮沸後，蓋上鍋蓋，用低溫燉2小時，直至牛肉酥爛，取出待用。將牛肉鍋中的原汁與奶油濃湯均勻地混合在一起，用鹽和胡椒粉調味，製成調味汁。

③將燉好的牛肉放在調味汁中，加入胡蘿蔔塊、白蘿蔔塊、小捲心菜，燉5

分鐘。上桌時，將每餐盤放一塊牛肉，放一些蔬菜和煮熟的青豆作配菜，上面澆上一些調味汁。

例11，燴牛肉（Carbonnade a la Flamande）（生產16份，每份180克）

原料：洋蔥0.5公斤，胡蘿蔔0.5公斤，捲心菜0.5公斤，植物油適量，麵粉170克，鹽10克，胡椒粉2克，牛前膀肉（切成2.5 釐米長正方形塊） 2.3 公斤，黑啤酒1.25升，棕色牛原湯1.25 升，調味袋1 個（內裝香葉2 片、百里香1 克、香菜莖8根、胡椒8粒），蔗糖15克，煮熟的馬鈴薯適量。

製法：①把洋蔥剝皮，切成塊，將胡蘿蔔和捲心菜切成塊，用油將洋蔥煸炒成淺金黃色後，放胡蘿蔔和捲心菜一起煸炒並放置一邊待用。

②在麵粉中放少量鹽和胡椒粉調味，撒在肉塊上，把過多的麵粉從肉上篩下去。

③將肉塊煸炒成金黃色，每次不要擺放太多的肉塊，當肉塊呈金黃色時，把它們放在盛有蔬菜的鍋內。

④將啤酒、調味袋、原湯放入牛肉和蔬菜鍋中。燒開後，放入烤箱內，加熱至160℃，直至肉熟爛。大約需要2至3小時。

⑤去掉浮油，調勻調味汁，如湯汁濃度差可加高溫，使其蒸發部分水分；若湯汁太稠可放一些棕色原湯。調味後，與煮熟的馬鈴薯一起上桌。

焗酥皮羊排（Herb-Crusted Rack of Lamb）

烤牛排佐咖啡威士忌酒醬（Grilled Beef Teaks with Espresso-Bourbon Sauce）

第二節 家禽

家禽在西餐中扮演著重要的角色，儘管家禽生產與其他食品製作技巧有許多相同點。然而，由於家禽肉質較嫩，其製作技巧有著自己的特點。

一、整隻家禽生產原理與工藝

烹調整隻家禽，雞胸肉成熟的速度比家禽腿肉成熟的速度快。這樣，雞腿肉完全成熟時，雞胸肉已經過火了。尤其是使用烤的方法生產整隻家禽表現更為明顯。通常在整隻家禽的外部刷上一層植物油可以保護禽肉的外皮完整和美觀，又可保護家禽的胸肉中的水分。此外，用繩子將整隻家禽的翅膀和大腿進行捆綁，然後再烤製，家禽的各部位成熟度才能均勻。

二、非整隻家禽生產原理與工藝

為了充分利用家禽本身的優點或特點，保持內部水分和嫩度，增加餐點的味道，不同的部位可採用不同方法。例如，雞胸肉可以煸炒、火雞的翅膀可以燒燉等。

三、家禽成熟度

根據衛生檢疫，家禽餐點烹調至十成熟時才能食用，因為家禽肉含有沙門氏菌。因此，保持適當的成熟度和防止家禽過火通常是矛盾的。為了保證家禽餐點嫩度，一方面憑藉生產經驗，另一方面應透過禽肉內部溫度區分成熟度。對於較大形狀的家禽，可以將溫度計插入大腿部，當溫度計顯示82℃時，表示家禽已經完全成熟。對於家禽翅膀和大腿等非完整的家禽的成熟度的鑒別可以透過以下措施。

（1）家禽的各部位互相呈鬆散狀，說明完全成熟。

（2）用烹調針插入禽肉後觀察內部的肉汁呈透明狀，沒有紅色或粉紅色，說明完全成熟。

（3）肉與骨頭分離時，說明完全成熟。

（4）用手按壓禽肉時呈現結實狀，說明完全成熟。

四、家禽餐點案例

例1，烤火雞蘋果醬（Roast Turkey with Apple Sauce）（供10人用）

原料：火雞一隻約3500克，蘋果醬300克，熟紅菜頭丁250克，豌豆250克，加工好的菜花250 克，栗子500 克，奶油250 克，烤熟的小馬鈴薯20 個，芹菜、胡蘿蔔、洋蔥各100克，香葉2片，胡椒粉5克，鹽20克，香檳酒15毫升，生菜500克。

製法：①將火雞洗淨後用線繩捆綁好，使它受熱均勻。

②在火雞外皮撒上鹽、胡椒粉，用手搓勻，抹上奶油，雞胸朝上，放在烤盤內。

③將胡蘿蔔塊、洋蔥塊、芹菜塊和香葉放在火雞內及它的外邊四周。在烤盤

內放水和香檳酒。然後，將火雞送爐內，爐溫為200℃。待火雞烤至金黃色時，降低爐內溫度，直至成熟。

④將栗子煮熟撈出，剝去皮，加奶油、砂糖和牛奶燉熟待用，將豌豆煸炒熟，待用，將菜花放入雞原湯中煮熟，待用。

⑤將烤好的火雞裝入大淺盤中，將烤好的馬鈴薯擺在火雞周圍，將栗子放在盤中間，將菜花、豌豆、紅菜頭丁交叉著擺成堆。用少許生菜葉圍邊。

⑥將烤火雞原汁過濾，上火燒開，澆在雞腿上，蘋果醬分裝兩個容器內，一起上桌。

例2，烤雞原汁醬（Roast Chicken With Natural Gravy）（生產24 份，每份1／4隻雞）

原料：嫩肉雞6隻（每只約1.4公斤～1.6公斤），洋蔥丁180克，芹菜丁90克，胡蘿蔔丁90克，細鹽、胡椒粉各少許，濃雞湯3升，玉米粉69克，冷水60毫升。

製法：①用胡椒粉與細鹽塗抹雞的內部和外皮，捆綁好，在外部刷上植物油。

②將芹菜、洋蔥和胡蘿蔔丁放在烤盤上，在烤盤上放上烤架，將雞放在烤架上，雞胸脯部朝下。

③將預熱的烤爐調至230℃，約烤15分鐘，調至165℃，約45至60分鐘後，翻面，雞胸脯朝上，將烤盤滴下的雞油澆在雞胸脯上，約45 分鐘後，成熟，取出後，放在溫熱的地方。

④用高溫將洋蔥、芹菜和胡蘿蔔烤成淺棕色，撈去浮油，放入雞湯中，將混合好的雞原湯和烤雞原汁一起倒入煮鍋中，加熱，使其濃縮，蒸發掉1／3的水分。

⑤將玉米粉與冷水混合在一起，倒入濃縮的雞原湯中，放鹽和胡椒粉調味，用低溫燉，使其濃縮，過濾，製成醬。

⑥上桌時，每份烤肉雞放60毫升的原汁醬。

例3，烤雞（Baked Chicken）（生產24份，每份1／4隻雞）

原料：整理好的雞塊（整雞切成4塊），麵粉230克，細鹽25克，辣椒粉4克，白胡椒粉1克，百里香05克，植物油450克。

製法：①將麵粉、細鹽、辣椒粉、白胡椒粉和百里香混合在一起。

②用乾淨的烹調紙將雞上的水分吸乾，將調味麵粉撒在雞的表面。

③將雞的外部刷上植物油。

④將雞放在烤盤上，皮朝上，烤爐的溫度約175℃，直至烤熟，約1　個小時。

例4，焗童子雞（Broiled Chicken）（生產10份，每份1／2隻整雞）

原料：童子雞5隻（每隻約900克），植物油120毫升，細鹽和胡椒粉少許。

製法：①將童子雞整理好，切成兩半，用鹽和胡椒粉塗抹在雞肉上，兩邊刷上植物油。

②將刷過植物油的童子雞放在烤架上，用較低的溫度將雞烤成半熟，並且將雞肉烤成淺棕色。

③用烹調夾將童子雞翻面，繼續焗，直至焗熟並將童子雞的表皮烤成理想的棕色。

④上桌時，皮朝上，半隻童子雞放入一個主餐盤中，旁邊放澱粉類配菜和蔬菜。

例5，煎麵粉雞排（Chicken Supremes Marechale）（生產1份，每份110克）

原料：去皮雞胸肉一塊（約120　克），雞汁醬60　毫升，煮熟的鮮蘆筍尖3根，松露（truffle）1個（切成片），少許食鹽和胡椒粉，雞蛋2 個（攪均勻），麵包渣、麵粉適量，植物油300克。

製法：①將雞肉稍加修整，用木槌拍鬆，使其厚度均勻。

②將鹽和胡椒粉撒在雞肉上並將雞肉兩面裹上麵粉、雞蛋液和麵包渣。

③將掛好糊的雞肉放在煎鍋內煎熟。

④將雞汁醬加熱後，澆在雞肉上，配上蘆筍和松露。

例6，烤茴香雞胸（Grilled Chicken Breast with Fennel）（生產1份，約110克）

用料：去皮雞胸肉1個（約110克），大蒜瓣1個，新鮮茴香20克，小洋蔥5克，橄欖油、奶油各適量，法國茴香酒、鹽、胡椒粉，壓碎的茴香籽等少許。

製法：①將大蒜和小洋蔥切碎。

②橄欖油、蒜末、茴香籽、鹽和胡椒粉攪拌在一起。

③將雞胸肉整理好，用木槌拍鬆，放在橄欖油中醃漬片刻。

④將醃好的雞胸肉放在烤爐上烤，邊烤邊澆些橄欖油。

⑤將法國茴香油、鹽和胡椒粉兑成汁，澆在餐盤上，上面擺放烤好的雞胸肉。

⑥將鮮茴香煸炒後，擺放在雞胸肉上做裝飾品。

例7，串烤雞片（Chicken Brochette Clermont）（生產1份，每份80克）

用料：雞胸肉50克，豬培根30克，洋蔥20克，蘑菇10克，棕色醬15克，胡椒粉、植物油少許。

製法：①將雞胸肉、鹹火腿肉、洋蔥和蘑菇切成一寸見方或圓形片。

②用扦子將雞肉、培根、蘑菇、洋蔥片串好。

③在雞肉片上，撒上胡椒粉，噴上食油，放在烤爐烤熟後取下，裝盤。

④澆上棕色醬。在雞肉兩旁放一些蔬菜作為裝飾品。

例8，嫩煎雞胸肉帶鮮蘑菇醬（Sauteed Breast of Chicken with Mushroom Sauce）（生產10份，每份110克）

原料：帶皮去骨的雞胸肉10塊，約1.6公斤，溶化的奶油60克，麵粉60克，白鮮蘑菇片280克，檸檬汁30毫升，奶油雞醬（Supreme　Sauce）600克，鹽和胡椒粉各少許。

製法：①將奶油放在平底鍋中，加熱，用鹽和胡椒粉將雞肉抓一下調味，裹上麵粉。然後，將雞胸肉放在平底鍋中嫩煎，皮朝下。

②將雞胸肉煎成半熟，皮成為淺棕色後，翻至另一面，繼續煎，直至成熟。

③將煎熟的雞胸肉，皮朝上，放在熱的主餐盤上。

④將鮮蘑菇片放在平底鍋中，煸炒成金黃色，放檸檬汁和奶油雞醬，燉幾分鐘後，直至減少部分水分，達到理想的濃度，製成鮮蘑菇醬。

⑤每份雞肉澆上約60毫升的鮮蘑菇醬，旁邊放上澱粉類配菜和蔬菜。

例9，炸奶油雞肉捲（Chicken Kiev）（生產4份，每份125克）

原料：去骨去皮雞胸肉4塊（每塊125克），奶油（室溫）60克，大蒜（剁成泥）2瓣，青蔥末1克，蛋黃奶油醬（Allemande　Sauce），鹽、胡椒粉各少許。

製法：①將大蒜末和奶油混合在一起，製成4個重量相等的長方形的條，約5× 1（釐米）。

②將雞胸肉放入兩層烹調紙之間，用木槌將雞肉拍鬆，拍成約5　毫米的厚度。

③將每個奶油條放入每個雞胸肉的中間，將雞胸肉捲起，緊緊地包住奶油。

④將包裹好奶油的雞肉捲裹上細鹽、胡椒粉，裹上麵粉、雞蛋液、麵包屑、冷凍起來。

⑤需要時，將雞肉捲放入熱油中，炸成金黃色，直至炸熟，上桌時，帶上蛋黃奶油醬，旁邊放上澱粉類配菜和蔬菜。

例10，佛羅倫斯水波雞胸肉（Poached Breast of Chicken）（生產10份，每份175克）

原料：無骨無皮雞胸肉10塊，雞肉原湯1升，白葡萄酒250毫升，鮮奶油250毫升，奶油濃湯（Roux，奶油煸炒麵粉製成）125克，香葉半片，百里香少許，迷迭香少許，大蒜（剁成泥）1瓣，鹽、胡椒粉少許，奶油適量。

製法：①將雞肉原湯、白葡萄酒、百里香、迷迭香及大蒜、少許鹽和胡椒粉混合。

②在湯中放雞胸肉，煮開後，用低溫煮，直至雞胸肉成熟後從煮鍋中取出。

③加奶油，加熱，直至將奶油雞肉原湯減少至原來的1／3，加入奶奶油濃湯，將原湯製成理想的濃度，成為醬，過濾，用少許鹽和胡椒粉調味。

④上桌時，將醬澆在雞肉上，旁邊放米飯和蔬菜等配菜。

例11，燉濃味雞塊（Chicken Chasseur）（生產10份，每份1／2隻雞）

原料：雞（每隻約1公斤）5隻，洋蔥丁60克，鮮蘑菇片230克，白葡萄酒200毫升，濃縮的棕色原湯750毫升，鮮番茄丁300克，鹽、胡椒粉各少許，香菜末7克。

製法：①將每隻雞切成8塊，用少許細鹽和胡椒粉調味。

②將調好味的雞塊放入大平底鍋中，煸炒，使其著色。然後，從鍋中取出，放入容器內，保持熱度。

③在平底鍋中加洋蔥丁和鮮蘑菇片，煸炒，不要著色，加白葡萄酒，用高溫加熱，使其蒸發，減少1／4後，加入濃棕色原湯和番茄丁，煮沸，使其蒸發部分水分，加少許鹽和胡椒粉調味，製成醬。

④將煸炒好的雞塊放入醬中，蓋上鍋蓋，爐溫調至165℃，慢慢燉，約20分鐘，直至燉熟。

⑤燉熟後，從鍋中撈出，用高溫將燉雞的原湯的水分蒸發一部分，放香菜末，用鹽和胡椒粉調味，製成醬。每份半隻雞（4塊），澆上約80毫升醬。

白燉辣味鮮蘑菇雞塊（White Chicken Chili）

焗火雞義大利麵（Turkey Rotini Casserole）

烤鴨串帶奇異果（Roast Duck & Gold Kiwi fruit）

第三節 海產

海產指帶有鰭或帶有貝殼的海水和淡水動物，包括各種魚、蟹、蝦和貝類。海產是西餐常用的食品原料，海產肉質細嫩，沒有結締組織，味道豐富，烹調速度快。魚是帶有鰭的海水動物，市場上出售的魚有各種不同形狀，這些不同形狀的魚是根據烹調需要加工形成的。因此，廚房對魚的初步加工和切配程序常根據採購後的形狀而定。市場上出售魚的形狀包括，整條未加工的魚（Whole Fish或Round Fish）、取出內臟的魚（Drawn Fish）、經過修飾的魚（Dressed Fish）、魚排（Fish Steak）、蝶形魚扇（Butterfly Fillet）、單面魚扇（Fish Fillet）和魚條（Fish Stick）等。

一、魚脂肪與製作技巧選擇

根據魚的脂肪的含量，魚可分為脂肪魚（Fat Fish）和非脂肪魚（Lean Fish），西餐廚師非常重視魚肉脂肪的含量，其原因是魚的脂肪含量與烹調方法緊密相關。

1.脂肪魚生產方法

含有5%以上脂肪的各種魚稱為脂肪魚。脂肪魚的顏色常比非脂肪魚顏色深。脂肪魚適於煎、炸和焗等乾熱法及水波、蒸等水熱法。由於脂肪魚的脂肪含量高，因此乾熱方法是脂肪魚的最佳選擇。常見的脂肪魚有鯖魚（Mackerel）、鮭魚（Salmon）、劍旗魚（Swordfish）、鱒魚、石斑魚（Snapper）和白魚等。

2.非脂肪魚生產方法

脂肪含量少於5%的魚類稱為非脂肪魚。非脂肪魚適用蒸和水波等水熱法。為了保證餐點的鮮嫩，如果烹調非脂肪魚選用乾熱法，應在魚肉塗上麵粉或食油。常見的非脂肪魚有偏口魚（Flounder）、比目魚、鮪魚、鱸魚、鱈魚（Cod）、 魚（Turbot）、鯰魚（Catfish）和河鱸（Perch）等。

二、海產製作技巧

1.烤（Baking）

烤是把經過加工或成形的海產，特別是魚，放在刷有植物油的烤盤內，借助四周的熱輻射和熱空氣對流，在約175℃～200℃的溫度下使餐點成熟的過程。

2.焗（Broiling）

焗的方法是將海產，特別是魚，用鹽、胡椒粉或其他調味品調味，刷上奶油或植物油後，放在焗爐中與上面的熱源距離約12釐米，在直接高溫熱輻射下烹調成熟的工藝。這種烹調方法成熟速度快。由於脂肪魚的脂肪含量高，在較短的烹調時間內不會使魚肉乾燥。因此，可在魚肉的表面刷少量的奶油或植物油後，透過焗的方法將餐點煮熟。然而，非脂肪魚和貝殼類海產必須在烹調前塗上較多的奶油或植物油，甚至在刷油前裹上麵粉以保持原料內部的水分。

3.烤（Grilling）

烤的方法主要用於魚菜。先將魚透過鹽和胡椒粉調味，兩邊刷上奶油或植物油後，然後放在烤爐上，透過下方的熱輻射成熟的過程。非脂肪魚最好先裹上麵粉，再刷油。這樣，更容易保持魚塊的完整。這種烹調方法比焗的方法速度慢，

而且要特別注意魚的成熟度和保持魚的完整，避免魚塊破碎和乾燥。魚排最適合使用烤的方法進行生產。

4.煸炒和煎（Sauteing和Pan-frying）

在海產餐點製作中，煎與煸炒兩種方法很相似，多用於魚肉餐點的製作。兩種方法都是將魚肉調味後，裹上麵粉，用平底鍋煎熟的過程。但是，煸炒有翻動和顛鍋的動作，而煎卻沒有。由於魚肉的質地比較纖細，在烹調中容易鬆散，因此在煎魚前，將魚肉調味後掛上麵粉、雞蛋或麵粉以保持它的形狀完整。同時，也避免了魚肉和平底鍋發生黏著。

5.炸（Deep-frying）

炸是將海產原料完全浸入熱油中加熱成熟的方法。使用這種工藝，應掌握炸鍋中的油與食品原料的數量比例，控制油溫和烹調時間。原料應在熱油中下鍋，待食品原料達到六七成熟時應當逐步降低油溫才能使餐點達到外焦黃裡嫩熟的標準。炸的程序是先將蝦肉、蛤肉、扇貝肉或魚條調味，掛雞蛋糊或麵包屑糊，放入熱油中，使海產的肉不直接接觸食油。這樣，既增加了餐點顏色和味道，又保護了餐點的營養和水分。

6.水波（Poaching）

這種製作方法多用於魚的烹調。它是將魚放在液體中加熱成熟的過程。水波使用的水比較少，溫度比較低，一般保持在75℃～90℃，適用這種方法的原料都是比較鮮嫩和精巧的。例如，魚片和海鮮。水波的最大特點是保持原料本身的鮮味、色澤和質地。水波魚的製作工藝是，將原料放入調過味的原湯中或帶有葡萄酒的魚湯中，將湯加熱到100℃，然後降至75℃～90℃，將魚放入湯中，煮至嫩熟。這樣，魚透過水波後會增加鮮味而去掉腥味。

7.燉（Simmering）

燉與水波的烹調原理非常相似，它是將海產放入液體中加熱成熟。燉的溫度比水波的溫度略高，約是85℃～95℃，而放入的原湯很少。燉的方法首先是將海產放在平底鍋中嫩煎，然後放入少量的水或原湯，加上調料，蓋上鍋蓋。透過

湯汁和蒸汽的熱傳導和對流使餐點成熟。

8.蒸（Steaming）

蒸是透過蒸汽加熱使海產成熟。該工藝可用於魚和貝殼海產的烹調。透過該方法製作海產餐點必須嚴格控制烹調時間，避免使用壓力蒸鍋，餐點的湯汁不要扔掉，可以製成調味汁。

三、海產餐點案例

例1，白酒醬比目魚（Sole Vin Blanc）（生產1份，每份110克）

用料：去皮比目魚110克，奶油5克、小洋蔥末4克，白葡萄酒15克，奶油20克，魚高湯適量，檸檬汁、食鹽和白胡椒粉少許。

製法：①將去皮比目魚，順著魚方向切成條，寬度約為1吋。

②將小洋蔥末和奶油放入平底鍋，稍加煸炒，將魚疊成捲形，放入鍋內。放白葡萄酒、魚高湯，魚湯高度以超過魚為宜。

③取一張烹調紙，抹上奶油，剪成圓形與平底鍋尺寸相同，抹油的一面朝下，作為鍋蓋。

④將鍋放在西餐爐上，爐溫200℃，將湯燒開後再用小火煮5分鐘。

⑤將魚湯倒入另一鍋，再用大火將魚湯煮濃，大約減少1／4後，加奶油，再煮沸片刻以減少水分。然後放入鹽、白胡椒粉和檸檬汁，製成白酒醬。將魚裝在餐盤後，澆上醬。

⑥上桌前，將製好的魚擺放在主餐盤上，旁邊配米飯和蔬菜。

例2，法式紙包焗魚（Fillet of Fish en Papillote）（製作1份，每份170克）

原料：去骨魚扇170克，奶油30克，鮮蘑菇30克，菲蔥15克，冬蔥2克，白葡萄酒25克，魚高湯60毫升。

製法：①將油紙剪成心形，其大小以包住魚扇為宜。

②將煎鍋燒熱，放入奶油。

③用少量鹽和胡椒粉塗在魚肉上，將魚煎成金黃色，撈出。

④將剪好的心形油紙製成口袋，裝入煎好的魚。然後，放適量的魚高湯、白酒和鮮蘑菇，將口袋封嚴，放在熱烤盤上。

⑤將裝了魚的烤盤放入熱烤箱，烤5至8分鐘即可。

例3，奶油煎比目魚排（Fillets of Sole Meuniere）（生產10份，每份110克）

原料：去骨比目魚塊（每份60克）20塊，麵粉90克，食鹽、白胡椒各少許，檸檬汁30毫升，香菜切碎成末15克，奶油400克，檸檬去皮，切片20片。

製法：①所有原料準備齊全，烹調前將魚用鹽與胡椒粉調味，裹上麵粉。

②把平底鍋放在溫火上預熱後，將植物油加熱至七成熱，抖掉魚肉上多餘的麵粉，將魚塊內面朝下，魚皮朝上，放平底鍋內煎成金黃色。

③將魚塊翻過來，煎另一面，成金黃色為止。

④用鏟子把煎熟的魚排從平底鍋中剷起來，放在熱的餐盤上。

⑤在魚排上撒檸檬汁和香菜末。

⑥在平底鍋上將奶油加熱，直到它變成金黃色為止。

⑦將熱奶油澆在魚塊上，放一片檸檬，立即上桌。

例4，奶油檸檬醬焗魚排（Broiled Fish Steak Maitre dHotel）（製作1份，每份140克）

原料：魚排1塊（140克），鹽和白胡椒各少許，植物油適量，奶油檸檬醬（奶油、檸檬汁、白醋、香菜末、鹽和胡椒粉攪拌而成）適量，檸檬2塊。

製法：①用鹽和胡椒粉醃漬魚排。

②把植物油放在一個小深盤中，把魚排浸入油中。

③把魚放在預熱好的西餐焗爐的烤架上，用中等火，烤成半熟，用鏟子翻面，刷油，繼續焗，直至焗熟。

④把魚放在餐盤，將奶油檸檬醬澆在魚排上，用檸檬塊作裝飾，配上澱粉（馬鈴薯或麵條等）類食品和蔬菜。

例5，香煎魚排（Fried Breaded Fish Fillets）（製作25份，每份110克）

原料：麵粉110克，生雞蛋（攪拌好）4個，牛奶250毫升，乾麵包屑570克，魚排25塊（每塊110克），嫩香菜莖25根，檸檬塊25塊，韃靼醬（Tartar Sauce）700毫升。

製法：①將麵粉放入1個淺容器內，將雞蛋與牛奶攪拌在一起成糊狀，放在寬口的容器內，把麵包屑放在另一個淺的容器內。

②把魚排在鹽和白胡椒粉中抓一下，入味。然後，裹上麵粉，裹上雞蛋和牛奶糊，外面緊拍一層麵包屑。

③將魚排放在170℃熱油中，炸至金黃色。

④濾去油後，趁熱上桌，在每個魚排上澆上30克韃靼醬，裝飾一根香菜和1個檸檬塊，配上蔬菜和澱粉類原料。

例6，烤魚排（Grilled Fish Steak）（製作10份，每份175克）

原料：魚排10個（每個175克），植物油適量，細鹽、胡椒粉少許，檸檬1個（榨成汁），辣椒粉少許。

製法：①將魚排兩邊撒上胡椒粉和細鹽，刷上植物油。

②將烤爐鐵棍刷上植物油，將魚排放在鐵棍上，用中等溫度烤，待一邊烤成金黃色後，翻面，再烤另一面，直至成熟。

③上桌時，放上澱粉類和蔬菜配菜。

例7，義大利濃味魚塊（Pesce con Salsa Verde）（製作16份，每份魚110克）

原料：洋蔥片110克，芹菜末30克，香菜莖6根，香葉1片，茴香籽0.5克，細鹽8克，白葡萄酒500毫升，水3升，去皮白麵包3片，酒醋（Wine Vinegar）125毫升，香菜葉45克，大蒜1瓣，續隨子30克，鯷魚肉4塊，煮熟的雞蛋黃3

個，橄欖油500毫升，鹽、胡椒粉少許，魚16塊（每塊110克）。

製法：①把洋蔥片、芹菜末、香菜莖、香葉、茴香、鹽、白葡萄酒加上3升水煮開，然後用低溫煮15分鐘，製成濃味高湯。

②把麵包浸在醋裡15分鐘，然後把醋擠掉，製成麵包末。

③把香菜葉、大蒜、續隨子、鯷魚肉放在切菜板上剁成碎末。

④把雞蛋黃和麵包末放在碗裡，與香菜、大蒜、鯷魚等碎末混合，直到混合均勻，然後放入植物油，慢慢攪拌，當所有的油加入後，調味汁的質地像奶油，加鹽和胡椒粉調味，製成濃味醬。

⑤將魚塊放在濃味高湯中，煮熟後，撈出，放入餐盤。

⑥在每一份魚上澆45毫升濃味醬，放配菜，立即上桌。

例8，法國鹹鱈魚醬（France Brandade de Morue）（製作1.1公斤）

原料：鹹鱈魚1公斤，大蒜（切成末）2瓣，橄欖油250毫升，牛奶150毫升，奶油100毫升，白胡椒粉少許，油炸麵包條適量。

製法：①把醃製的鹹鱈魚放入冷水中浸泡24小時，經常換水，去掉部分鹹味。

②把鱈魚放入鍋中，放水，水的高度應超過魚，煮沸。用小火慢煮5至10分鐘，直到完全煮熟。將魚撈出，切成小薄片，去掉骨頭和皮。

③將魚用攪拌器攪拌成魚醬。

④把油放在容器裡預熱，將牛奶和奶油放在一起預熱。

⑤慢慢地向魚肉中加熱奶油和熱奶，攪拌，一點一點地加入，直至將魚肉攪拌成馬鈴薯泥的狀態，放白胡椒粉調味，放入較深的容器內，整理成型，使表面光滑。

⑥趁熱上桌，將麵包條放在另一餐盤中，隨鱈魚醬一起上桌。

例9，焗龍蝦（Broiled Lobster）（製作1份，每份1隻龍蝦）

原料：活龍蝦1隻（約500克），溶化的奶油60克，麵包屑30克，冬蔥（shallot）末15克，香菜末、食鹽、胡椒各少許，檸檬2塊。

製法：①將龍蝦由頭至尾豎切成兩半，去掉蝦的內臟和腸泥，肝臟洗淨，切成碎末。

②將洋蔥放在奶油中煸炒嫩熟，放龍蝦的肝末，煸炒成熟。

③把麵包屑放入奶油中煎成淺褐色，取出，加入香菜末，用鹽和胡椒粉調味。

④把龍蝦放在平底鍋中，皮朝下，再把麵包屑放入龍蝦的體腔內。注意不要放到蝦尾肉上，在蝦尾上刷上溶化的奶油。

⑤把蝦腿放在腹腔的填料上面，尾部向下彎，防止蝦尾烤乾。

⑥把龍蝦放在西餐焗爐中，距離焗爐上部的熱源15釐米，直至龍蝦上面的麵包屑全部烤成淺褐色。

⑦此時，龍蝦並沒完全成熟，需要把放有龍蝦的烤盤放到烤爐裡，直至烤熟為止。

⑧當龍蝦熟透，從烤爐中取出，放在餐盤中，餐盤中放一小杯溶化的奶油，盤中放2塊檸檬角做裝飾品，配上澱粉和蔬菜。

例10，炒番茄扇貝片（Sauteed Scallops with Tomato，Garlic）（製作10份，每份110克）

原料：經過整理的大扇貝片1.2公斤，橄欖油60毫升，加熱後純化的奶油60毫升，麵粉適量，大蒜末4克，番茄丁（去籽去水分） 110克，香菜末15克，鹽少許。

製法：①用吸水紙巾將扇貝水分吸乾。

②將奶油與橄欖油放在一起，加熱，直到很熱。

③將麵粉撒在扇貝片上，然後放在篩子裡晃動，把多餘的麵粉篩掉，放在平底鍋裡快速地煸炒，經常晃動平底鍋，防止扇貝黏鍋。

④當扇貝片炒半熟的時候，加辣椒末，繼續煸炒，直至變成金黃色。

⑤加番茄丁和香菜末，煸炒，直至將番茄煸炒成熟，加上少許鹽，調味，立即上桌。

例11，香炒蝦仁（Saute Spicy Shrimps）（製作10份，每份110克）

原料：蝦仁1.2公斤，辣椒粉2克，紅辣椒末0.5克，黑胡椒粉0.5克，白胡椒粉1克，百里香0.25克，羅勒0.25克，洋蔥片170克，鹽3克，蒜末少許，經過純化的奶油適量。

製法：①將辣椒粉和所有的香料及鹽混合在一起，製成混合調料。將蝦仁放在吸水紙巾上吸去水分。然後與混合調料攪拌。

②將洋蔥和蒜放在平底鍋中，放少許奶油煸炒成金黃色，從鍋中取出，放一邊待用。

③在平底鍋加少許奶油，將蝦仁放在鍋中煸炒成嫩熟，將洋蔥和蒜末放在蝦仁中，稍加煸炒。裝盤時，配上白米飯。

例12，漁夫海鮮燉肉（Fisherman's Stew）（製作10份，每份約140克海鮮）

原料：去骨去皮的魚肉900克，帶殼蛤肉10個，生蠔20個，大蝦仁10個，橄欖油120毫升，洋蔥片230克，韭蔥條230克，大蒜末4克，茴香籽0.5克，番茄丁340克，魚高湯2升，白葡萄酒100毫升，香葉2片，香菜末7克，百里香0.25克，鹽10克，胡椒粉0.5克，烤好的法國麵包片適量。

製法：①把魚切成塊，每塊90克。把蛤肉和生蠔洗淨，將蝦仁洗乾淨去除腸泥。

②把橄欖油放在醬鍋內加熱，放洋蔥片、大蒜末和茴香籽，煸炒幾分鐘，加入魚塊和蝦仁，蓋上鍋蓋，用中等溫度燉幾分鐘。

③去掉鍋蓋加入蛤蠣和生蠔，放番茄、魚高湯、白葡萄酒、香葉、香菜、百里香、鹽和胡椒，蓋上鍋蓋，煮開，再用小火燉15分鐘，直到蛤蠣肉和生蠔殼打開為止。

④上桌時，在湯盤的底部放兩片麵包，麵包上面放1塊魚，1個蛤蠣肉，2個蠔肉和1個蝦仁，在湯盤中加入約200克高湯。

例13，蛤蠣肉番茄醬（Zuppa di Vongole）（製作16份，每份蛤蠣肉約110克）

原料：小蛤蠣6.8公斤，水0.5升，橄欖油200毫升，洋蔥丁140克，蒜（切成末）3瓣，香菜末20克，白葡萄酒350毫升，番茄（去皮，去籽，切成塊）700克。胡椒粉、鹽少許。

製法：①把小蛤蠣放入冷水中刷洗，洗去殼上的泥沙。

②將蛤蠣放入水中，蓋上鍋蓋，小火煮至蛤蠣殼張開。撈出後，將湯過濾，備用。

③將小蛤蠣去殼，留下16個帶殼的小蛤蠣作裝飾用。

④在平底鍋內放橄欖油，煸炒洋蔥塊，直至嫩熟，不要上色，加入蒜末，稍加煸炒；加葡萄酒和香菜，稍煮；加番茄丁和蛤蠣湯，燉5分鐘；用鹽和胡椒粉調味，製成醬。

⑤將蛤蠣肉再放在醬中，加熱，不要煮過火，保持蛤蠣肉的嫩度。

⑥上菜時，湯中放些去皮的麵包塊。

例14，海鮮焗烤砂鍋（Seafood Casserole au Gratin）（製作6份，每份170克）

原料：去骨、去皮的熟魚肉1.5公斤，熟蟹肉、熟蝦肉、熟扇貝肉和熟龍蝦肉共計1公斤，奶油110克，熱乳酪白醬（Mornay Sauce），由白色醬、奶油、蛋黃、瑞士或帕馬森起司末及調味品製成）2升，帕馬森起司110克，細鹽、胡椒粉少許。

製法：①認真檢查魚片和海鮮中是否有骨頭和皮，去掉所有的碎骨頭和魚皮，將魚肉和海鮮肉撕成薄片，放入平底鍋中煸炒，加入乳酪白醬，用低溫燉，放少許胡椒粉和鹽調味。

②將燉好的海鮮平分在6個砂鍋中，上面撒上起司末，放入烤箱中，將起司末烤成金黃色。

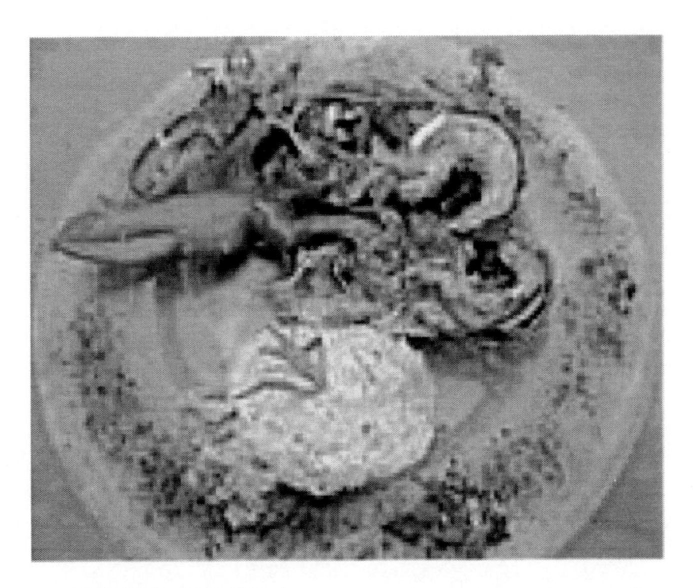

烤龍蝦佐巴爾乃斯醬（Roasted Lobster with Bearnaise Sauce）

咖哩魚塊（Fish Curry）

水波鮭魚佐蔬菜（Poached Salmon with Vegetables）

第四節 澱粉與蛋

一、穀物和豆類餐點製作技巧

穀物和豆類原料的烹調方法比較簡單，豆類原料通常使用燉的方法。白米的烹調方法多一些，有煮、蒸、撈和燉燒等。這些原料製作的餐點常作為主菜的配菜，也可以成為主菜。燉（Simmering），先將豆類食品原料洗淨後與冷水一起浸泡，然後煮沸，再用低溫燉熟的過程。蒸是將洗乾淨的白米放在容器內，與適量的水放在一起，放入蒸箱或蓋上蓋子，放在烤箱裡蒸熟的過程。撈（The Pasta Method）也適用於白米的烹調，使用這種方法製作的米飯的軟硬度較為理想，但是有較多的營養素會流失。撈米飯是先將水放入一個較大的容器內，放少量的鹽，將水煮沸後，將洗好的白米放入沸水中煮成嫩熟狀，然後用笊籬將白米撈出，瀝乾水分，放在容器內，放蒸箱內，蒸5至10分鐘。也可以用個蓋子蓋住容器，放入烤箱內蒸熟。燉燒（The Pilaf Method）是先將白米用奶油煸炒，然後加上雞高湯和少量的食鹽，煮開，用低溫將白米燉熟。使用這種方法最大的優點是米粒分散，米飯增加了味道。穀類和豆類餐點製作案例如下。

例1，煮米飯（Boiled Rice）（製作6份，每份70克）

原料：長粒米1.3杯（約230克），水3杯，鹽少許，奶油25克。

製法：①將水和少許鹽放入飯鍋內，將白米洗淨，待水煮沸時，將白米放入。

②待煮沸時，降低溫度，用小火，燉約25分鐘，待水完全被白米吸收乾淨，白米熟透時為止。

③將奶油放入米飯中，用叉子輕輕攪拌，待奶油全部溶化為止。此菜常作為配菜。

例2，西班牙什錦飯（Spain Paella）（製作16份，每份約300克）

原料：雞2隻（每隻重1.2公斤），香腸225克，瘦豬肉丁900克，去皮並且整理過的大蝦仁16個，魷魚絲900克，紅辣椒（切成塊）100克，青辣椒（切成塊）100克，植物油適量，小蛤蠣16個，生蠔16個，水250毫升，雞湯適量，番紅花1克，洋蔥丁350克，大蒜末少許，番茄丁900克，迷迭香2克，短粒米900克，胡椒4克，熟豌豆110克，檸檬（切成角）16塊。

製法：①把每隻雞切成8塊，把雞塊放在平底鍋，用橄欖油煎成金黃色，拿出放一邊，待用。

②在平底鍋裡放一些油，把香腸和豬肉、蝦、魷魚、辣椒分別煸炒後，放在不同的容器裡。

③把蛤蠣和蠔放在鍋裡用水煮，直到它們的殼全打開為止，從水中撈出後，放一邊，待用。將煮蛤蠣和蠔的水過濾後，加上雞高湯至2升，放番紅花。

④用較大容量的深底鍋，煸炒洋蔥丁和大蒜末，放番茄和迷迭香，用小火燉，使其蒸發水分，並將番茄煮成醬。

⑤將米、雞塊、香腸、豬肉丁、魷魚絲和辣椒塊放在煮好的番茄醬中，攪拌均勻。

⑥把雞湯倒入米飯鍋裡，加入鹽和胡椒調味。

⑦蓋上鍋蓋，煮沸，放入烤箱中，溫度為175℃，大約烤20分鐘。

⑧把鍋從烤箱裡移出來，檢查米飯的柔軟程度，必要時，再加入一些水。

⑨在米飯上，撒上熟豌豆，將蝦仁、蛤蠣和蠔放在米飯上，蓋上蓋子，低溫燉10分鐘。

⑩每份約220克米飯和蔬菜。1個蝦、1個蛤蠣、1個蠔、1塊雞肉，至少1塊瘦肉、少許香腸和魷魚。每份米飯放一片檸檬做裝飾品。

例3，義大利大豆米粥（Zuppa di Ceci e Riso）（製作16份，每份180毫升）

原料：橄欖油90毫升、大蒜末1瓣，迷迭香末1.5克，罐頭義大利小番茄450克（切成丁），白色高湯2.5升，白米170克，熟的鷹嘴豆（chick peas）700克，香菜末12克，鹽和胡椒粉少許。

製法：①把橄欖油加熱，放入大蒜末和迷迭香末，炒幾秒鐘。

②加上番茄丁煮開後，用低溫燉，將番茄汁煮濃。

③加上高湯和米，燉15分鐘。

④加上鷹嘴豆繼續燉，直至將白米煮熟時為止。

⑤用鹽和胡椒粉調味。

⑥上桌時，每一份粥撒上一點切碎的香菜末。

例4，墨西哥米飯（Arroz Mexicana）（製作16份，每份130克）

原料：長粒白米700克，植物油90毫升，番茄醬340克，洋蔥末90克，大蒜2瓣（切成末），雞湯1.75升，鹽15克。

製法：①將米洗淨，浸泡在冷水中約30分鐘，從水中撈出。

②將米飯鍋放植物油，油熱後放米，低溫煸炒，直到白米變成淺金黃色。

③加入番茄醬、洋蔥末和蒜末低溫煸炒。

④加入雞湯攪拌，用中火，不蓋蓋子，慢慢燉，直到大多數湯汁被吸收。

⑤蓋上鍋蓋，用小火燉5至10分鐘，直到米飯成熟。

⑥飯煮熟後放一邊，20分鐘內不掀蓋子使米飯繼續成熟，上桌。

例5，義大利番茄醬玉米餅（Polenta con Sugo di Pomodoro）（製作2.5公斤）

原料：水2.25升，鹽15克，玉米渣500克，義大利番茄醬適量。

製法：①把水和鹽放入醬鍋裡煮沸，慢慢地將玉米渣放到水中，認真地攪拌，避免成塊狀。

②用低溫煮，約20至30分鐘。不斷攪拌，繼續煮，玉米渣成糊狀，當晃動鍋時，玉米糊與鍋邊呈分離狀態時，即可。

③用木鏟輕輕地在一個大餐盤裡撒一些水，使餐盤表面潮濕，把玉米餅倒在盤子上，上桌，配上義大利番茄醬（番茄丁、胡蘿蔔丁、芹菜丁和調味品製成）。

二、義大利麵條生產原理與工藝

義大利麵條是西餐常用的原料。在製作中關鍵是水煮過程的品質。煮義大利麵條不要蓋鍋蓋，避免煮得過爛。義大利麵條應趁熱上桌，也可用冷水沖，直至完全沖涼待用或將煮好的麵條，先用涼水沖洗，再加少量食油攪拌放在冷藏箱備用。製作義大利麵條常採用的方法是煮、燉和焗等方法。義大利麵條製作案例如下所示。

例1，蝦仁咖哩義大利麵（Shrimp And Curried Pasta）（製作1份，約180克）

原料：洗淨，去掉腸泥的蝦仁50克，鹽、胡椒粉各少許，食油適量，奶油15克，冬蔥末15克，奶油15克，白蘭地酒15毫升，魚高湯60毫升，鮮奶油30毫升，青蔥片15克，新鮮的扁平長方式義大利麵條85克，咖哩粉少許。

製法：①用少許鹽和胡椒粉將蝦仁調味。

②在平底鍋中倒入30毫升植物油，加熱後，放入蝦仁，煸炒成熟，放在一

個容器內待用，將奶油和冬蔥末放入平底鍋內，煸炒，將冬蔥煸炒成熟。

③加白蘭地酒、魚湯和濃奶油，放煸炒好的蝦仁和青蔥片製成醬。

④將義大利麵條用水煮，放少許咖哩粉，直至煮熟，上面澆上蝦仁醬。

例2，奶油火腿義大利麵（Pasta alla Carbonara）（製作6份，每份約180克）

原料：奶油60克，熟火腿絲340克，鮮蘑菇片110克，鹽、胡椒粉少許，蛋1個，濃牛奶600毫升，實心長圓形義大利麵條450克，香菜末少許。

製法：①將奶油放入平底鍋，加熱，煸炒火腿絲，加入鮮蘑菇片，繼續煸炒，用鹽和胡椒粉調味。

②將生蛋液與牛奶攪拌，加熱，煮沸後，放煸炒好的火腿絲和鮮蘑菇片，製成醬。

③將義大利麵條煮熟，瀝去水分，放餐盤內，上面澆上奶油火腿醬，並在上面撒上香菜末。

例3，奶醬義大利寬板麵（Fettucine Alfredo）（製作10份，每份200克）

原料：1.4公斤長方扁形義大利麵條煮熟（熱的），奶油500毫升，奶油70克，帕馬森起司末170克，鹽和胡椒粉少許，荳蔻少許。

製法：①將225毫升奶油和奶油混合在一起，用中等火力加熱，使它們的水分蒸發一部分，濃縮，製成醬。

②將醬倒在熱的麵條上，低溫加熱，輕輕地攪拌均勻。

③加另一半奶油、起司末，繼續攪拌（留有少許起司末待用），放荳蔻、鹽和胡椒粉，輕輕攪拌。上桌時，在麵條上加上少許起司末。

例4，焗烤填料通心粉（Baked Manicotti）（製作12份，每份2個）

原料：圓桶形空心通心粉24個，瑞可達起司末（Ricotta）1.5公斤，熟蛋（切成末）4個，煮熟的菠菜（切成末）900克，帕馬森起司末250克，荳蔻、鹽

各少許，番茄醬1.5升。

製法：①在沸水中加少許鹽，放通心粉，直至煮熟。

②將起司末、蛋末、菠菜末、荳蔻和鹽放在一起，製成餡。

③將餡放入布袋中，在每個煮熟的圓桶形通心粉中擠入約75克的餡心。然後，放在刷有植物油的烤盤上。

④在每個填料的通心粉的上面，澆上約25毫升的番茄醬。然後，撒上少許帕馬森起司末，放入180℃的烤箱中，約烤15分鐘，直至將通心粉的上部烤成金黃色。

例5，焗烤義大利寬面（Lasagne di Carnevale Napolitana）（製作12 份，每份約150克）

原料：義大利千層麵（Lasagne） 340 克，帶有甜味道的義大利香腸340克，瑞可達起司末450克，帕馬森起司末230克，新鮮蛋4個，鹽、胡椒粉、荳蔻和香菜末各少許，牛肉番茄醬1升，莫扎瑞拉起司絲340克。

製法：①將瑞可達起司末、一半的（115克）帕馬森起司末，新鮮的蛋、鹽、胡椒粉、荳蔻和香菜末攪拌在一起，製成餡。

②將義大利千層麵煮熟，用冷水沖好，待用。

③將火腿腸煮熟，撕去外衣，切成薄片。

④在較大的烤盤上放上一薄層的番茄牛肉醬，然後鋪上一層煮熟的千層麵，放上一層起司餡（約4毫米厚），放上一層香腸，再放上一層番茄牛肉醬，一薄層莫扎瑞拉起司，再撒上帕馬森起司末。按照這樣的順序，直至將所有的原料都放在烤盤上。最後，用義大利千層麵覆蓋，上面撒上番茄牛肉醬和帕馬森起司末。擺放原料的高度約5釐米。

⑤將擺放好的義大利千層麵放在190℃的烤箱內，約烤15分鐘。然後，將溫度降低到165℃，再烤約45分鐘，直至將千層麵的上部烤成金黃色。從烤箱取出後，放置30分鐘才可以上桌。

例6，馬鈴薯麵疙瘩（Gnocchi Piedmonteese）（製作12份，每份約110克）

原料：去皮的熟馬鈴薯900克，奶油適量，生蛋黃2個，新鮮蛋2個，硬麵粉（麵筋質含量高，製作義大利麵條使用）約250克，鹽、胡椒粉、荳蔻各少許，帕馬森起司末60克，香菜末10克。

製法：①將馬鈴薯攪拌成泥，放30克奶油，與蛋黃和蛋一起攪拌均勻，一邊攪拌，一邊放麵粉，直直攪拌成製作麵條的麵糰。

②將麵糰用　麵棍　成麵片，切成理想的形狀，製成麵條。

③放入沸水中煮熟，水中放少許鹽，約煮6分鐘，直至將麵條煮熟。

④上桌時，用奶油、起司和香菜末輕輕地攪拌均勻。

例7，羅馬奶油醬麵（Tagliatelle Alfredo）（製作一份，每份180克）

原料：綠色（含有蔬菜汁的麵條）麵條50克，火腿絲40克，辣椒少許，香菜末少許，新鮮的奶油100毫升，奶油10克，起司末25克，鹽少許，植物油少許。

製法：①在煮鍋裡倒一些水，加一些鹽和幾滴油，將水煮開。加入綠色麵條，煮到剛好熟時為止，不要煮得太爛。

②撈出後，用奶油攪拌並放入一個深盤中。

③在平底鍋中，加奶油溶化，加火腿絲、鹽和攪碎的黑胡椒調味。然後，加鮮奶油，加熱，直至減少一半為止，製成奶油醬。將醬倒入煮熟的麵條上，撒上少許香菜末，將起司末裝在另外一個容器內，隨麵條一起上桌。

三、蛋生產原理與工藝

蛋在西餐中有著廣泛的用途。它可以製成很多種餐點並透過蛋的凝固、稠化和乳化等作用製作醬和點心。例如，蛋糕、肉糕、甜點上的蛋白糖霜、荷蘭醬（Hollandaise Sauce）和美乃滋等。適用的烹調方法有煮、煎、炒、水波等。例如，煮蛋、水波蛋、煎蛋。蛋餐點製作案例如下所示。

例1，軟煮蛋（Soft Cooked Eggs）（製作1份，每份2個蛋）

原料：蛋2個。

製法：①將蛋從冷藏箱取出，放自來水中，使其升溫。然後，放入沸水中煮。根據成熟度需求，可煮3至5分鐘。

②取出後，用自來水沖2分鐘，使蛋殼與蛋容易分離，不要時間過長，然後趁熱上桌，配上蔬菜與炸薯條。

例2，煎蛋（製作1份，每份2個）

原料：新鮮蛋2個，植物油少許，細鹽少許。

製法：①將蛋打開，放在容器內，不要將蛋黃打破。

②將平底鍋預熱後，放植物油。油熱後，放蛋，用中等溫度。

③左手將平底鍋傾斜，右手用湯匙將鍋中的熱油向蛋上澆1至2次，使蛋兩面受熱均勻，蛋成熟後，放少許細鹽。

例3，煸炒蛋（Scrambled Eggs）（製作1份，每份約100克蛋）

原料：新鮮蛋2個，細鹽、白胡椒粉少許，澄清的奶油適量。

製法：①將蛋打開，放入容器中，用少許鹽和胡椒粉調味。

②將奶油倒入平底鍋中，油熱後，放蛋液，用木鏟輕輕攪拌，直至嫩熟狀。

③上桌時，配上蔬菜、培根或火腿。

例4，水波蛋（製作1份，每份2個蛋）

原料：水1升，細鹽5克，醋10毫升，新鮮蛋2個，配菜（蔬菜、炸薯條）適量。

製法：①將水、鹽和醋放在醬鍋內，煮沸，使其保持溫熱狀態。

②將兩個蛋分兩次打開，放在杯中，然後放入熱水中，約3分鐘後，蛋白凝固，用濾網撈出，瀝去水分，整理好，放在餐盤中，盤內放些配菜。

例5，歐姆蛋捲（Plain Rolled Omelet）（製作1份，每份蛋150克）

原料：蛋3個，細鹽少許，胡椒粉少許，澄清的奶油適量。

製法：①將蛋打開，用打蛋器打散，用少許鹽和胡椒粉調味。

②在平底鍋放奶油，用高溫，並用左手晃動鍋柄，使鍋傾斜，使鍋內的平面都裹上奶油。

③將蛋液倒入平底鍋中，左手晃動平底鍋，右手用木鏟攪拌，使蛋液均勻地覆蓋在平底鍋中。

④當蛋凝固成型時，用叉子或木鏟從鍋邊輕輕將蛋皮掀起，並從中心線對折，然後折疊成捲。上桌時，配上蔬菜和炸薯條。

註：在蛋捲內加番茄丁、起司末、熟海鮮肉丁等可製成番茄蛋捲（Tomato Omelet）、起司蛋捲（Cheese Omelet）、海鮮蛋捲（Seafood Omelet）等餐點。

例6，魔鬼蛋（Deviled Eggs）（製作12片）

原料：煮熟的蛋（去皮）6個，美乃滋75克，芥末醬、細鹽和胡椒粉各少許。

製法：①將蛋縱向方向切成兩半，將蛋黃與蛋白分離。

②將蛋黃與美乃滋、鹽、胡椒粉放在容器內，混合在一起，製成蛋黃液。

③用小湯匙將蛋黃液塗在蛋白內。

例7，義大利蛋餅（Frittata）（製作4份，每份蛋100克）

原料：瘦培根丁170克，洋蔥末15克，煮熟的馬鈴薯（切成丁）15克，蛋8個，細鹽少許，新碾碎的胡椒粉少許。

製法：①用平底鍋將培根丁煸炒成酥脆，放洋蔥丁，煸炒成熟，加馬鈴薯丁煸炒，直至金黃色。

②將蛋打開，用攪拌器打勻，用鹽和胡椒粉調味，倒在平底鍋中。

③降低爐溫使蛋成型後，將蛋餅放在烤箱（Broiler）中，烤成金黃色。

④上桌時，切成三角塊，旁邊配上煸炒成熟的培根和馬鈴薯丁。

例8，蛋煎餅（Plain Pancake）（製作10份，每份100克）

原料：麵粉（多用途）　680克，細鹽15克，白糖170克，蘇打粉（Baking Soda）10克，發粉（Baking Powder）25克，牛奶1.5升，蛋（攪拌好）6個，溶化的奶油75克，蔬菜油適量。

製法：①將麵粉、鹽、糖、蘇打粉、發粉分別過篩後，放入和麵的容器中，均勻地攪拌在一起。

②用攪拌機將牛奶、蛋和溶化的奶油均勻地攪拌在一起。

③用木鏟將牛奶混合液和麵粉均勻地攪拌成蛋麵粉糊。

④將平底鍋預熱後，刷上植物油，用湯匙將60毫升的蛋麵粉糊放入平底鍋內，用低溫煎。

⑤當蛋煎餅的下面層成為金黃色時，上面層起鼓、出現裂紋時，翻面，用同樣的方法，將上面煎成金黃色。

⑥成熟後，趁熱上桌。

第五節 蔬菜

一、蔬菜特點

蔬菜常作為餐點的配菜，在西餐中占有重要作用。蔬菜是西餐的基礎原料，為主菜增加了味道、顏色和質地。蔬菜是人們攝取維生素A和維生素C的主要來源。然而，維生素A易於在脂肪中溶解，維生素C易於在水中溶解。蔬菜受熱後，營養素損失較大。

二、生產原理與工藝

烹調綠色蔬菜時，不要放酸性物質，酸性物質可使綠色蔬菜變為黃綠色。鹼性物質儘管可以使綠色蔬菜更綠，然而破壞了蔬菜的營養成分，破壞了綠色蔬菜的自然的質地。烹調時不應蓋鍋蓋，這樣有益於酸性物質揮發。烹調白色蔬菜時，烹調時間不宜過長，否則會變成灰色。白色蔬菜與鹼性物質混合會變為黃白

色。相反，少量的酸性物質（醋）能使白色蔬菜潔白。烹調黃色、橘紅色和紅色蔬菜時，放少量的酸性物質（醋、檸檬汁、果酒）能保持蔬菜的本色。但是，如果烹調時間過長或處於鹼化了的溶液中，它們將失去本來的顏色。為了減少蔬菜維生素的損失，應當保持蔬菜本身的顏色、質地和營養。蔬菜生產方法包括煮、蒸、燒、燴、焗、炸、煎和煸炒等。

三、蔬菜製作案例

例1，奶油胡蘿蔔豌豆（Buttered Peas and Carrots）（製作1份，每份110克）

原料：胡蘿蔔30克，冷凍豌豆80克，溶化的奶油50克，鹽、白胡椒粉、白糖各少許。

製法：①將胡蘿蔔去皮，切成0.5釐米長的丁。

②將煮鍋的水煮沸，放入適量的鹽和胡蘿蔔。

③燒開後，用小火將胡蘿蔔煮至嫩熟。

④用同樣的烹調方法，加入白糖，將冷凍的豌豆煮熟。

⑤將兩種原料混合在一起，用鹽和白胡椒粉調味，最後放奶油，攪拌均勻。

例2，焗烤小南瓜（Baked Acorn Squash）（製作2份，每份110克）

原料：南瓜1個（約400克），紅糖6克，雪莉酒6毫升，奶油和食鹽適量。

製法：①將洗好的小南瓜縱向切成兩半，挖出瓜瓤和瓜子。

②將瓜的內外塗上奶油，瓜皮朝上，緊密地排列在烤盤上，爐溫為175℃，烤30至40分鐘，直至南瓜嫩熟。

③在瓜上塗奶油，翻面，使瓜鑲面朝上，撒上食鹽和紅糖，噴上少量雪莉酒，繼續焗10分鐘，直到南瓜變為金黃色。

例3，煸炒鮮蘑菇（Sauteed Mushrooms）（製作1份，每份110克）

原料：鮮蘑菇120克，奶油20克，鹽、胡椒粉少許。

製法：①將鮮蘑菇去蒂，洗淨，瀝去水分，切成片。

②將炒鍋預熱，放奶油，放鮮蘑菇片煸炒至淺黃色。

③放適量鹽和胡椒粉，繼續煸炒幾秒鐘，攪拌均勻。

例4，匈牙利燉蔬菜（Hungary Lecso）（製作16份，每份125克）

原料：洋蔥750克，甜青辣椒（或匈牙利辣椒）1.5公斤，番茄1.5公斤，豬油100克，辣椒粉、細鹽、白糖少許。

製法：①將洋蔥去皮切成小丁，去掉青辣椒籽切成薄片；番茄去皮去籽剁成末。

②將豬油用低溫加熱，放入洋蔥慢慢煸炒5至10分鐘，直至煸炒成熟，加青辣椒，再煸炒5至10分鐘，加番茄和辣椒粉，蓋上鍋蓋燉15至20分鐘，直至熟透。

義大利糖醋洋蔥（Cipolline in Agrodolce）

③加鹽調味，加少許糖粉。

例5，義大利糖醋洋蔥（Cipolline in Agrodolce）（製作16份，每份100克）

原料：珍珠洋蔥（pearl onions） 2 公斤，水500毫升，奶油60 克，酒醋100 毫升，糖45克，鹽8克。

製法：①將珍珠洋蔥快速用開水煮一下，然後去皮，瀝去水分。

②把洋蔥平鋪在平底鍋上，加水，不蓋鍋蓋慢慢煮，大約20分鐘，直到相當柔軟，必要時可加一些水，不時地輕輕攪拌。

③加醋、糖和鹽，蓋上蓋子，用低溫燉，直到汁液呈黏稠狀，大約需要30分鐘。如果需要可以去掉鍋蓋，使菜汁蒸發，變稠，直至洋蔥的顏色出現淺褐色為止。

例6，羅馬菠菜（Spinaci alla Romana）（製作16份，每份90克）

原料：菠菜2.7公斤，橄欖油90毫升，鹹火腿肥肉丁30克，松仁45克，葡萄乾45克，鹽和胡椒粉各少許。

製法：①菠菜洗淨，放在少量煮沸的水中汆一下，撈出後，用冷水沖，瀝去水分。

②平底鍋預熱，放橄欖油，放火腿丁，加入菠菜、松子仁和葡萄乾，煸炒。放鹽和胡椒粉調味，即可。

例7，燉燒胡蘿蔔（Glazed Carrots）（製作10份，每份120克）

原料：嫩胡蘿蔔3公斤，糖20克，奶油50克，鹽適量。

製法：①將胡蘿蔔切成條，放在平底鍋內，加水、奶油、鹽和糖。

②煮沸後，降低溫度，用小火燉5分鐘。

③提高溫度，用大火，將胡蘿蔔的湯汁煮濃，經常輕輕地攪拌胡蘿蔔，防止黏著，直至湯汁完全包住胡蘿蔔條為止。

例8，米蘭青花椰（Broccoli Milanese）（製作10份，每份80克）

原料：青花椰1公斤，起司末50克，溶化的奶油50克。

製法：①將青花椰洗淨後，撕成塊。放入有少許鹽的沸水中煮開，過濾，放入餐盤中。

②將起司末撒在青花椰上，澆上溶化的奶油，放在烤箱將起司烤成金黃色。

例9，希臘千層茄子（Moussaka）（製作16份，每份250克）

原料：洋蔥末450克，大蒜末少許，植物油適量，羊肉餡1.6公斤，去皮番茄丁1公斤，紅葡萄酒100毫升，香菜末7克，牛至1.5克，肉桂0.5克，荳蔻和辣椒少許，茄子3公斤，奶油醬（Bechamel Sauce）1升，蛋4個，帕馬森起司60克，鹽和胡椒粉少許，麵包渣適量。

製法：①將洋蔥末和大蒜末放入植物油中煸炒，取出，放在一邊待用。然後，加羊肉末，煸炒成金黃色後，再放入煸炒好的洋蔥和大蒜，加入番茄、葡萄酒、牛至、肉桂、鹽和胡椒粉，用低溫將肉末的湯汁燉稠。

②將茄子去皮，切成1釐米厚的片並將茄子片放在平底鍋中煎透，放少許鹽調味。

③將奶油醬中放少許鹽、胡椒粉和荳蔻調味。然後用打蛋器將蛋打均勻，製成奶油蛋醬。

④在30釐米寬、50釐米長的烤盤內撒上一層麵包渣，上面整齊地擺放煎好的茄子片，將煮熟的羊肉末均勻地覆蓋在茄子上，再將奶油蛋醬覆蓋在肉末上，上面撒些起司末。放在175℃的烤箱內烤成金黃色。上桌時，切成塊。

四、馬鈴薯生產原理與工藝

馬鈴薯既屬於蔬菜類原料又屬於澱粉類原料，儘管它含有高澱粉，而它的烹調方法與蔬菜的烹調方法基本相同。馬鈴薯常用於主菜的配菜。常用的方法有煮、蒸、製泥（Puree）、烤、煸炒、煎和炸等。

五、馬鈴薯餐點製作案例

例1，香烤馬鈴薯（Roasted Potatoes with Garlic and Rosemary）（製作10份，每份1個）

原料：中等馬鈴薯10個，植物油30毫升，大蒜末15克，碎迷迭香葉2克，細鹽和胡椒粉各少許。

製法：①將馬鈴薯洗乾淨，擦乾。

②將植物油、大蒜末、細鹽和胡椒粉放在碗中，製成調味汁。

③滾動馬鈴薯，使它們沾上調味汁，放在刷油的烤盤中烤熟，趁熱上桌。

例2，馬鈴薯泥（Duchesse Potatoes）（製作500克）

原料：蒸熟的馬鈴薯500克，生蛋黃2個，軟化的奶油85克，細鹽，胡椒粉和荳蔻少許。

製法：①保持馬鈴薯的熱度，將馬鈴薯攪拌成泥狀。

②用蛋黃、奶油、細鹽和荳蔻與馬鈴薯泥攪拌均勻。

註：可將牛奶或奶油加入馬鈴薯泥中，裝入布袋，擠出各種形狀並放在烤盤上，在成型的馬鈴薯泥的表面刷上油，放入烤箱，烤成金黃色。

例3，法式可樂餅（Croquette Potatoes）（製作16份，每份50克）

原料：馬鈴薯900克，軟化的奶油30克，生蛋黃3個，細鹽和胡椒粉各少許，麵粉原料（蛋液、麵粉和麵包屑）適量。

製法：①將馬鈴薯蒸熟，保持熱度，去皮，攪拌成泥。

②在馬鈴薯泥中加奶油、蛋黃，用鹽和胡椒粉調味。

③將調好味的馬鈴薯泥製成長方形的條狀，每條約重20克，裹上麵粉、蛋液和麵包屑，放入190℃的熱油中，炸成金黃色，立即上桌。

例4，炸薯條（French Fries）（製作450克）

原料：馬鈴薯1公斤，植物油適量。

製法：①將馬鈴薯洗淨，去皮，切成條（約75釐米長，1釐米寬），放在冷水中，直至需要時取出，防止薯條變色。

②將薯條去水分，放在160℃的熱油中炸，直至炸成金黃色，瀝乾油，冷卻，存入冷藏箱。

③上桌時，放入180℃油溫中，炸成深金黃色、酥脆時為止，瀝乾油後，立即上桌。此餐點由顧客放鹽調味。

例5，愛爾蘭馬鈴薯捲心菜泥（Ireland Colcannon）（製作16份，每份140克）

原料：馬鈴薯1.8公斤，捲心菜900克，韭蔥170 克，奶油110 克，熱濃牛奶200克，香菜末7克，食鹽、白胡椒粉各少許。

製法：①將馬鈴薯去皮，切成均勻的塊，放入鹽水中煮沸，再用低溫加熱直到煮熟。同時，將捲心菜切成碎塊，蒸熟。

②用少量奶油，低溫煸炒韭蔥。

③將馬鈴薯搗碎，加入煸炒好的韭蔥及剩餘的奶油，然後與牛奶、香菜末攪拌在一起，成糊狀。

④將捲心菜剁成碎末，與已經攪拌好的馬鈴薯糊一起攪拌，直至均勻，加鹽和白胡椒粉，製成馬鈴薯泥。

⑤如果馬鈴薯泥有些稠，可加入些牛奶和奶油，使得表面光滑。

例6，蒸香味馬鈴薯（Steamed New Potatoes with Fresh Herbs）（製作10份，每份1個）

原料：當年的新馬鈴薯10個（中等大小），溶化的奶油50毫升，新鮮的香料末（龍蒿、青蔥、香菜）5克，細鹽和胡椒粉各少許。

製法：①將馬鈴薯蒸熟，去皮。

②將去皮的馬鈴薯裹上香料末、細鹽和胡椒粉，再裹上奶油。

第六節 三明治

三明治（Sandwich）是歐美人喜愛的食品，它不僅作為午餐的餐點，還是早餐菜單上不可缺少的內容。所謂三明治是英語Sandwich的音譯，有時人們稱它為三明治。三明治由兩片麵包、各種熟製的蛋白質原料、蔬菜和各種調味醬組成。三明治沒有固定的菜式，它可以根據人們的用餐習慣、市場流行的口味和形狀、季節的變化等進行設計。

一、三明治組成

1.麵包（Bread）

製作三明治的麵包有許多種類。但是，它必須與三明治的夾層原料相配合。高品質的三明治必須使用品質高的麵包。因為三明治的外觀、質地、味道和形狀都離不開麵包的品質。常用的麵包品種有法國麵包（French Bread）、義大利麵包（Italian Bread）、口袋麵包（Pita Bread）、全麥麵包（Whole Wheat Bread）、脆皮麵包（Cracked Bread）、黑麵包（Rye Bread）、葡萄乾麵包（Raisin Bread）、肉桂麵包（Cinnamon Bread）、水果麵包（Fruit Bread）、果乾麵包（Nut Bread）等。製作三明治必須使用當天製作或採購的麵包，麵包的質地應當均勻、內部無較大的孔隙。

2.調味醬（Spread）

三明治必須使用調味醬，因為調味醬可以阻止麵包吸取夾層食物的水分或降低麵包吸取夾層食物水分的速度，還可增加三明治的味道及潤滑感。常用的調味醬有奶油、美乃滋、花生醬、奶油起司（Cream Cheese）等。調味醬必須新鮮。以奶油作為調味醬時，應當提前半小時將奶油放在室溫下，使其軟化。美乃滋作為調味醬時必須使用冷藏的。

3.夾層食物（Filling）

麵包中的夾層食物是三明治的中心食物。通常三明治根據其夾層食物命名。常用的夾層食物有畜肉和禽肉、起司、熟製的海產、沙拉、蔬菜及果凍、蛋、水

果、果乾。夾層食物必須新鮮和有特色，含水分較多的夾層食物必須保持在7℃以下。通常，某些三明治的夾層食物中加上一層酸性食物。如酸黃瓜等。酸性物質可以減少細菌感染食物的機會，也為三明治增加了味道。

4.裝飾品（Garnish）

大多數飯店和西餐廳銷售三明治時都配上裝飾品，使其更加鮮豔和美觀。常用的裝飾品有綠色蔬菜、番茄、酸黃瓜、黑橄欖、炸薯條或炸薯片。三明治的裝飾品一定要新鮮，顏色鮮豔，質地酥脆並與三明治在顏色、質地和味道上形成互補或對比。

二、三明治種類與特點

三明治有很多種類，最常用的分類方法是根據三明治的溫度和夾層食品原料進行分類。

火腿起司漢堡（Ham and Cheese Hamburger）

1.熱三明治類（Hot Sandwich）

（1）家常式三明治（Plain Sandwich）

兩片麵包或一個麵包切成兩片，中間塗上調味醬，夾層配上熱肉類食物、蔬菜和起司。這種熱的三明治稱為家常式三明治，也稱作漢堡（Hamburger）。

（2）單片三明治（Open-Faced Sandwich）

單片麵包上塗有調味醬（也可不塗調味醬），麵包上擺放熱的肉類食物，最上面擺放起司或澆上調味汁。有時，這種三明治放在烤箱內，將最上面的起司或調味汁烤成金黃色。食用這種三明治應使用刀叉，而不用手直接拿取。

（3）烤三明治（Grilled or Toasted Sandwich）

將家常式三明治的麵包外部塗上奶油在烤箱內烤成金黃色。

（4）油炸式三明治（Deep-fried Sandwich）

將三明治外部裹上打好的蛋液或裹上蛋液後再裹上麵包渣。然後，經過油炸、油煎或烤等方法使其成為金黃色。

2.冷三明治（Cold Sandwich）

（1）標準式（Regular Sandwich）

麵包中間夾有起司、冷的熟肉、綠色蔬菜和調味醬。

（2）多層式（Multidecker Sandwich）

通常為三層麵包，兩層夾層食物。中間有熟製的雞肉（培根或牛肉餅）、生菜、美乃滋、番茄等。

（3）開放式

與熱單片三明治的形狀基本相同，麵包上擺放冷的熟肉。

（4）茶食三明治（Tea Sandwich）

將脆皮麵包去掉脆皮，切成小塊，中間的夾層放調味醬和清淡的原料，造型美觀。

三、三明治生產原理與工藝

生產和銷售高品質的三明治必須遵照三明治的製作程序和方法。準備好三明治製作工具和設備。例如，抹子、夾子、麵包刀、切肉刀、叉子、微波爐、烤箱和牙籤等。根據菜單準備好麵包、肉類、蔬菜、調味醬和裝飾品，控製好三明治的分量的大小，控製好三明治的衛生。製作三明治時，儘量不用手接觸食物，需要用手操作時可戴手套。必要時，用無毒塑料紙包上各種食物。調味醬、蔬菜和肉類食品應冷藏保鮮。三明治的外觀應整齊、乾淨、造型美觀。除了熱狗（熱長圓麵包中間加有熱狗腸，麵包上塗上調味醬）和漢堡外，均應以對角切成4塊或2塊，呈三角形。製作三明治的各種原料應新鮮，各種原料味道和顏色應協調。製作三明治的麵包質地應當有一定的韌性，不得太鬆軟。三明治成品的溫度很重要，熱三明治一定是熱的，冷三明治一定是冷的，無論是前者還是後者都不可以是溫熱的。

在菜單上，應將三明治的名稱、夾層的食物和它的特色寫詳細。三明治的名稱應有影響力，以吸引顧客購買。儘量為三明治配上有特色的裝飾品，使三明治更美觀。培訓餐廳服務生，使他們全面瞭解三明治的知識，以便根據各餐次和不同的用餐需求推銷三明治。

四、三明治製作案例

例1，加州漢堡（California Burger）（1份）

原料：加工好的牛肉餅1個（約80克），漢堡麵包1個，生菜葉1片，番茄1片，薄洋蔥片1片，美乃滋10克，奶油少許，炸薯條適量，酸黃瓜4小塊。

製法：①將肉餅在平底鍋上煎熟。

②將麵包切成兩片，麵包裡面朝上，外面朝下，下片塗上奶油，上片塗上美乃滋。

③在麵包的上片擺放生菜葉、洋蔥、番茄。

④在麵包的下片擺放牛肉餅。

⑤以開放式擺在餐盤上，服務上桌。

⑥在餐盤上放一些炸薯條和酸黃瓜做裝飾品。

例2，總匯三明治（Club Sandwich）（1份）

原料：烤成金黃色的白土司麵包（方形麵包片）3片，生菜葉2片，番茄2片（0.5釐米厚），烤熟的培根肉3條，熟雞胸肉或火雞肉3片，美乃滋少許。

製法：①將3片土司片擺成一排，塗上美乃滋。

②在第一片麵包上放1片生菜、2片番茄、3條培根肉。

③將第二片麵包以塗美乃滋面朝下的方式擺放在第一片麵包上，上面再塗上美乃滋，並放上雞肉或火雞肉，然後放另一片生菜。

④將第三片麵包放在第二片麵包上。同樣的，以塗上美乃滋面朝下的方式。

⑤以對角線將三明治切成4塊（三角形），每塊用1個牙籤從中部將每塊三明治穿插以使其牢固。對稱擺在餐盤上，一個角朝上，可以看到其層次為宜。

⑥4塊三明治的邊緣放裝飾品，三明治的上部中心擺放一些炸薯片或薯條。

例3，法式三明治（Monte Cristo Sandwich）（1份）

原料：白麵包片2片，切好的熟雞胸肉或火雞胸肉30克，熟火腿肉30克，瑞士起司30克，攪拌好的蛋1個，牛奶30克，沙拉油適量。

製法：①將麵包片擺放在乾淨的平面上，麵包上部抹上奶油。

②在第一片麵包上放雞肉（或火雞肉）、火腿肉、起司。

③將第二片麵包放在第一片麵包上，塗奶油部位朝下。用兩根牙籤從麵包的相對方向插入，使其牢固。

④將蛋、牛奶混合在一起，攪拌。

⑤將三明治裹上牛奶蛋混合液，放入190℃油溫中炸成金黃色。

⑥以對角線將三明治切成4塊擺在盤上，旁邊配上適量的生菜、黃瓜和青花椰做裝飾品。

例4，加拿大培根包（Canadian Bacon Bun）（1份）

原料：加拿大培根2至3片（約50克），漢堡麵包1個，軟化的奶油或人造奶油適量。

製法：①將加拿大培根放在平底鍋，用油煎熱。

②將漢堡麵包切成兩半。

③將麵包的裡邊塗上奶油或人造奶油。

④將塗好奶油的麵包放在西式烤箱內，裡面朝上，烤成金黃色。

⑤將麵包放在一起，將加拿大培根夾在麵包中間。

例5，義大利煎起司三明治（Mozzarella in Carozza）（製作10份）

原料：莫扎瑞拉起司300克，白麵包片20片，蛋6個，鹽少許，植物油適量。

製法：①把起司切成片，放在麵包中。用2片麵包製成1個三明治，共製成10個三明治。

②在蛋中加入少許鹽，攪拌。

③把三明治浸泡在攪拌好的蛋中，直至都黏上蛋液為止。

④將三明治放入鍋中煎成金黃色，起司溶化。

例6，咖哩牛肉口袋餅（Curried Beef In Pita）（製作10份）

用料：口袋餅10個，瘦牛肉餡450克，洋蔥丁100克，蘋果丁100克，無籽葡萄乾25克，細鹽適量，咖哩粉少許，優格300克。

製法：①將牛肉餡和洋蔥放在烹調鍋內，然後放在烤箱內烤成金黃色，撈去浮油。

②在牛肉餡中加入蘋果丁、葡萄乾、細鹽和咖哩粉，攪拌均勻，蓋上鍋蓋，將爐溫調低，燉燒約5分鐘，直至蘋果丁成為嫩熟、牛肉餡成熟時為止。

③將每個口袋餅均勻地切成兩半，形成兩個半月狀，將製作好的牛肉餡分別裝入口袋中，每個口袋中裝入約30克的牛肉餡，15克的優格。

例7，醃牛肉酸菜三明治（Reuben）（製作4份）

原料：美乃滋50克，青椒（切成末）30克，辣椒醬30克，黑麵包片8片，瑞士起司4片，醃製的熟牛肉片100克，德國酸捲心菜（Sauerkraut）100克，奶油適量。

製法：①將美乃滋、青椒末和辣椒醬攪拌在一起，製成三明治醬。

②在每片麵包上均勻地抹上三明治醬。

③將起司橫切成兩半，成為8片。

④用4片麵包，在其中的每片麵包上放1片起司，然後放上25克的醃牛肉，放上25克的酸捲心菜，再將剩下的起司分別放在酸菜上，最後將剩下的麵包片分別蓋在酸菜上，將抹有三明治醬的面朝下。

⑤平底鍋內放奶油，油熱後將三明治放入，待一面煎成金黃色時，再煎另一面。煎至起司溶化時為止。

例8，單片牛排三明治（Open-faced Steak Sandwich）（製作4份）

原料：白麵包片4片，奶油適量，牛排（用刀將表面輕輕切過，每塊約50克）　4塊，嫩肉粉少許，棕色牛高湯100克，水75克，麵粉5克，水田芹嫩枝4根。

製法：①將奶油抹在每片麵包上，將每片麵包放在一個熱的餐盤上。

②將嫩肉粉撒在牛排上，平底鍋內放奶油。油熱後，將牛排煎熟，分別放在每塊麵包上。

③將爐子的溫度降低，將牛肉高湯、水和麵粉放在一個容器內，攪拌均勻，倒入平底鍋中製成少量調味汁，澆在牛排上。

本章小結

主菜指一餐中最有特色的餐點，常以畜肉、家禽、海產、蛋等為主要原料，配以蔬菜、米飯、麵條或馬鈴薯，經調味而成。三明治常作為主菜，主要用於午餐和便餐，小型的三明治用於酒會，作為小吃。畜肉餐點是西餐的主菜之一。畜肉含有很高的營養成分，用途廣泛，主要由水、蛋白質和脂肪等構成。家禽在西餐中扮演著重要的角色。海產是西餐常用的原料，海產肉質細嫩，沒有結締組織，味道豐富，烹調速度快。穀物和豆類原料的烹調方法比較簡單，豆類原料常使用燉的方法。白米有多種烹調方法。包括煮、蒸、撈和燉燒等。

思考與練習

1.名詞解釋題

脂肪魚（Fat Fish）、少脂肪魚（Lean Fish）、三明治（Sandwich）。

2.思考題

（1）簡述畜肉的部位及其特點。

（2）簡述畜肉成熟度與其內部溫度。

（3）簡述畜肉製作技巧。

（4）簡述海產製作技巧。

（5）簡述家禽生產原理。

（6）簡述穀物和豆類製作技巧。

（7）簡述義大利麵條的製作技巧。

（8）簡述三明治的組成。

（9）論述三明治的生產原理。

第11章 湯與醬

本章導讀

本章主要對湯、醬生產原理與工藝進行總結和闡述。包括高湯生產原理與工藝、湯生產原理與工藝和醬生產原理與工藝。透過本章學習，可掌握高湯主要原料、高湯種類與特點及高湯製作案例；掌握湯的種類和特點、湯的製作技巧；掌握醬的組成、作用、種類和特點及醬的案例等。

第一節 高湯

高湯（Stock）是由畜肉、家禽和海鮮等煮成的濃湯，也稱作基底湯，是製作湯和醬（熱菜調味汁）不可缺少的原料。許多西餐的味道、顏色及水準受高湯品質影響。因此，高湯的味道、新鮮度和濃度是高湯品質的關鍵因素。

一、高湯主要原料

1.肉或骨頭

製作高湯常用的肉和骨頭包括牛肉、牛骨、家禽、雞骨和魚骨等。不同種類的畜肉和骨頭可製作不同種類的高湯。例如，雞肉高湯由雞骨頭煮成；白色高湯由牛骨頭和小牛骨製成；棕色牛高湯使用的骨頭和白色高湯相同，但是要將骨頭烤成棕色後，再製成高湯。魚高湯由魚骨頭和魚的邊角肉製成。除此之外，羊骨頭和火雞骨頭可熬製一些特殊風味的高湯。

2.調味蔬菜

蔬菜是製作高湯不可或缺的原料，稱為調味蔬菜（Mirepoix）。包括洋蔥、芹菜和胡蘿蔔。在高湯製作中，洋蔥的數量等於芹菜和胡蘿蔔的總數量。在製作白色高湯時，常把胡蘿蔔換成相同數量的鮮蘑菇，使高湯顏色更美觀。

3.調味品

製作高湯常用的調味品有胡椒、香葉、丁香、百里香和香菜梗等。調味品常包在一個布袋內，用細繩捆好，製成香料袋（Bouquet Garni），放在高湯中。

香料袋（Bouquet Garni）

4.水

水是製作高湯不可缺少的內容，水的數量常常是骨頭或畜肉的3倍。

二、新型便利的高湯製作材料

目前市場銷售許多製作高湯的新型材料。這些材料形狀各異，有粉末狀、塊狀和糊狀，它們由濃縮的高湯、油脂和鹽混合而成。使用這些材料製作高湯非常便利，只要將這些材料與水混合，煮沸就可以。由於這些材料的配方中成分不同，因此使用前應仔細閱讀說明書。這些材料通常適用於大眾餐廳、速食店和家庭，不適用於高級餐廳或傳統餐廳。

三、高湯種類與特點

高湯常分為4種：白色高湯、棕色高湯（紅色高湯）、雞肉高湯和魚肉高湯。

1.白色高湯（White Stock）

白色高湯，也稱為懷特高湯，由牛骨或牛肉配以洋蔥、芹菜、胡蘿蔔和調味品加入適當數量的水煮成。其特點是無色透明，鮮味。製作白色高湯通常使用冷水，沸騰後，撈去浮沫，用小火煮。牛骨與水的比例為1：3，烹調時間約為6至8小時，過濾後即完成。

2.褐色高湯（Brown Stock）

褐色高湯，也稱作紅色牛高湯或布朗高湯，它使用的原料與白色高湯原料基本相同，只是加上適量的番茄醬。其特點是棕色且有烤牛肉的香氣。製作方法為，先將牛骨烤成棕色。然後，將蔬菜烤成棕色，原料與水的比例為1：3，煮6至8小時，過濾後即完成。

新型便利的製作高湯材料

3.雞肉高湯（Chicken Stock）

雞肉高湯由雞骨或雞的邊角肉、調味蔬菜、水和調味品製成。它的特點是無色，有雞肉的鮮味。製作方法與白色高湯相同，雞骨或雞肉與水的比例為1：3，烹調時間約2至4小時。製作雞高湯時，可放些鮮蘑菇，減去胡蘿蔔，使雞高

湯的色澤和味道更加鮮美。

4.魚肉高湯（Fish Stock或 Fumet）

魚肉高湯由魚骨、魚的邊角肉、調味蔬菜、水和調味品煮成。它的特點是無色，有魚的鮮味。製作方法與白色高湯相同，製作時間約1小時。製作魚肉高湯時，加上適量的白葡萄酒和鮮蘑菇以去腥味。

四、高湯製作案例

例1，白色高湯（製作4升）

原料：牛骨2至3公斤，調味蔬菜500克（洋蔥250克、胡蘿蔔和芹菜各125克），調味品裝入布袋包紮好（內裝香葉1片、胡椒1克、百里香2個、丁香1／4克、香菜梗6根）。

製法：①將牛骨洗淨，剁成塊，長度不超過8釐米。

②將蔬菜洗淨，切成3釐米的方塊。

③將牛骨和蔬菜放入湯鍋，放入冷水和調味袋。

④待沸騰後，撈去浮沫，用小火煮，不斷地撈去浮沫。

⑤煮6至8小時即可，過濾、冷卻。

例2，褐色高湯（製作4升）

原料：牛骨、調味蔬菜、水的數量與白色高湯原料相同，番茄醬250克。

製法：①將牛骨放在烤箱內烤成棕色，爐溫200℃。

②將烤好的牛骨放在湯鍋，放冷水，開鍋後，撈去浮沫，用小火繼續煮。

③將烤盤中的牛油和原汁倒入高湯中。

④將調味蔬菜放在烤牛骨的盤中，烤成淺棕色，然後放入湯中。

⑤用小火煮高湯，加入番茄醬，6至8小時後，過濾、冷卻。

例3，雞肉高湯（製作4升）

原料：雞骨2至3公斤，冷水5至6升，蔬菜500克（洋蔥250克、芹菜125克、胡蘿蔔125克、也可將胡蘿蔔換成鮮蘑菇）。

製法：同白色高湯，低溫煮2至4小時即可。

例4，魚高湯（製作4升）

原料：魚骨頭和魚的邊角肉2至3公斤，水5至6升，調味蔬菜500克（洋蔥250克，芹菜125克，胡蘿蔔125克）。

製法：與白色高湯相同，製作時間約1小時。

第二節 湯

湯（Soup）是歐美人民喜愛的一道餐點。湯是以高湯為主要原料配以海鮮、肉類、蔬菜及澱粉類原料，加熱，經過調味，盛裝在湯盅或湯盤內。湯既可作為西餐中的開胃菜、輔助菜，又可作為主菜。在西餐中，湯有著重要的作用。湯常出現在歐美人日常生活的食譜上和飯店的菜單上。因為它有營養，易於消化和吸收，成本低，是家庭和飯店充分利用食品原料的餐點。同時，也是廚師們施展自己才智的試驗品。當今，人們對飲食的愛好趨向簡單、清淡和富有營養。基於這種原因，湯愈加被人們青睞。

一、湯的種類和特點

湯是以高湯為主要原料製成的，歐美人常將湯作為一道餐點。湯的種類有許多，分類方法也各不相同。通常，湯分為三大類，它們是清湯、濃湯和特色湯。

1.清湯（Clear Soup）

清湯，顧名思義是清澈透明的液體。它以白色高湯、褐色高湯、雞高湯為原料，經過調味，配上適量的蔬菜和熟肉製品作裝飾而成。清湯又可分為3種。

（1）高湯清湯（Broth），由高湯直接製成的清湯，通常不過濾。

（2）濃味清湯（Bouillon），將高湯過濾，調味後製成的清湯。

（3）特製清湯（Consomme），將高湯經過精細加工製成的清湯。通常，將

牛肉丁與蛋白、胡蘿蔔塊、洋蔥塊、香料和冰塊進行混合。然後，放入製作好的牛高湯中，用低溫燉2至3小時，使牛肉味道再一次溶解在湯中，並使湯中漂浮的小顆粒黏著在蛋牛肉上。經過濾，湯變得特別清澈和香醇。這種湯適用於西式燒烤屋（高級西餐廳）。

2.濃湯（Thick Soup）

濃湯是不透明的液體。通常，在高湯中加入奶油、奶油濃湯（用奶油煸炒的麵粉）或菜泥而成。濃湯又可分為4種。

（1）奶油湯（Cream Soups），以湯中的配料命名。例如，鮮蘑菇奶油湯，以鮮蘑菇為配料；蘆筍奶油湯，以蘆筍為配料等。製作方法是先製作奶油濃湯（奶油炒的麵粉），使用微火，用奶油煸炒麵粉，加上適量洋蔥作調味品，炒至淡黃色，出香味時即可。然後，將白色高湯或雞肉高湯慢慢倒在炒好的奶油麵粉中，用木鏟或打蛋器不斷攪拌，煮沸後，用微火將湯煮成黏稠，過濾，放鮮奶油或牛奶，調味，使湯成為發亮的並帶有黏性的湯汁，放裝飾品即完成。特點是淺黃色，味鮮美，有奶油的鮮味。

（2）菜泥湯（Puree Soups），將含有澱粉質的蔬菜（馬鈴薯、胡蘿蔔、豌豆等）放入高湯中煮熟。然後，放在碾磨機中碾磨，將碾磨好的蔬菜泥與高湯放在一起，經過濾，調味，放裝飾品而成。菜泥湯不像奶油湯那樣有光澤。菜泥湯可以放牛奶，也可不放牛奶。菜泥湯的顏色美觀並隨著蔬菜的顏色不同而不同，味鮮美，營養豐富。

（3）海鮮湯（Bisques），以海鮮（龍蝦、蝦、蟹肉）為原料，加入適量水，低溫煮成的濃湯。海鮮湯中的洋蔥和胡蘿蔔等只用於調味，不作為配料。

（4）什錦濃湯（Chowders），也稱為雜拌湯。製作方法各異，有魚什錦濃湯、海鮮什錦濃湯和蔬菜什錦濃湯等。什錦濃湯的命名原因是，湯中既有動物性又有植物性原料。它的配料品種和數量沒有具體規定。什錦濃湯與奶油湯濃度很相似。但是，什錦濃湯中的原料尺寸較大，像燴菜一樣。因此，我們可以區別什錦濃湯和奶油濃湯。

3.特殊風味湯（Special Soups）

特殊風味湯是指根據世界各民族飲食習慣和烹調藝術特點製作的湯。其最大的特點是，在製作方法或原料方面比一般的湯更具有代表性和特殊性。例如，法國洋蔥湯（French Onion Soup）、義大利麵條湯（Minestrone）、西班牙涼菜湯（Gazpacho）及秋葵濃湯（Gumbo）等都是非常有特色的湯。

二、湯的製作技巧

湯的品質主要來自湯的原料和加工工藝。因此，優質湯必須由新鮮的、適當濃度的高湯作為原料，選擇優質新鮮的蔬菜、海鮮或肉類作配料。煮湯時應使用微火、低溫，保持湯的味道香醇並使湯具備適當的濃度。製湯時，蔬菜必須煮透。廚師應不時地用木鏟或金屬打蛋器輕輕地攪拌，防止湯中的配料互相黏著或黏著在煮鍋的底部。此外，應不斷地撈取湯中的浮沫，保持湯的味道、顏色和美觀。調味是製湯的另一道關鍵程序與技術，口味過重或是過於清淡的湯都不會成為優質的湯。

三、湯的製作案例

例1，蔬菜清湯（Clear Vegetable Soup）（製作24份，每份約240毫升）

原料：奶油170克，洋蔥丁680克，胡蘿蔔丁450 克，芹菜丁450 克，白蘿蔔丁340克，雞高湯6升，番茄丁450克，鹽和白胡椒粉各少許。

製法：①將奶油放在湯鍋中，用小火溶化。

②將洋蔥丁、胡蘿蔔丁、芹菜丁、白蘿蔔丁放湯鍋，用小火煸炒成半熟，不使它們著色。

③將雞高湯倒入湯鍋中，燒開後，撈去浮沫，然後用小火煮。

④將番茄丁放入湯鍋中，煮5分鐘。

⑤撈去浮沫，用適量鹽和白胡椒粉調味。

例2，蘑菇大麥仁湯（Mushroom Barley Soup）（製作24份，每份約240毫升）

原料：大麥仁230克，蘑菇塊900克，洋蔥丁280克，雞高湯5升，胡蘿蔔丁140克，白胡椒粉少許，白蘿蔔丁140克，鹽少許，奶油或雞油60克。

製法：①在沸騰的熱水中把大麥仁煮熟，濾乾水。

②把奶油放在厚壁的調料鍋或湯鍋裡，將洋蔥、胡蘿蔔、白蘿蔔放在油中煸炒至半熟為止，不要將它們煸炒成棕色。

③加入雞湯，燒開，然後降低溫度，用小火慢煮，直至蔬菜成熟。

④用低溫煮湯的同時，另用一鍋煸炒蘑菇，不要煸炒成棕色。

⑤將蘑菇放在湯中，將煮好的大麥仁也放入湯中，用低溫再煮5分鐘。

⑥撈去湯上的油脂，加入適量鹽、胡椒粉調味。

例3，牛尾湯（Oxtail Soup）（製作24份，每份約240毫升）

原料：牛尾2,700克，洋蔥塊280 克，香料袋一個（香葉1片、香草少許、胡椒6個、丁香2個、大蒜1瓣），芹菜塊140克，褐色高湯6升，胡蘿蔔塊140克，雪莉酒60毫升，胡蘿蔔丁570克，胡椒粉少許，白蘿蔔丁570克，鹽少許，去籽的番茄280克，韭蔥段280克（蔥白部分），奶油110克。

製法：①用砍刀在牛尾關節處砍成段。

②將牛尾放在烤盤上，放入烤箱內烤。當部分烤成棕色後，加入洋蔥塊、芹菜塊、140克胡蘿蔔塊和牛尾一起烤成棕色。

③將烤好的牛尾、洋蔥、芹菜、胡蘿蔔和褐色高湯一起放入煮鍋裡。

④將烤盤上的浮油去掉，加入一些高湯，攪拌後，再倒入湯鍋中。

⑤將湯煮至沸騰後，撈出浮沫，用小火慢煮，然後加入香料袋。

⑥煮約3小時後，用小火慢煮，直至將牛尾煮熟。在煮湯的過程中應加入少許水，使全部牛尾浸在水中。

⑦把牛尾從清湯中撈出後，將肉從骨頭上刮下並切成丁，放入一個小平底鍋內，倒入少許清湯，牛尾湯煮好後保溫或冷卻後待用。

⑧過濾，撈去浮油。

⑨用奶油煸炒570克胡蘿蔔丁、白蘿蔔丁和韭蔥段，煸炒至半熟。

⑩加入牛尾湯，用低溫煮，直至將各種蘿蔔丁煮熟。

⑪加入番茄丁、牛尾肉丁，再煮幾分鐘。

⑫加入雪莉酒，用鹽和胡椒粉調味。

例4，葡萄牙蔬菜湯（Portugal Caldo Verde）（製作16份，每份300克）

原料：橄欖油60毫升，洋蔥末340克，大蒜末少許，去皮馬鈴薯片1.8公斤，水4升，甘藍菜（Kale）900克，濃味大蒜腸450克，食鹽、胡椒粉少許，麵包塊適量。

製法：①把橄欖油放入湯鍋加熱，並加上洋蔥末和蒜末，用小火煸炒，洋蔥和蒜末不要著色，加馬鈴薯片和水煮，直至將馬鈴薯片煮熟為止並將馬鈴薯片搗碎。

②把火腿腸切成薄片放在湯鍋裡小火煸炒，排出火腿中的油，瀝去油，並放在馬鈴薯湯裡燉5分鐘，用鹽和胡椒粉調味。

③將甘藍菜去掉硬莖，切成細絲，越細越好。放入火腿馬鈴薯湯中煮5分鐘，然後用鹽和胡椒粉調味。

④上桌時，配上麵包塊。

例5，奶油鮮蘑菇湯（Cream of Mushroom Soup）（製作24份，每份240毫升）

原料：奶油340克，洋蔥末340克，麵粉250克，鮮蘑菇末680克，白色高湯或雞高湯4.5升，奶油750克，熱牛奶5升，鮮蘑菇丁170克，鹽、白胡椒粉少許。

製法：①將奶油放厚底醬鍋中加熱，用微火使其溶化。

②將洋蔥末和鮮蘑菇末放在奶油中，用微火煸炒片刻，使其出味，不要使它們成棕色。

③將麵粉放調味鍋中，與洋蔥末和680克鮮蘑菇混合，煸炒數分鐘，用微火炒至淺黃色。

④將白色高湯或雞高湯逐漸放入炒麵粉中，並使用打蛋器不斷攪拌，使高湯和麵粉完全融合在一起，燒開，使湯變稠，不要將洋蔥和鮮蘑菇煮過火。

⑤撈去浮沫。將湯放入電碾磨中碾一下，然後過濾。

⑥將熱牛奶放入過濾好的湯中，使其保持一定的溫度。

⑦保持湯的熱度，但是不要將它煮沸，用鹽和白胡椒粉調味。營業前將奶油放在湯中，攪拌均勻。

⑧用高湯將170克鮮蘑菇丁略煮後放在湯中，做裝飾品。

例6，胡蘿蔔泥湯（Puree of Carrot Soup）（製作24份，每份約240毫升）

原料：奶油110克，胡蘿蔔丁1,800克，洋蔥丁450克，馬鈴薯丁450克，雞高湯或白色高湯5升，鹽、胡椒粉各少許。

製法：①將奶油放入厚底醬鍋中，用小火加熱，使其溶化。

②加入胡蘿蔔丁和洋蔥丁，用小火煸炒至半熟，不要使它們變色。

③將高湯倒入裝有胡蘿蔔丁和洋蔥丁的鍋中，放入馬鈴薯丁並將湯燒開，使胡蘿蔔丁和馬鈴薯丁成嫩熟狀。不要使它們變色。

④湯和胡蘿蔔丁、馬鈴薯丁一起倒入碾磨機中，經過碾磨，製成菜泥狀，放回鍋中，用小火燉。如果湯太濃，可以放一些高湯稀釋。

⑤放鹽和胡椒粉調味。

⑥根據顧客口味，上桌前可放一些熱濃牛奶。

例7，蝦湯（shrimp Bisque）（製作10份，每份180毫升）

原料：奶油30克，洋蔥丁60克，胡蘿蔔丁60克，帶皮鮮蝦450克，香葉1

片，百里香少許，香菜梗4根，番茄醬30克，白蘭地酒30克，白葡萄酒180克，魚高湯1.5升，炒好的奶油麵粉適量，鹽和胡椒粉各少許。

製法：①將奶油放入醬鍋中，用微火溶化。

②將洋蔥丁和胡蘿蔔丁放入，煸炒，使其成為金黃色。

③放蝦、百里香、香葉、香菜梗，將蝦煸炒成紅色。

④加番茄醬，攪拌。

⑤將白蘭地酒放在另一鍋中加熱，使其著火，去其酒精。然後，倒入炒好的蝦中。

⑥將白葡萄酒倒入煸炒好的蝦中，用小火燉，使其減少水分。

⑦將蝦撈出，去皮，蝦肉切成丁，放在一邊作裝飾品，蝦皮仍放回蝦湯中。

⑧將炒好的麵粉和魚高湯攪拌，加熱，製成濃湯，放入蝦皮溶液中，用小火燉10至15分鐘，過濾，繼續用小火燉。

⑨上桌前，將蝦肉和奶油放入湯中。

例8，曼哈頓蛤蠣肉湯（Manhattan Clam Chowder）（製作16份，每份約240毫升）原料：海蛤蠣60個，培根末200克，洋蔥丁570克，水3.8升，胡蘿蔔225克，芹菜丁225克，馬鈴薯丁（去皮）910克，韭蔥（Leek）丁225克（蔥白部分），番茄丁1,500克，大蒜末少許，香袋（內裝乾牛至少許）1個，辣醬油少許。

製法：①將海蛤蠣洗淨，放在一個容器內，放水，煮熟。

②剝出蛤蠣肉，將蛤蠣肉放在一邊待用，去掉蛤蠣殼，將蛤蠣肉高湯過濾保留。

③將馬鈴薯放入蛤蠣肉湯中，煮熟，撈出待用，湯過濾，保留待用。

④煸炒培根末，放洋蔥丁、胡蘿蔔丁、芹菜丁、韭蔥丁和青椒丁一起煸炒，放大蒜，直至煸出香味（不用油，利用培根中的油）。

⑤加番茄醬一起煸炒，放入蛤蠣肉湯、香袋。燒開後，用小火燉30分鐘。

⑥除去香袋，撈去浮油，放蛤蠣肉和馬鈴薯。

⑦用鹽、白胡椒和辣醬油調味。

例9，法國洋蔥湯（French Onion Soup Gratinee）（製作24份，每份180毫升）

原料：奶油120克，洋蔥片2.5公斤，鹽、胡椒各少許，雪莉酒150毫升，白色高湯或紅色牛高湯6.5升，法國麵包適量，瑞士起司680克。

製法：①將奶油放在湯鍋內，用小火溶化，加洋蔥，煸炒至金黃色或棕色，用小火煸炒約30分鐘，使洋蔥顏色均勻，不可用旺火。

②將高湯放在煸炒好的洋蔥中，燒開。然後，用小火燉約20分鐘，直至將洋蔥味道全部燉出。

③用鹽和胡椒調味，加雪莉酒並保持溫度。

④將法國麵包切成一釐米厚的片狀。

⑤將湯放在專門砂鍋中，上面放1至2片麵包，麵包上面放切碎的起司。然後，放在焗烤箱內，將起司烤成金黃色時，即可上桌。

例10，義大利麵條湯（Minestrone）（製作24份，每份約240毫升）

原料：橄欖油120克，洋蔥薄片450克，芹菜丁230克，胡蘿蔔丁230克，大蒜末4克，小白菜絲230克，小南瓜丁230克，去皮番茄丁450克，白色高湯5升，羅勒1克，香菜末15克，豆680克，短小的空心義大利麵條170克，鹽和胡椒粉各少許，起司適量。

製法：①將奶油放厚底醬鍋，用小火溶化。

②將洋蔥、芹菜、胡蘿蔔和大蒜放在奶油中，煸炒3至5分鐘，不要使它們著色。然後放白菜和小南瓜，繼續煸炒5分鐘，注意用小火。

③將番茄、白色高湯和羅勒放在煸炒的蔬菜中，用小火燉，不要過火。

④將義大利麵條放入，用小火煮，直至將麵條煮熟。加入豆，繼續煮並將豆煮熟。

⑤將香菜、胡椒粉和鹽放在湯中。

⑥上桌前，湯中放上起司末，即完成。

例11，西班牙冷蔬菜湯（Gazpacho）（製作12份，每份180毫升）

原料：去皮番茄末1.1 公斤，紅酒醋（Red Wine Vinegar） 90 毫升，去皮黃瓜末450克，橄欖油120克，洋蔥末230克，鹽、胡椒粉少許，青椒末110克，檸檬汁少許，大蒜末1克，辣椒粉少許，裝飾品180克（洋蔥丁、黃瓜丁、青椒丁各60克），新鮮白麵包末60克，冷開水500克。

製法：①將番茄末、黃瓜末、青椒末、大蒜末及麵包末放在打碎機中打碎。然後過濾，與冷開水攪拌，製成冷湯。

②將橄欖油慢慢倒入冷湯中，用打蛋器打。

③用鹽、胡椒粉、檸檬汁和醋調味。然後冷藏。

④上桌時，每份冷湯放約15克裝飾品（洋蔥丁、黃瓜丁和青椒丁）。

奶油鮮蘑菇湯（Cream of Mushroom Soup）

西班牙冷蔬菜湯（Gazpacho）

奶油白胡桃濃湯（Creamy Butternut Bisque）

第三節 醬

醬是西餐熱菜的調味汁，是英語Sauce的譯音。有時，也稱為沙司。

一、醬的組成

1.高湯、牛奶或溶化的奶油

高湯、牛奶或奶油是製作醬的基本原料。通常醬中的液體由各種高湯、牛奶或奶油構成。高湯包括白色高湯、白色雞高湯、白色魚高湯和褐色高湯。

2.稠化劑

稠化劑是製作醬的最基本原料之一，它的種類有許多。醬必須經稠化才可以產生黏性。否則，醬不會黏著在餐點上，因此，稠化技術是製作醬的關鍵工藝。通常，稠化劑是以麵粉、玉米粉、麵包、米粉和馬鈴薯粉等配以油脂或水構成。有的稠化劑也可由蛋黃或奶油構成。常用的稠化劑有以下5種。

（1）奶油濃湯

奶油濃湯，也稱為「麵粉糊」，它以50%溶化的油脂加上50%的普通麵粉配製，用低溫煸炒成糊狀，常被稱為麵粉糊。使用的油脂可以是奶油、人造奶油、動物油脂或植物油。但是，以奶油為原料的奶油濃湯製成的醬味道最佳，以雞油與麵粉製成的奶油濃湯用於雞肉餐點醬，以烤牛肉的滴油與麵粉製成的奶油濃湯適用於牛肉餐點醬，以人造奶油或植物油與麵粉製成的奶油濃湯配製的醬味道不理想。按照奶油濃湯的用途，我們可以把它分為3種：白色奶油濃湯、金黃色奶油濃湯和棕色奶油濃湯。這是因為烹調的時間長短與爐溫的高低不同而形成的。白色奶油濃湯適用於奶油醬，金黃色奶油濃湯適用於白色醬，棕色奶油濃湯適用於棕色醬。但是，由於棕色奶油濃湯煸炒時間過長，它的黏著性能較差。

（2）奶油麵粉糊（Beurre manie）

奶油麵粉糊是由相同數量溶化的奶油與生麵粉攪拌而成。這種糊常用於醬的最後階段，當發現醬的黏度不夠理想時，可以使用幾滴奶油與麵粉攪拌而成的糊，使醬快速地增加黏度以達到理想的品質。

（3）水粉糊（Whitewash）

將少量的澱粉和水混合在一起構成了水粉糊。這種稠化劑味道很差，它只用於酸甜味道的餐點和甜點。

（4）蛋黃奶油糊（Egg Yolk and Cream Liaison）

蛋黃奶油糊由蛋黃與奶油混合構成。儘管這類糊的黏著性不如以上各種稠化劑。但是，它可以豐富醬的味道。因此，適用於醬製作的最後階段，有著調味、稠化和增加亮度的作用。

（5）麵包渣（Breadcrumbs）

麵包渣也可作為稠化劑。但是，它的用途很小，僅限於某些餐點。例如，西班牙冷蔬菜湯。

3.調味品（Seasoning）

鹽、胡椒、香料、檸檬汁、雪莉酒和馬德拉酒都是製作醬最常用的調味品。

二、醬的作用

醬是味道豐富的並帶有黏性的熱菜調味汁，它主要的作用是為熱菜調味和作裝飾，一些醬也為冷菜和沙拉調味。西餐中有許多開胃菜、配菜、主菜，甚至甜點都需要醬調味和裝飾。法國餐點之所以享譽全球，除了它的優質原料和精心製作外，另一個主要原因就是運用精美和香醇的醬。烤菜、烤菜、炸菜和煮菜經過熟製，都要澆上醬以增加它們的味道和美觀。因此，醬是西餐工藝的基礎和核心。醬有以下4個作用。

（1）作為餐點的調味品，豐富餐點的味道，提高人們的食慾。

（2）作為餐點的潤滑劑，增加烤菜、烤菜和炸菜的潤滑性，便於食用。

（3）作為餐點的裝飾品，為餐點增加顏色，使餐點更加美觀，更具有特色。

（4）作為生產手段，使西餐餐點的品種更加豐富。

三、醬的種類

西餐的醬種類繁多，它們在顏色、味道和黏度方面各有特色。但是，所有的醬都是由5種基底醬發展而成。

1.五大基底醬

在西餐餐點製作中，用於調味的醬有無數品種，而且它們還在不斷地發展，所有這些調味醬都是由五大基底醬為原料，經過再加工和調味而成。基底醬是製作一切調味醬的原始醬。

（1）牛奶醬，由牛奶、白色奶油濃湯及調味品製成。

（2）白色醬（Veloute　Sauce），由白色高湯或白色雞高湯加入白色或金黃色的奶油濃湯及調味品製成。

（3）棕色醬（Brown Sauce或Espagnole），由褐色高湯加入淺棕色的奶油濃湯及調味品製成。

（4）番茄醬（Tomato　Sauce），由褐色高湯加入番茄醬，適量加入棕色奶油濃湯及調味品製成。

牛奶醬（Bechamel Sauce）

棕色醬（Brown Sauce或Espagnole）

（5）奶油醬（Butter Sauce），由奶油加蛋黃及調味品製成。

2.半基底醬

有些醬，我們稱為半基底醬。半基底醬是以五大基底醬為原料製成。透過它們，加入一些調味品，可以更容易地製成調味醬。常用的半基底醬有蛋黃奶油醬（Allemande Sauce）、奶油雞醬（Supreme Sauce）、白酒醬（White Wine Sauce）、棕色水粉醬（Fond Lie）和濃縮的棕色醬（Demiglaze）等。

3.調味醬

調味醬也稱為小醬，是具體為各種餐點調味的醬。它們以五大基底醬或半基底醬為原料，透過再一次調味發展而成。由於調味醬在味道方面、顏色方面各具特色，因此餐點透過它們調味後，變得各具特點。基底醬可以經過直接調味，製成調味醬。有些基底醬還要加工成半基底醬後，再經過調味才能製成調味醬。調味醬有許多種類，到目前為止，還在不斷地發展。

（1）以牛奶醬為基底製成的調味醬有奶油醬（Cream Sauce）、芥末醬

（Mustard Sauce）和巧達起司醬（Chedder Cheese Sauce）等。

（2）以白色醬為基底醬製成的調味醬有白色雞醬（White Chicken Sauce）、白色魚醬（White Fish Sauce）、匈牙利醬（Hungarian Sauce）、咖哩醬（Curry Sauce）和歐羅醬（Aurora Sauce）等。

（3）以棕色醬為基底製成的調味醬有羅伯醬（Robert Sauce）、馬德拉醬（Madeira Sauce）和雷娜斯醬（Lyonnaise Sauce）等。

（4）以番茄醬為基底製成的特色醬有克里奧爾醬（Creole Sauce）、葡萄牙醬（Portugaise Sauce）和西班牙醬（Spanish Sauce）等。

（5）以奶油醬為基底製作的特色醬有馬爾泰斯醬（Maltaise Sauce）、摩斯令醬（Mousseline Sauce）和修隆醬（Choron Sauce）等。

四、醬製作案例

1.牛奶醬（製作4 升）

原料：溶化的奶油225克，麵粉（製麵包用）225克，牛奶4升，去皮小洋蔥1個，丁香1個，小香葉1片，鹽、白胡椒和荳蔻各少許。

製法：①將奶油放厚底醬鍋內，用微火溶化，放麵粉，炒熟並保持麵粉本色。

②將牛奶煮沸，逐漸倒入炒好的麵粉中，用打蛋器不停地打，使其完全混合在一起並觀察其黏度。

③煮沸後，用小火煮，用打蛋器不斷地打。

④將香葉插在洋蔥上與丁香一起放在醬中，用小火煮15至30分鐘，偶爾攪拌。

⑤檢查稠度，如果需要，可再放一些熱牛奶。

⑥用鹽、胡椒粉和荳蔻調味，香料氣味不要過濃，口味應清淡。

⑦過濾，蓋上蓋子，在醬表面放一些奶油以防止表面乾裂。使用時，應保持

其熱度。

2.以牛奶醬為基底製成的調味醬

（1）奶油醬（製作1,100克）

原料：牛奶醬1,000克，奶油120克至240克，鹽和白胡椒各少許。

製法：將牛奶醬與奶油、鹽、白胡椒均勻地混合、加熱、調味。

（2）芥末醬（製作1,100克）

原料：牛奶醬1,000克，芥末醬110克，鹽和白胡椒各少許。

製法：將牛奶醬均勻地與調味品混合，加熱。

（3）巧達起司醬（製作1,200克）

原料：牛奶醬1,000克，巧達起司250克，乾芥末1克，鹽、白胡椒少許，辣醬油10克。

製法：將1,000克牛奶醬與巧達起司和各種調味品放在一起加熱即完成。

3.白色醬

（1）白色牛醬（製作4升）

原料：溶化的奶油225克，麵粉（製麵包用）225克，白色高湯5升。

製法：①將奶油放在厚底醬鍋內加熱，放麵粉煸炒至淺黃色，冷卻。

②逐漸把白色高湯加入炒麵粉中並用打蛋器打。開鍋後，用小火煮。

③用小火煮醬約一個小時，偶爾用打蛋器打幾下，撈去表面浮沫，如果醬過稠，可以再加一些白色高湯。

④不要用鹽和胡椒等對白色醬調味。因為，它只作為調味醬的原料。

⑤過濾後，用鍋蓋蓋好或表面放一些溶化的奶油防止醬表面產生皺紋。使用時，保持其熱度。儲存前應使其快速降溫。

（2）白色雞醬（製作4升）

原料：溶化的奶油225克，麵粉225克，白色雞高湯5升。

製法：與白色牛醬相同。

（3）白色魚醬（製作4升）

原料：溶化的奶油225克，麵粉225克，白色魚高湯5升。

製法：與白色牛醬相同。

4.以白色醬為基底製成的半基底醬

（1）蛋黃奶油醬（製作4,000克）

原料：白色牛醬4升，蛋黃8個，奶油500克，檸檬汁30毫升，鹽和白胡椒粉各少許。

製法：①將白色牛醬放入醬鍋中，用小火煮沸，保持微熱狀。

②將蛋黃與奶油放在一起打，攪拌均勻。

③將熱醬的1／3逐漸倒入蛋黃奶油中並慢慢攪拌。然後，逐漸地倒入剩下的2／3白色牛醬倒入，攪拌均勻。

④用微火燉，不要燒開，用檸檬汁、鹽和白胡椒粉調味。

（2）奶油雞醬（製作4升）

原料：白色雞醬4升，奶油1000克，奶油120克，鹽、胡椒粉和檸檬汁各少許。

製法：①將白色雞醬放入醬鍋中，用小火煮，直至減去原來數量的1／4。

②將奶油放入另一鍋內，用少量熱的白色雞醬逐漸地倒入奶油中並不斷攪拌。然後，將攪拌好的奶油溶液逐漸地倒入所有的白色雞醬中，攪拌均勻，用小火煮。

③將奶油切成丁，放入醬中，用檸檬汁、鹽和胡椒粉調味。

④將醬過濾。

（3）白酒醬（製作4升）

原料：乾白葡萄酒500克，白色魚醬4升，熱濃牛奶500克，奶油20克，鹽、白胡椒粉和檸檬汁各少許。

製法：①將白酒放入醬鍋中，用小火煮，使其蒸發，直至減去1／2數量。

②加入白色魚醬，用小火煮，直至煮成理想的濃度。

③將熱牛奶逐漸倒入白色魚醬中，不斷地攪拌。

④將奶油切成丁，放在醬中。然後，用鹽、胡椒粉、檸檬汁調味。

⑤將醬過濾。

5.以白色醬為基底製成的各種調味醬

（1）匈牙利醬（製作1,100克）

原料：白色牛醬或白色雞醬1,000 克，奶油30 克，洋蔥末60 克，紅辣椒5克，白葡萄酒100克，鹽和胡椒粉各少許。

製法：①用奶油煸炒洋蔥和辣椒，放白葡萄酒，用小火煮片刻。

②將白色牛醬放入煸炒好的洋蔥中，煮10 分鐘，用鹽和胡椒粉調味即完成。

（2）咖哩醬（製作1,200克）

原料：白色牛醬（或白色雞醬或白色魚醬）1,000克，洋蔥丁50克，胡蘿蔔丁、芹菜丁各25克，咖哩粉6克，拍鬆的大蒜1瓣，香葉半片，香菜梗4根，奶油120毫升，百里香、鹽和胡椒粉各少許。

製法：①用奶油煸炒洋蔥、胡蘿蔔和芹菜，放咖哩粉、百里香、大蒜、香葉和香菜梗，煸炒後，加醬，用小火燉。

②將奶油倒入醬中，用鹽和胡椒粉調味。

（3）歐羅醬（製作1,100克）

原料：蛋黃奶油醬或奶油雞醬或白色牛醬或白色雞醬1,000克，番茄醬170克，鹽和胡椒粉各少許。

製法：將番茄醬與醬混合在一起，用小火燉，用鹽和胡椒粉調味。

（4）鮮蘑菇醬（Mushroom Sauce）（製作1,100克）

原料：奶油30克，鮮蘑菇片110克，蛋黃奶油醬或奶油雞醬或白酒醬1,000克，檸檬汁15毫升，鹽和白胡椒粉各少許。

製法：將奶油溶化，煸炒鮮蘑菇，保持鮮蘑菇白色，放醬，用小火燉，用檸檬汁、鹽和胡椒粉調味。

（5）阿爾布菲納醬（Albufera Sauce）（製作1,000克）

原料：奶油雞醬1,000克，烤牛肉汁60克。

製法：將奶油雞醬與烤牛肉汁混合，煮開，保持熱度。

（6）貝西醬（Bercy Sauce）（製作1,100克）

原料：洋蔥末60克，白葡萄酒120克，白色魚醬1,000克，奶油60克，香菜末7克，檸檬汁少許，鹽和白胡椒粉各少許。

製法：①將洋蔥末和白葡萄酒用小火燉，燉成原來數量的2／3。

②放白色魚醬，煮開，用奶油、香菜末、白胡椒粉和檸檬汁調味。

（7）諾曼地醬（製作1,200克）

原料：白色魚醬1,000克，鮮蘑菇120克，蛋黃4個，奶油90克，鹽和白胡椒粉各少許，魚高湯120克，奶油30克。

製法：①用水煮鮮蘑菇，煮成濃汁（約120克）後，扔掉鮮蘑菇，留汁待用。

②用蛋黃與奶油混合在一起製成稠化劑。

③將魚高湯用小火煮成原來數量的3／4，與白色魚醬和鮮蘑菇汁混合。煮開後，放混合好的蛋奶油稠化劑。

④過濾，將溶化的奶油撒在醬的表面上。

6.棕色醬（製作4升）

原料：洋蔥丁500克，胡蘿蔔丁和芹菜丁各250克，奶油250克，麵粉（製麵包用）250克，番茄醬250克，棕色高湯6升，香料布袋1個（香葉1片、丁香0.25克、香菜梗8根）。

製法：①用奶油將洋蔥、胡蘿蔔丁和芹菜丁煸炒成金黃色。

②將麵粉倒入煸炒好的洋蔥、胡蘿蔔丁和芹菜丁中，用低溫繼續煸炒，使麵粉成淺棕色。

③將棕色高湯和番茄醬放入炒好的麵粉中。煮開後，用小火燉。

④撈去浮沫，加香料袋，用小火燉2小時，濃縮成4升時，即完成。

⑤過濾後，在醬表面放入少量溶化的奶油，防止表面產生浮皮。使用時，保持其熱度。

7.以棕色醬為基底製成的半基底醬

（1）棕色水粉醬（製作1,000克）

原料：棕色高湯1,000克，玉米粉30克。

製法：①將玉米粉與冷水混合製成玉米粉芡。

②將棕色高湯煮開，放玉米粉芡，攪拌。

（2）濃味棕色醬（Demiglaze）（製作4升）

原料：棕色醬4升，棕色高湯4升。

製法：①將棕色醬與棕色高湯混合在一起。煮開，再用小火燉成原數量的1／2。

②過濾，撈去浮沫，使用時保持熱度。

8.以棕色醬為基底製成的調味醬

（1）羅伯醬（製作1,100克）

原料：洋蔥末110克，奶油25克，白葡萄酒250克，濃味棕色醬1,000克，芥末粉4克，白糖和檸檬汁各少許。

製法：①用小火煸炒洋蔥，放葡萄酒，用小火燉，直至煮成原來數量的2／3。

②加濃味棕色醬，煮10分鐘。

③過濾後，加芥末粉、白糖和檸檬汁，即可。

（2）馬德拉醬（製作1,000克）

原料：濃味棕色醬1,000克，馬德拉葡萄酒120克。

製法：用小火煮濃味棕色醬，約燉去100克後，加入馬德拉酒即可。

（3）雷娜斯醬（製作1,100克）

原料：奶油60克，洋蔥110　克，白葡萄酒120克，白醋少許，濃味棕色醬1,000克。

製法：①用奶油煸炒洋蔥成金黃色，加入白葡萄酒、少許白醋，用小火煮，燉至成原數量的1／2。

②加入濃味棕色醬，煮10分鐘即可。

9.番茄醬（製作4升）

原料：奶油60克，洋蔥丁110克，胡蘿蔔丁60克，芹菜丁60克，麵包粉110克，白色高湯1.5升，番茄4公斤，番茄醬2公斤，胡椒粉1克，鹽少許，白糖15克，小香料袋1個（香葉1片、大蒜2頭、丁香1個、百里香0.25克）。

製法：①將奶油溶化，加洋蔥丁、芹菜丁、胡蘿蔔丁，煸炒幾分鐘，加麵粉，繼續煸炒，使麵粉成淺棕色。

②加白色高湯，燒開，加番茄和番茄醬，攪拌，煮開，再用小火煮。

③加香料布袋，用小火煮約1小時，撈出香袋，過濾，用鹽和糖調味。番茄

醬的第二種製法是，不使用炒麵粉，增加一些烘烤上色的培根骨頭、2公斤番茄和2公斤番茄醬，經長時間的燉煮，製成番茄醬。

10.以番茄醬為基底製成的調味醬

（1）科瑞奧醬（製作1,100克）

原料：洋蔥丁110克，芹菜丁110克，青椒丁60克，大蒜末2克，番茄醬1000克，香葉1片，百里香0.25克，檸檬汁1克，鹽、白胡椒、辣椒粉少許。

製法：將醬和各種調料放在一起，用小火煮15分鐘，用鹽、白胡椒和辣椒粉調味。

（2）葡萄牙醬（製作1,400克）

原料：洋蔥丁110 克，奶油30克，番茄丁500克，大蒜末2克，番茄醬1,000克，香菜15克，鹽和胡椒粉各少許。

製法：將洋蔥丁放奶油中煸炒，加番茄丁、大蒜末，用小火煮成原數量的2／3後加番茄醬，用小火煮，用鹽和胡椒粉調味，放香菜末。

（3）西班牙醬（製作1,200克）

原料：洋蔥丁170克，青椒丁110克，大蒜末1瓣，鮮蘑菇片110克，番茄醬1,000克，奶油60克，鹽、胡椒和紅辣醬各少許。

製法：先用奶油將洋蔥、青椒和大蒜煸炒。然後，放鮮蘑菇繼續煸炒，再加入番茄醬，用小火煮，用鹽、胡椒和辣醬調味。

11.奶油醬

以奶油為基底，可製成兩種醬：荷蘭醬和法式伯那西醬。

（1）荷蘭醬（Hollandaise Sauce）（製作1,000克）

原料：奶油1,100克，白胡椒粉0.5克，鹽1克，白醋90毫升，冷開水60毫升，蛋黃12個，檸檬汁30毫升至60毫升，辣椒粉少許。

製法：①將900克奶油溶化，加熱，使其失去水分，保持溫熱，備用。

②將胡椒、鹽和醋放在醬鍋中，加熱，直至減少1／2　時，從爐上移開，加入冷水。然後，倒入不鏽鋼容器中，用矽膠刮刀不斷地攪拌，加蛋黃，用打蛋器打。

③將該容器放在熱水中，保持熱度，繼續打，直至溶液變稠。

④將溫熱的奶油，用湯匙一點一點地加入蛋溶液中，不斷地打。直至全部加入蛋溶液中，放檸檬汁調味，製成醬。

⑤用鹽和辣椒粉調味，如醬過稠時，可放一些熱水稀釋。

⑥過濾後，保持溫度，在一個半小時內用完。

（2）法式伯那西醬（Bearnaise Sauce）（製作1,000克）

原料：奶油110克，小洋蔥末60克，龍蒿2克，白酒醋250克，蛋黃12個，胡椒粉2克，檸檬汁、辣椒粉和鹽各少許，香菜末6克。

法式伯那西醬（Bearnaise Sauce）

製法：①將奶油溶化和加溫，使其純化，保持其溫度，待用。

②將洋蔥、龍蒿、胡椒粉和白酒醋放在一起，加熱，直至減去原來數量的1

／4，離開火源，倒在容器內，保持溫熱。

③加入蛋黃，用打蛋器打並將盛蛋黃的容器放在熱水中，用打蛋器不斷地打，直至溶液變稠。

④將容器離開熱水後，將奶油一滴滴地倒入蛋黃溶液中。如果過稠，可放一些熱水或檸檬汁。

⑤過濾，用鹽、檸檬汁和辣椒粉、香菜末調味。

⑥用餐時，保持其溫度並在一個半小時內用完。

12.以奶油醬為基底製作的調味醬

（1）馬爾泰斯醬（製作1,200克）

原料：荷蘭醬1,000克，橘子汁60至120毫升，橘子肉60克。

製法：將醬、橘子汁、橘子肉混合即完成。

（2）摩斯令醬（製作1,200克）

原料：荷蘭醬1,000克，奶油250克。

製法：將它們混合，用打蛋器打。

（3）修隆醬（製作1,000克）

原料：法式伯那西醬1,000克，番茄醬60克。

製法：將它們混合在一起即完成。

本章小結

高湯是由畜肉、家禽、海鮮等煮成的濃湯，也稱作基底湯，是製作湯和醬不可缺少的原料。許多西餐的味道、顏色及品質受高湯品質的影響。湯是歐美人民喜愛的一道餐點，以高湯為主要原料配以海鮮、肉類、蔬菜及澱粉類，經過調味而成。湯既可作為西餐中的開胃菜、輔助菜，又可作為主菜。醬是西餐的熱菜調味汁，是英語Sauce的譯音。有時人們也稱它們為沙司。

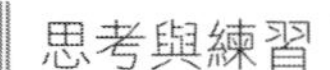

思考與練習

1.名詞解釋題

高湯（Stock）、醬（Sauce）、牛奶醬（Bechamel Sauce）、白色醬（Veloute Sauce）、棕色醬（Brown Sauce或Espagnole）、番茄醬（Tomato Sauce）、奶油醬（Butter Sauce）。

2.思考題

（1）簡述高湯種類與特點。

（2）簡述湯的種類和特點。

（3）簡述湯的製作技巧。

（4）簡述醬的組成。

（5）論述醬的作用。

第12章 麵包與甜點

本章導讀

本章主要對麵包與甜點生產原理與工藝進行論述。透過本章學習，可掌握麵包的含義與作用、麵包的歷史與文化、麵包的種類與特點、麵包的原料及功能、麵包的生產原理與工藝等；掌握甜點的含義與作用、蛋糕、茶點、派與塔類、油酥麵食、布丁和冷凍甜點的生產原理與工藝。

第一節 麵包與甜點概述

一、麵包的含義與作用

麵包是以麵粉、油脂、糖、發酵劑、蛋、水或牛奶、鹽和調味品等為原料，經烘烤製成的食品。麵包含有豐富的營養素，是西餐的主要組成部分。麵包的用

途廣泛，是早餐的常用食品，午餐和正餐的輔助食品。歐美人喝湯和吃開胃菜時，習慣食用麵包。麵包還與其他食品原料一起製成各種餐點。例如，法國洋蔥湯和三明治等。根據麵包的用途與特點，麵包可分為多個種類與名稱。例如，形狀較大的方麵包稱為Loaf，不同形狀的小圓麵包稱為Bun和Roll，Pastry指各種油酥麵包，Toast指方形麵包片。

二、麵包的歷史與文化

麵包有著悠久的歷史。根據資料，最早麵包發酵和製作技術來自古埃及。當時的麵包顏色都是棕色或黑色，隨著麵粉製作技術的提高，開始有了白色麵包。當今，根據各國和各地的飲食習慣，麵包不論在特色，還是造型方面都有了很大的發展。

現代麵包的魅力比過去有增無減，烤麵包的香味常常對顧客有著很大的誘惑力。當今，麵包不僅是菜單上的一項重要資源，還成為西餐營銷的工具。例如，在統計歐美人對早餐麵包選擇中，人們發現，油酥麵包（Biscuit）、鬆軟的馬芬（Muffin）和瑞士捲（Sweet Roll）的銷售率遠遠超過普通麵包。企業管理者們總結出，一頓豐盛的義大利餐，如果沒有新鮮的義大利麵包（Italian Bread），會使顧客覺得很不完美。同時，麵包常被製成各種形狀，擺在裝飾臺、展示臺作為咖啡廳和自助餐的裝飾品。歐美人對麵包的食用方法非常講究，他們在不同的餐次（早餐、午餐或正餐）及各種用餐場合，食用不同的麵包。例如，在大陸式早餐中，常食用牛角麵包（Croissant）、布莉歐麵包（Brioche）。在英式早餐，食用油酥麵包。例如，丹麥麵包（Danish Pastries）、葡萄乾朗姆甜麵包（Baba Au Rhum）和土司片。酒會和自助餐食用長麵包。例如，義大利麵包、黑麵包、白麵包（White Loaf）及各式各樣的麵包。正餐食用正餐麵包（Dinner Roll）、辮子麵包（Braided Bun）和土司等。

三、甜點的種類與作用

甜點也稱為甜品、點心或甜菜，是由糖、蛋、牛奶、奶油、麵粉、澱粉和水果等為主要原料製成的各種甜食。它是歐美人一餐中的最後一道餐點，是西餐不可缺少的組成部分，英國人習慣將甜點稱為甜食（Sweet）。在傳統的法國宴會

中，精緻的各式甜點作為最後一道餐點，放在各式銀器和水晶的器皿中，擺放在宴會廳，襯托了餐廳的氣氛。當今的西餐甜點不論在它的含義還是種類方面都有了很大的發展。現代西餐甜點包括各種蛋糕、餅乾、餡餅、油酥點心、冰凍點心、起司和水果以及綜合式的各種點心。一個正式的西餐宴會不能沒有甜點，缺乏甜點是不完整的或非正式的一餐。人們選擇甜點，習慣上有兩個原則：當主菜豐富或油膩時選擇較清淡的甜點。例如，水果組成的甜點、起司和冰淇淋等。當主菜較清淡時，選擇蛋糕和派等。

第二節 麵包製作技巧

一、麵包種類與特點

麵包有許多種類，分類方法也各有不同。按照麵包的製作工藝，麵包分為兩大類，酵母麵包和速發麵包。按照麵包的特點，麵包可分為軟質麵包、硬質麵包和油酥麵包。

1.酵母麵包（Yeast Bread）

酵母麵包是以酵母作為發酵劑製作的麵包。這種麵包質地鬆軟，帶有濃郁的香氣。它的製作工藝複雜，需要特別精心。酵母麵包有多種：白麵包、全麥麵包、圓形粿麥麵包、義大利麵包、辮子香料麵包（Braided Herb Bread）、老式麵包（Old-fashioned Roll）、各種正餐麵包、各種甜麵包（Sweet Rolls）、口袋麵包（Pita）、丹麥麵包和布莉歐麵包。

（1）白麵包，以白色麵包粉、牛奶為主要原料加入適量的鹽、白糖和奶油或人造奶油，透過發酵方法製成。方形，內部為白色，表面淺棕色。

（2）全麥麵包，以全麥麵包粉、白色麵包粉、牛奶為主要原料加入適量的鹽、白糖、糖蜜、奶油或人造奶油，透過發酵方法製成。方形，表面淺棕色，內部為灰色。

（3）圓形粿麥麵包，粿麥麵包又稱為黑麥麵包，以白色麵包粉、粿麥麵包粉、酸牛奶為主要原料加入適量的鹽、白糖、糖蜜、奶油或人造奶油和茴香籽

（Caraway Seed），透過發酵方法，人工成型的圓形麵包，表面淺棕色，內部為灰色。

（4）義大利麵包，以白色麵包粉和水為主要原料加入適量的鹽、白糖、奶油、植物油、蛋白等，透過發酵方法，人工成型。麵包為長圓形，上部有刀切過的線，烘烤後，它會裂開，麵包內部為白色，表面淺棕色。

（5）辮子香料麵包，以白色麵包粉和水為主要原料，加入適量的鹽、軟化的奶油或人造奶油、蛋和迷迭香等，透過發酵方法，人工成型。麻花形和橢圓形，麵包內部為白色，表面淺棕色。

（6）老式麵包，以白色麵包粉、牛奶為主要原料加入適量的鹽、白糖和奶油等為原料。透過發酵方法，人工成型的小圓麵包，麵包內部為白色，表面淺棕色。

（7）正餐麵包，以白色麵包粉、牛奶為主要原料，加入適量的鹽、白糖和奶油，透過發酵方法人工成型的麵包。有各種形狀和各種味道，內部為白色，表面淺棕色。傳統的品種有正餐長圓形麵包（Dinner Bun）、維也納麵包（Vienna Roll）、辮子麵包（Double Twist）、花節麵包（Knot）、新月麵包（Crescent）、圓形麵包（Pan Roll）和風車輪麵包（Pinwheel）等。

（8）甜麵包，以白色麵包粉、牛奶、白糖和奶油為主要原料，加入蛋、鹽並根據麵包的品種和特色加入各種水果、果乾和香料。透過發酵方法，人工成型的各種形狀和各種味道的小麵包。麵包內部為白色，表面淺棕色。例如，水果麵包（Fruit Bread）、肉桂麵包（Cinnamon Roll）、葡萄乾麵包（Raisin Bread）、填料麵包（Kolacky）。填料麵包為圓餅形，填入蘋果和果乾等餡心。

（9）口袋麵包，也稱作比塔麵包。以白色麵包粉為主要原料，加入適量的鹽、白糖、植物油等。透過發酵方法，人工成型的麵包。麵包為小圓形，烘烤後成口袋狀，麵包內部為白色，表面淺棕色。

（10）丹麥麵包，以白色麵包粉、牛奶和奶油為主要原料，加入適量的鹽和白糖，透過發酵方法並人工成型的麵包。這種麵包有各種形狀，中間填入各種

餡心。例如，果醬餡心、杏仁餡心和起司餡心等。烘烤後，麵包內部為白色，表面淺棕色。常見的丹麥麵包的品種有風車輪麵包、折疊式麵包（Foldover）、信封式麵包（Envelop）和雞冠花麵包（Cockscomb）等。

（11）布莉歐麵包，又稱小圓油酥麵包。傳統上，這種麵包原料中含有Brie起司。以白色麵包粉、牛奶、奶油和蛋為主要原料，加入適量的鹽、白糖和檸檬粉。透過發酵方法，人工成型的麵包。

2.速發麵包（Quick Bread）

速發麵包是以發粉或蘇打作為蓬鬆劑製成的麵包。這種麵包製作程序簡單，製作速度快，而且不需要高超的技術並由此得名。速發麵包儘管簡便易行，但也是西餐業經營中的一項重要內容。此外，一些有特色的速發麵包還為企業帶來了很高的聲譽。速發麵包的主要用途是早餐及下午茶時食用。根據這種麵包本身的特點，最好是當天食用。主要品種有油酥麵包、馬芬、水果麵包、玉米麵包（Corn Bread）、鬆餅（Waffle）、雞蛋泡芙（Popover）和咖啡麵包（Coffee Bread）。

（1）油酥麵包，以麵粉、牛奶、油脂、發粉、鹽和非常少量的糖為原料，略帶鹹味和具有酥鬆的特點。主要品種有酸奶麵包（Buttermilk Biscuit）、起司麵包（Cheese Biscuit）和香料麵包（Herb Biscuit）等。

（2）馬芬，以麵粉、牛奶、油脂、蛋、發粉、糖和鹽為原料製成的帶有甜味的鬆軟、像小型的碗狀的甜麵包。這種麵包含糖量常是油酥麵包的10倍以上。主要品種有葡萄乾香味馬芬（Raisin Spice Muffin）、棗仁馬芬（Date Nut Muffin）、全麥馬芬（Whole Muffin）和黑莓馬芬（Blackberry Muffin）。

（3）水果麵包，以麵粉、牛奶、蛋、發粉、蘇打粉、糖、鹽、油脂、水果香料、水果汁或水果泥為原料製成的，帶有甜味和水果味的香甜麵包。例如，香蕉麵包（Banana Bread）、橘子果乾麵包（Orange Nut Bread）都是著名的水果麵包。

（4）玉米麵包，以相同數量的點心麵粉和玉米粉、牛奶、油脂、蛋、蘇打

粉、糖和鹽為原料，經過烘烤製成，是帶有甜味和玉米香味的酥鬆香甜的麵包。

（5）鬆餅，煎餅式的麵包。它以點心麵粉、牛奶、植物油、蛋、發粉、蘇打粉和鹽為原料，透過攪拌，成為麵糊，倒入煎餅鍋，經烘烤，製成帶有鹹味的並酥鬆的煎餅式麵包。

（6）雞蛋泡芙，以蛋、牛奶、溶化的奶油或人造奶油、麵粉和鹽為原料，攪拌成糊，放入模具中，經烘烤，製成的帶有鹹味的酥鬆麵包。這種麵包的蛋含量非常高。烤熟後，膨脹高度常超過了模具的高度。它的上部會有裂縫，內部形成空洞。

（7）咖啡麵包，也稱為咖啡蛋糕（Coffee　Cake），有各種形狀，麵包內部可以有香料、水果或果乾，在早餐或下午茶時食用。

3.軟質麵包（Soft Roll）

軟質麵包是鬆軟、體輕、富有彈性的麵包。例如，土司麵包和各種甜麵包等屬於這一類。軟質麵包由含有較高的油脂和蛋的麵糰為原料製成。

4.硬質麵包（Hard Roll）

硬質麵包是韌性大、耐咀嚼、表皮乾脆、質地鬆爽的麵包。例如，法式麵包和義大利麵包都是著名的硬質麵包。硬質麵包由少油脂、低蛋的麵糰製成。

5.油酥麵包

油酥麵包是將麵糰　成薄片，加入奶油，經過折疊、　壓、造型和烘烤等程序製成的層次分明並質地酥鬆的麵包。例如，丹麥麵包和牛角麵包等都是傳統的油酥麵包。油酥麵包也稱為油酥麵食。

二、麵包原料及功能

麵包主要原料有麵粉、油脂、糖、發酵劑、蛋、液體物質（水和牛奶）、鹽、調味品等。每一種原料都在麵包的品質和特色中擔當一定的作用。

1.麵粉

麵粉是製作麵包最基本的原料，小麥粉是最常用的品種。除此之外，裸麥

粉、燕麥粉和玉米粉也常用於麵包。含蛋白質高的小麥粉常被人們稱為硬麥粉，含蛋白質少的小麥粉稱為軟麥粉。麵包粉屬於硬麥粉，因為它含有較高的麵筋質。裸麥粉有三種顏色：淺棕色、棕色和深棕色。由於裸麥粉本身不含麵筋質，因此單一的裸麥粉不能製作麵包，它必須加入小麥。全麥粉是含有麩皮的小麥粉並含有較高的麵筋質。因此，使用全麥粉製作麵包時常加入部分精麥粉以增加麵包的柔軟性。

2.油脂

油脂是製作麵包不可缺少的原料。它包括氫化植物油、人造奶油、植物油和奶油等。油脂可使麵包鬆軟和酥脆，富有彈力，味道芳香。氫化植物油是製作麵包理想的原料。由於它無色、無味，具有可塑性和柔韌性，而且有助於麵糰的成形。因此，它的用途非常廣泛。奶油和人造奶油味道芳香。但是，在常溫下會溶化。所以，它的可塑性不如氫化植物油。植物油在常溫下呈液體，是製作麵包的常用油脂。

3.發酵劑

發酵劑包括蘇打粉、發粉和酵母等。發酵劑的作用是將氣體與麵糰混合，不論是發酵麵糰產生的氣泡，還是麵包在烤箱中產生的氣泡都會使麵包變得輕柔和膨鬆。因此，麵食師對發酵劑的使用非常精心。過多使用發酵劑會使麵包過於鬆散，而發酵劑含量不足也會使麵包粗糙，失去膨鬆性。

（1）蘇打粉實際上是碳酸氫鈉，由於它與酸性物質和液體發生化學反應，所以它在麵糰中造成發酵作用。當然，還要在一定的溫度下進行。小蘇打粉含量過多，會使麵包帶有苦味。通常，小蘇打粉與酸性物質混合在一起時，蘇打會很快地產生氣體。這時麵糰最膨鬆，應立即進行烘烤，否則氣體會散發。

（2）發粉是化學混合物，該物質與水混合或受熱後會產生氣體。因此，它不需要酸性物質。發粉有兩個品種：一種稱作單作用發粉，另一種稱為雙作用發粉。單作用發粉遇熱後，會立刻產生氣體；而雙作用發粉中含有兩種產生氣體的化學物質，一種物質遇到液體會產生氣體，另一種物質受熱後立即產生氣體。

（3）酵母為單細胞植物。它與水和少量的糖混合時，其繁殖速度很快，而且一邊繁殖，一邊釋放出二氧化碳氣和酒精。然後在烘烤中，麵糰將酒精揮發，而二氧化碳氣卻留在麵糰的麵筋網中，從而使麵糰膨鬆起來。酵母只有在一定的溫度範圍內才能活動，溫度低，它不工作或工作緩慢；溫度過高，它的繁殖力會下降，甚至酵母菌會被殺死。通常，它的最佳繁殖溫度在24℃～32℃，超過38℃時，細胞繁殖的速度開始下降。60℃時酵母菌不能生存。除了透過以上方法得到氣體外，利用打好的蛋與麵粉混合，也能得到理想的效果。同時，糖與油攪拌時，能吸收許多空氣，從而使混合的液體呈奶油狀。利用奶油狀的液體製作出的麵包酥脆、膨鬆。此外，還有些麵包靠蒸汽產生鬆軟。這是因為麵糰中的水分遇熱後成為蒸汽，蒸汽又使麵糰膨脹，從而達到理想的效果。

（4）常用的發酵劑還有酸奶、醋、巧克力、蜂蜜、蜜糖和水果。

4.糖、蛋

糖與蛋是製作麵包的重要原料。糖不僅可增加麵包的味道和甜度，還是麵包諸多成分中的重要成員。它有促進麵包發酵的作用，可使麵包的質地細膩、均勻和鬆軟，增加麵包表皮的顏色並使其酥脆，提高麵包的營養價值。蛋是製作麵包常用的原料。蛋不僅使麵包的質地鬆軟，表面光滑而且增加了麵包的味道、營養和顏色。由於蛋含有70%的水。因此，在計算麵糰含水量時，應考慮到蛋中的含水量。

5.液體

液體在製作麵包中扮演著重要角色，它與麵粉中的蛋白質混合後會形成麵筋。液體有溶化和黏合乾性原料的作用，當乾性原料與液體攪拌在一起時，就成為麵糰。同時，麵糰中的液體又對麵糰的發酵有著促進作用。因此液體具有使麵包柔軟和鮮嫩的作用。牛奶和水是製作麵包常用的液體原料，含有牛奶的麵包質地鬆軟，味道鮮美，營養豐富。使用快速發酵法製作麵包時，酸奶是理想的原料。全脂牛奶含有很高的油脂，因此，在計算麵包中的油脂時，應將牛奶中的油脂含量包括進去。水是製作麵包不可缺少的原料。使用水時，應注意不要使用含礦物質高的水。

6.調味品

麵包中的調味品在麵包生產中有著重要的作用。尤其是食鹽。食鹽不僅有明顯的味道，而且還能增加其他調味品的作用。同時，它在麵糰中還可促使麵筋形成和控制發酵速度。麵包中，常使用的調味品有香草、檸檬和橘子粉等。這些調味品可能是天然食品，也可能是人工合成的。它們在增加麵包的味道方面有著很重要的作用。此外，根據麵包的種類，還可以選用各種香料為麵包增加味道。常用的香料有多香果、梅斯、頁蒿、茴香、芫荽、生薑、丁香、小茴香、罌粟籽和肉桂等。

三、麵包生產原理與工藝

在製作麵包中，最基本的工作是準確地使用各種原料，如果稍有大意，將會影響麵包的品質。因此，應選用適合的原料，不要隨便選擇代用品。在生產麵包的過程中，如何使麵糰產生氣體也是關鍵。麵包師們常使用酵母、蘇打粉和發粉或利用和麵技術讓空氣捲至麵糰中使麵糰鬆軟。麵包只有富有彈性才會受到人們的青睞。通常，麵包的彈性來自麵包中的麵筋質，由麵粉中的蛋白質形成。麵包中的麵筋質愈高，其彈性愈大，反之，彈性小。合格的麵包粉蛋白質含量約在11%～13%。麵包品質還受和麵技術及麵糰的含水量影響。一般情況下，麵糰含水量與麵包品種有關，不同品種的麵包，其麵糰需要的含水量不同。

1.酵母麵包製作技巧

酵母麵包是以酵母作為發酵劑，質地鬆軟，帶有濃郁的香氣。其製作技巧複雜，要經過和麵、揉麵、醒麵、成型、再醒麵、烘烤、冷卻和儲存等程序。其中，任何一個生產程序的品質都影響麵包的品質。酵母麵包應質地柔軟、膨鬆、鮮嫩，發酵均勻。它的外觀應整齊，表皮著色均勻，沒有裂痕和氣泡。麵包的味道應當鮮美，沒有酵母味。

（1）麵糰

酵母麵包常使用非油脂麵糰、油脂麵糰和油酥麵糰為原料。

非油脂麵糰一種是以麵粉、水、酵母和鹽為主要原料製成的麵糰。這種麵糰

適於製作法國麵包、義大利麵包及其他硬質麵包和外皮酥脆的麵包。在非油脂麵糰中，如果摻入其他原料和香料可以製作各種味道的麵包。全麥麵包和黑麵包也是以非油脂麵糰為原料。一些非油脂麵糰也可以含有少量的氫化油脂、蛋、白糖和牛奶。但是，它的油脂和糖的含量不能過高。這種麵糰適用於白色方麵包和正餐小麵包。

油脂麵糰除了含有非油脂麵糰的全部成分外，還含有較多的油脂、蛋和白糖。油脂麵糰又可分為高糖麵糰和低糖麵糰。含糖高的油脂麵糰適於生產早餐麵包和丹麥麵包及各種油酥麵包。含糖量低的油脂麵糰適於生產正餐麵包。這種麵糰含有較高的奶油和蛋。

油酥麵糰可分為兩個種類：含糖低的油酥麵糰和含糖高的油酥麵糰。含糖低的油酥麵糰是製作牛角麵包的原料，含糖高的油酥麵糰是製作丹麥麵包的原料。為製作油酥麵糰，廚師將含有少量氫化油脂、蛋、白糖和牛奶的非油脂麵糰　成片。然後，在麵片中加入奶油或人造奶油使麵糰增加層次以生產酥鬆的麵包。

在酵母麵包中，麵筋產生的數量與麵粉的品種有關，與加入酵母的方法和數量及和麵方式有關。一個合格的麵糰應表面光滑，質地均勻。

（2）和麵

酵母麵包使用兩種和麵方法：直接和麵法（Straight Dough Method）和二次和麵法（Two Stage Method）。直接和麵法是將乾性原料和液體放在一起，一次性攪拌成麵糰的方法。先將酵母溶化，再與其他原料和在一起以保證酵母分散均勻。有些廚師先將油脂、糖、鹽、奶製品和調味品輕輕地攪拌在一起，然後逐漸地加入蛋液、水、最後加麵粉和酵母，直至攪拌成光滑的麵糰。二次和麵法是透過兩次攪拌原料製成麵糰。第一次將部分原料和酵母進行攪拌，透過一段時間，待它們發酵後，成為膨鬆體，再與剩下的部分原料一起攪拌，使它們再一次發酵。

（3）製作案例

例1，硬質麵包

原料：麵包粉1250克，水700克，酵母45克，鹽30克，白糖30克，油脂30克，蛋白30克。

製法：①使用直接和麵法，先將酵母用溫水溶化，使用中等速度攪拌，將各種原料放在一起，攪拌成麵糰，攪拌約10分鐘至12分鐘。

②在27℃溫箱內約發酵1個小時，揉麵，分份（450克為一個麵糰），以手工方法揉麵，醒發。

③根據麵包的種類和重量，將麵糰再分成10個至12個相等的麵糰（小麵包），或450克為一個麵糰，放入模具中成型或用手工成型，再醒發。

④麵包的表面刷上一層水，烘烤。烤箱的溫度200℃，前10分鐘帶有蒸汽，關閉蒸汽後，繼續烘烤，直至烤熟，表面成淺棕色。

例2，軟質麵包

原料：麵包粉1300克，水600克，酵母60克，鹽30克，白糖120克，低脂奶粉60克，氫化植物油60克，奶油60克，蛋120克。

製法：①使用直接和麵法和成麵糰，用中等速度，10分鐘至12分鐘。

②在27℃的發酵箱內發酵1.5小時。

③將和好的麵分為500克的麵糰，手工揉麵，醒發，分成12個麵糰。

④爐溫200℃，烘烤成熟。

例3，法國麵包

原料：麵包粉1500克，水870克，酵母45克，鹽30克。

製法：①使用直接法和麵，先將酵母用溫水浸泡，加麵粉和水，攪拌3分鐘，休息2分鐘後，再攪拌3分鐘，使用中等速度。

②在27℃的發酵箱內發酵1.5小時。透過手工按壓發酵的麵糰後再發酵1個小時。

③經過揉搓後，分成麵糰（法國麵包重量為340 克）（圓麵包為500 克）

（小麵包為450克）經過揉搓揉麵後再分成10個至12個小麵糰。

④爐溫200℃，前10分鐘使用蒸汽，關掉蒸汽後，繼續烘烤，直至成熟。

例4，丹麥麵包

原料：牛奶400克，酵母75克，奶油625克，白糖150克，鹽12克，蛋200克，小荳蔻2克，麵包粉900克，蛋糕麵粉100克。

製法：①用直接和麵法和麵，先使牛奶微溫，然後用牛奶將酵母溶化。

②用木鏟將125克奶油、糖、鹽、香料進行攪拌，直至光滑為止。

③用打蛋器將蛋打散。

④將麵粉、牛奶、奶油混合物和蛋混合在一起，使用和麵機和麵，攪拌時間約4分鐘，用中快速度。

⑤將麵糰放入冷藏箱，約20分鐘至30分鐘，使其鬆弛。

⑥ 成1釐米或2釐米的片，在麵片2／3面積上塗抹奶油，折疊成三層，先將沒有奶油的麵片折疊。

⑦將疊好的麵片放冷藏箱20分鐘，使麵筋鬆弛，在常溫下醒發片刻後，重新 成片狀，疊成三層。

⑧將麵片 成長方形，寬度為40釐米，長度根據生產數量，厚度約0.5釐米，塗上奶油。根據具體需要，可製成不同形狀的麵包，例如，玩具風車和佛手等。

⑨在32℃的溫箱內醒發，表面刷上蛋液，在190℃的烤箱內烘烤成熟。

2.速發麵包製作技巧

生產速發麵包最基本的和麵工藝是油酥麵包法（Biscuit Method）和馬芬法（Muffin Method）。

（1）油酥麵包法

先將固體油脂（奶油或人造奶油）切成小粒，將麵粉、鹽和發粉過篩後，與

粒狀油脂進行攪拌。當油脂與麵粉均勻地攪在一起，出現米粒狀的顆粒後，加入液體，使它們黏成柔韌的麵糰。最後，將麵糰放在面板上，用手揉搓，大約1分鐘至2分鐘。這樣，可增加麵包的層次，使其鬆酥。

（2）馬芬法

該工藝特點是麵糰中麵粉的含量較大，油脂和糖含量較少。和麵時，首先將乾性原料攪拌均勻。然後，加入適量的液體攪拌而成。使用這種方法應當注意控制攪拌麵糰的時間，攪拌的時間過長會產生過多的麵筋，使麵包增加不必要的韌性，而且其麵糰內部會有過多的氣泡，麵包的表面會出現尖頂現象。麵糰攪拌時間過短，麵包的質地會發硬，不鬆軟，麵包容易出現易脆的現象。優質的速發麵包形狀要統一，邊緣應垂直，頂部呈圓形。麵包的形狀和大小應當均勻，產品的體積應是麵糰的兩倍。麵包表面呈淺褐色，顏色均勻，沒有斑點，味道鮮美，沒有苦味。麵包的質地應當柔軟和膨鬆。

（3）速發麵包製作案例

例1，油酥麵包

原料：麵包粉500克，蛋糕粉500克，發粉60克，白糖15克，鹽15克，奶油或其他油脂（或各占一半）310克，牛奶或酸奶750克，蛋液（作為塗抹液）適量。

製法：①使用油酥麵包法和麵。

②將和好的麵糰揉麵後，分為4個麵糰， 成1釐米厚的麵片，切成理想的形狀。

③將造型的麵包坯放在墊有烤盤紙的烤盤上，上面刷上蛋液，放入烤箱內烘烤。

④烤箱內溫度220℃，烤至表面金黃色，高度是原來麵糰的兩倍時為止。

例2，橘子桃仁麵包（Orange Nut Bread）

原料：白糖350克，天然橘子香料30克，點心粉700克，脫脂奶粉60克，發

粉30克，小蘇打10克，食鹽10克，核桃仁350克，蛋140克，橘子汁175克，水450克，奶油或氫化蔬菜油70克。

製法：①用馬芬法將麵粉和其他原料攪拌成稠麵糊。

②將馬芬（Muffin）模具擦乾，刷油。

③將和好的麵糊放入馬芬模具中。

④將烤箱溫度調至190℃。預熱後，將放有麵糰的模具放烤箱內，約烤30分鐘，待麵包烤至金黃色成為膨鬆體即可。

例3，雞蛋泡芙

原料：蛋500克，牛奶1,000克，鹽16克，麵包粉500克。

製法：①用打蛋器打蛋、牛奶和鹽，使它們攪拌均勻成為蛋牛奶糊。

②在牛奶蛋糊內，放麵粉，用木鏟攪拌，製成稠的麵粉糊。

③將馬芬模具刷油，將麵糊放入每個模具，高度是模具的2／3。

④將爐溫調至100℃，預熱後再將爐溫調至230℃放入烤箱中，烘烤約20分鐘，待雞蛋泡芙充分膨脹後，成為金黃色，立即從爐中取出。

各式法國麵包（French Bread）

荷蘭土司片（Holland Toast）

牛角麵包（Croissant）

第三節 蛋糕、派、油酥麵食和布丁

一、蛋糕生產原理與工藝

蛋糕是由蛋、白糖、油脂和麵粉等原料經過烘烤製成的甜點。蛋糕營養豐富，味道較甜，質地鬆軟，含有較高的脂肪和糖。

1.蛋糕種類與特點

（1）油蛋糕（Butter Cakes），也稱為奶油蛋糕、高脂肪蛋糕。它由麵粉、白糖、蛋、油脂和發酵劑製成。在奶油蛋糕中，各種原料數量的比例非常重要。傳統的配方中，白糖的數量往往超過麵粉，液體的數量通常超過白糖的數量。當今，奶油蛋糕的油脂已經擴大化了，可以是奶油、人造奶油、氫化蔬菜油等。由於奶油蛋糕的配方不同，因此，奶油蛋糕可以是黃色蛋糕、白色蛋糕、巧克力蛋糕、香料蛋糕。奶油蛋糕的特點是質地柔軟滑潤，氣孔壁薄而小，分布均勻。

（2）清蛋糕（Foam Cakes），也稱為低脂肪蛋糕或發泡蛋糕。清蛋糕使用少量的油脂或不直接使用油脂。由於清蛋糕中含有經過打的蛋。因此，它既蓬鬆又柔軟。清蛋糕又可以分為兩種類型：天使蛋糕（Angel Cake），僅蛋白等原料生產的蛋糕，白色，蛋糕蓬鬆。海綿蛋糕（Sponge Cake），用全蛋製成的蛋糕，質地鬆軟，金黃色。

（3）裝飾蛋糕（Decorated Cake）。使用奶油、巧克力、水果等原料為蛋糕塗抹、填餡和裝飾等方法製成的蛋糕。

2.蛋糕品質標準

蛋糕的形狀應四邊高度勻稱，中部略呈圓形，外形勻稱。其表面應當光滑，呈金黃色。蛋糕質地應當蓬鬆，氣孔壁薄而小，組織細膩，味道鮮美，沒有苦味和異味。

蛋糕質量問題	產生問題的原因
氣泡不足	麵粉數量少，液體過多，發酵劑數量過少，爐溫太高。
外形不整齊	攪拌方法不適當，麵團外觀不整齊，爐溫不均勻，烤爐架沒有放好，烤盤彎曲。
表面顏色太深	糖多，爐溫過高。
表面顏色太淺	糖少，爐溫太低。

續表

蛋糕質量問題	產生問題的原因
表面出現裂口	麵粉過多或麵粉硬度高，液體含量低，攪拌方法不適當，爐溫過高。
表面潮濕	烘烤時間少，冷卻時的通風時間不充足。
內部網眼過小	發酵劑不足，液體多，糖多，爐溫過低，油脂太多。
質地不均勻	發酵劑太多，雞蛋少，攪拌方法不適當。
內部質地脆弱	發酵劑數量過多，油脂數量過多，麵粉種類不適當，攪拌方法不正確。
內部質地不鬆軟	麵粉含麵筋質過高，麵粉含量過高，糖或油脂數量過高，攪拌時間過長。
味道不理想	原料質量問題，儲存或衛生問題。

3.製作案例

例1，磅蛋糕（Pound Cake）

原料：奶油500克，白糖500克，蛋500克，蛋糕麵粉500克，香草精5毫升。

製法：①使用常規法和麵，將所有的原料用秤或天平秤準確，原料的溫度必須是室溫。先攪拌油脂和糖，待糖和油脂混合在一起並呈現光滑而且將空氣裹入糖油混合物時，根據食譜的需要放少許細鹽和調味品。然後，將蛋分次放入糖油混合物中並不斷地攪拌和打。最後，加入乾性原料和液體原料，製成很稠的麵糊。

②將麵糰分份，以500克重為一個麵糰，放入6釐米×9釐米×20釐米的烤盤內。

③烤箱的溫度調至180℃，約烤40分鐘，直至烤熟。

例2，巧克力奶油蛋糕（Chocolate Butter Cake）

原料：奶油500克，白糖1000克，細鹽10克，溶化的淡味巧克力250克，蛋

250克，蛋糕麵粉750克，發粉30克，牛奶500克，香草精10毫升。

製法：①使用常規法和麵，將白糖和油脂攪拌均勻後，再放巧克力。

②將和好的麵糰分為500克重的麵糰，放入6釐米×9釐米×20釐米的烤盤內。

③烤箱的溫度調至180℃，約烤30分鐘，直至烤熟。

例3，白色蛋糕（White Cake）

原料：蛋糕麵粉700克，發粉45克，細鹽15克，乳化的植物油350克，白糖875克，低脂牛奶700克，香草精10毫升，杏仁精5毫升，蛋白470克。

製法：①使用二次和麵法和麵。

②將和好的麵糰分為375克重的麵糰，放入20釐米直徑的圓烤盤內。

③烤箱的溫度調至190℃，約烤25分鐘，直至烤熟。

例4，奶油海綿蛋糕（Butter Sponge Cake）

原料：蛋1000克，白糖750克，香草精和其他調味品15克，蛋糕麵粉750克，溶化的奶油250克。

製法：①使用泡沫法和麵。這種方法是先秤準確所有的原料，原料的溫度必須是室溫。將蛋和糖粉放在同一個容器中，將這個容器加熱至43℃，用機器打蛋和白糖，待發亮和變稠時放麵粉一起攪拌成糊狀。如果需要放一些奶油，應當在放麵粉後進行。

②製成375克的麵糰，放在烤盤內，溫度190℃，約烤25分鐘。

二、派與塔類生產原理與工藝

1.派（Pie）生產原理與工藝

派是餡餅，是歐美人喜愛的甜點，由英語單詞 Pie 音譯而成，有時翻譯成「派」。派是由水果、奶油、蛋、澱粉及香料等製作的餡心，外麵包上雙面或單面的油酥麵皮製成的甜點。派的特點是派皮酥脆，略帶鹹味，餡心有各種水果和

香料的味道。

派是西餐宴會、自助餐、單點和歐美人家庭中常食用的甜點，派的酥脆性與它的配方有緊密的聯繫。派皮的原料由麵粉、油脂、食鹽和水組成。酥脆的派皮應由低麵筋麵粉為原料，氫化植物油、鹽和水的比例應當適量，過多的鹽和水分會增加派皮的韌性。製作派的另一個關鍵點是和麵方法。有兩種和麵方法：薄片油酥法（Flaky Method）和顆粒油酥法（Mealy Method）。薄片油酥法是指麵粉和油脂攪拌成大顆粒，逐漸加水形成的麵糰；顆粒油酥法是指麵粉和油脂攪拌成小米粒形狀的顆粒，再加水，形成麵糰。

派的成型和烘烤很重要。麵糰的重量與派皮的尺寸有著一定的聯繫。通常225克的麵糰適作9英吋派的底派皮，而適作9英吋的上部派皮的麵糰重量是170克。通常170克的麵糰適作8英吋派的底派皮，而適作8英吋的上部派皮的麵糰重量是140克。裝餡與烘烤是關鍵。製作非烘烤派時，將製成的各種餡心填入煮熟的且涼爽的派皮內。應儘量在開餐的時候生產，保持派皮的酥脆。烘烤派時，將麵片放入派盤中，裝入混合好的餡心，放上部派皮，將上面的派皮挖幾個整齊的孔，根據食譜需要在上部派皮刷上牛奶、蛋和水，撒上少許的糖。烤派時，前10分鐘至15分鐘爐溫應是220℃～230℃。然後，根據各種派的特點保持或降低溫度，直至烤熟。水果派的烘烤溫度應保持220℃，直至烤熟。卡士達派的烘烤溫度應在165℃與175℃之間。

2.派的種類與特點

（1）單皮派是指派的底部有派皮，上部沒有派皮，僅有暴露著的餡心的餡餅。

（2）雙皮派是指派的上部和下部都有派皮，餡心包在派皮內，經過烘烤成熟的餡餅。

（3）非烘烤派是指將蛋、糖、打過的奶油、水果和果乾仁等原料，根據需要製成不同風味和特色的餡心，填入烤熟的並且是冷的派皮內，不再經過烘烤製成的派。例如，巧克力奶油派（Chocolate Cream Pie）、香蕉奶油派（Banana Cream Pie）、椰子奶油派（Coconut Cream Pie）、檸檬卡士達派（Lemon Custard

Pie）和奇芬派（Chiffon Pie）等。

（4）烘烤派是指將混合好的餡心填入烘烤成熟的或未烘烤的單皮或雙皮的派皮中，經過烘烤而成熟。例如，南瓜派（Pumpkin　Pie）和山核桃派（Pecan Pie）等。

（5）水果派（Fruit　Pie）是以水果、水果汁、糖和稠化劑為餡心經過烘烤製作的雙皮派。例如，蘋果派（Apple　Pie）、櫻桃派（Cherry　Pie）、黑莓派（Blueberry Pie）、桃子派（Peach Pie）等。

（6）卡士達派也稱為奶油蛋糊派，是單皮派。派皮上放經過打的奶油與蛋等原料製成的糊。糊中放入適量的香料與水果汁增加味道，經過烘烤而成。

（7）奇芬派也稱為蛋白派或蛋白派。它的餡心以蛋白為主要原料，其中加入適量的香料、水果汁和甜酒以增加味道。有時也加入一些鮮奶油。

3.塔的生產原理與工藝

塔是歐洲人對派的稱呼。派與塔都是指餡餅，都可以是單層外皮和雙層外皮，都有酥脆的外皮和餡心，派和塔都是在金屬模具（派盤）中烘烤成型的。但是，比較兩個名稱可以發現派的含義多用於雙皮派，並且是切成塊狀的。塔類多用於以奶油或氫化植物油、水、麵粉和蛋為原料製成的單皮餡餅或整個小圓派。

4.派和塔製作案例

例1，卡士達派（製作4.6公斤麵糰）

（1）製作派皮

原料：點心粉2.3公斤，油脂1.6公斤，鹽45克，水700克。

製法：①將鹽放入水中溶化，待用。

②將麵粉和油脂攪拌成米粒狀。

③將鹽水逐漸加入油麵中，不斷攪拌，直至水分全部吸收。

④將和好的麵糰放入盤中，冷藏2小時以上。

⑤冷藏好的麵糰　成圓形片，放入派盤中，烘烤成派皮。

（2）製作餡心（製作3.6公斤）（可以生產直徑9英吋的派4個）

原料：蛋900克，白糖450克，鹽5克，香草30克，牛奶2升，荳蔻粉2克。

製法：①打蛋，加白糖、鹽和香草，直至攪拌成光滑時為止。

②將牛奶加入蛋白糖溶液中，攪拌均勻。

（3）派皮與餡心合成

製法：①打蛋、牛奶混合物，倒入派皮上，上面撒上荳蔻粉。

②先用230℃將派烘烤15分鐘，然後用160℃烘烤約20分鐘。

例2，新鮮草莓派（Fresh Strawberry Pie）

（1）派皮製作同例1

（2）餡心製作

原料：新鮮草莓4公斤，冷水500克，白糖780克，玉米澱粉110克，檸檬汁60毫升，細鹽5克。

製法：①將草莓洗淨，用布巾吸乾外部水分。

②將900克草莓攪拌成泥，與水混合在一起，放白糖、澱粉和鹽，攪拌均勻，煮沸，冷卻直至變稠，放檸檬汁，攪拌均勻，製成餡心，冷卻。

③將其餘的草莓切成兩半或四半（根據大小）。

（3）派皮與餡心合成

將製作好的餡心和草莓填入涼爽的熟派皮內，冷凍即可（不要烘烤）。

三、油酥麵食生產原理與工藝

油酥麵食是以麵粉、油脂、蛋和水為主要原料經過烘烤製成的酥皮點心或油酥點心的總稱。它包括各式各樣小型的、裝飾過的油酥甜點。其中比較著名和傳統的品種有法式千層酥（Napoleon）和閃電泡芙（Eclair）。歐美人把這些小型

的油酥麵食稱為法國酥點（French　Pastries），而法國人稱它們為小點心（Les Petits Gateaux）。在歐洲，每個國家都有自己的特色酥點，這些油酥點心的特色表現在味道和工藝方面。在歐洲的北部比較涼爽的地方，人們喜愛食用以巧克力和打過的奶油為原料製作的油酥點心。在法國或義大利的南部，人們喜歡食用帶有蜜餞水果、杏仁醬或其他甜味原料裝飾的油酥麵食。在德國、瑞典和奧地利，人們喜愛食用有杏仁、巧克力和新鮮水果的油酥麵食。因此，油酥麵食的種類可以說是舉不勝舉了。常用的油酥麵食包括以下品種：

1.泡芙（Puff）

以奶油或氫化植物油、水、麵粉和蛋為主要原料製成的空心酥脆的圓形點心，內部填有甜味和鹹味的餡心。

2.閃電泡芙

以奶油或氫化植物油、水、麵粉和蛋為主要原料製成的小長方形或橢圓形的油酥點心，中間夾有打過的奶油，上部撒有白砂糖或塗抹巧克力或從擠花袋擠出的巧克力奶油糊作裝飾。

3.法式千層酥

一種多層的油酥點心，中間塗有打過的奶油或奶油蛋糊。有時上部撒有白砂糖作裝飾。

4.蛋塔（Tartelet）

在酥脆的派皮上裝有水果或奶油蛋糊等各式餡心的小型單皮派。

5.麥科隆

小型的酥脆點心，由杏仁醬、蛋白和白糖、麵粉為主要原料製成。麵食上部有冰淇淋、水果或蛋奶油糊等。

6.裝飾酥點

各式各樣的造型和味道的小型酥脆點心或餅乾。麵食的表面用白砂糖、果乾作裝飾。

7.蛋白酥點（Meringue）

以蛋白、白糖和香料為原料，經打製成麵糊，烘烤製成底托。麵食上部塗有打過的奶油、新鮮的草莓、冰淇淋及巧克力醬。

四、布丁生產原理與工藝

1.布丁概述

布丁是以澱粉、油脂、糖、牛奶和蛋為主要原料，攪拌成糊狀，經過水煮、蒸或烤等方法製成的甜點。歐美人在冬天喜歡食用熱布丁，在夏天喜歡食用冷布丁。布丁的種類及分類方法有很多。某些帶有鹹味的布丁還可以作為主菜。根據布丁的特色，布丁可分為熱布丁（Hot Puddings）、冷布丁（Cold Puddings）、巧克力布丁（Chocolate Puddings）、奶油布丁（Cream Pudding）、玉米粉牛奶布丁（Blanc Mange）、義大利那不勒斯布丁（Napolitaine Pudding）、英式白色布丁（Blanc Mange English Style）、聖誕布丁（Christmas Pudding）和麵包布丁（Bread Pudding）。根據布丁的製作方法，布丁可分為水煮布丁（Boiled Pudding），指以牛奶、糖和香料為主要原料，以玉米澱粉為稠化劑，透過水煮，冷凍成型的甜點；烘烤布丁（Baked Pudding），指以牛奶、蛋、糖、香料和麵包或白米為主要原料透過烘烤，製成的甜點。

2.布丁製作案例

例1，英式白色布丁（Blanc Mange English Style）（製作24份，每份120克）

原料：牛奶2.25升，白糖360克，香草粉15克，鹽3克，玉米澱粉240克。

製法：①先將2升牛奶和鹽放鍋中，用小火加熱，煮開。

②將250毫升冷牛奶與澱粉混合，攪拌，加入200克的熱牛奶。然後，倒入剩下的熱牛奶中，繼續攪拌。

③將混合好的澱粉牛奶用小火煮沸，變稠。

④將煮好的牛奶糊從爐上取下，放香草粉調味。倒在布丁模具中，倒入五分

滿。冷卻後，放冷凍箱，冷凍成型。食用時從模具中取出。

例2，麵包奶油布丁（Bread and Butter Pudding）（製作25份，每份160克）

原料：白色麵包薄片900克，溶化的奶油340克，蛋900克，白糖450克，鹽5克，香草精30毫升，牛奶2.5升，肉桂和肉荳蔻少許。

製法：①將麵包片橫切成兩半，上面刷上奶油，放入30釐米×50釐米的烤盤上。

②將蛋液、白糖、鹽和香草攪拌均勻。

③將牛奶放入雙層煮鍋，低溫加熱，逐漸地將蛋、白糖混合好的液體倒在熱牛奶中製成蛋牛奶糊（這種糊稱為卡士達糊）。

④將蛋牛奶糊倒入裝有麵包的烤盤內，上面撒上少許肉桂、肉荳蔻，再將裝好布丁糊的烤盤放在另一個大的烤盤內，大烤盤內放一些熱水墊底，水的高度應當是2.5釐米。

⑤烤箱預熱至175℃，將烤盤放入烤箱，大約需要35分鐘至40　分鐘，直至烤熟。冷卻後，上面澆上打過的奶油或比較稀薄的奶油蛋醬作裝飾。

例3，巧克力布丁（Chocolate Pudding）（製作10份，每份120克）

原料：可可粉30克，奶油150克，白糖300克，牛奶400克，蛋5個，麵粉200克，玉米粉40克，香草粉和發粉少許。

製法：①將麵粉、可可粉過篩，加白糖200克、牛奶160克、蛋黃3個、發粉和軟化的奶油攪拌，製成麵糊。

②用打蛋器將5個蛋白撈起後，與麵糊混合均勻，裝入布丁模具，裝八成滿，上鍋約蒸30分鐘，取出。

③將其餘的牛奶、白糖在鍋內燒開後，放玉米粉、香草粉、蛋黃2個（用冷水攪拌好），上火煮沸，製成奶油蛋汁。

④上桌前，將布丁放杯內，澆上奶油蛋汁。

第四節 茶點、冰點和水果甜點

一、茶點生產原理與工藝

茶點（Cookie）是由麵粉、油脂、白糖或紅糖、蛋及調味品經過烘烤製成的各式各樣扁平的餅乾和凸起的小點心。它們種類繁多，口味各異，有各種形狀。有些茶點的上面或兩片之間還塗抹有果醬或巧克力。歐洲人特別是英國人將這種小型的甜點稱為比司吉（Biscuit）。這種小點心或餅乾主要用於咖啡廳的下午茶。因此，稱為茶點。

1.茶點種類

（1）水滴式茶點（Dropped Cookie），透過滴落方法製成的茶點。

（2）擠花茶點（Bagged Cookie），將配製的麵糊裝入點心擠花袋中擠壓，麵糊透過布袋出口成為各種形狀。然後，烘烤成茶點。

（3）捲式茶點（Rolled Cookie），將麵糰 成厚片。然後，用刀切成片，烘烤成茶點。

（4）模型茶點（Molded Cookie），將重量相等的麵糰放入模具成型，製成各種茶點和餅乾。

（5）冷藏式茶點（Icebox Cookie），將茶點麵糰製成圓筒形。然後，在冷藏箱內存放4至6小時，用刀切成片。然後，切成各種形狀的茶點和餅乾。

（6）長條式茶點（Bar Cookie），烘烤後切成長條形。

（7）薄片式茶點（Sheet Cookie），烘烤後切成不同形狀的茶點和餅乾。

2.茶點製作技巧

茶點是西餐中具有特色的點心。它們常伴隨著咖啡、茶、冰淇淋和果汁牛奶食用。茶點種類繁多，各有特色，體現在形狀、顏色、味道和質地等方面。這些特點的形成來自原料的配製和和麵方法。茶點的製作技巧與蛋糕很相似，主要透過和麵、裝盤、烘烤和冷卻等程序。茶點成型技術不僅與產品品質緊密聯繫，還

影響著茶點的種類與造型。茶點成型主要是透過滴落法、擠壓法、　切法、成型法、冷藏法和長條法等。

3.茶點製作案例

例1，茶點（Tea Cookies）

原料：奶油250克，氫化蔬菜油250克，白砂糖250 克，糖粉120 克，蛋190克，香草精8毫升，蛋糕粉750克。

製法：①用油糖法和麵。

②用擠壓法將麵糊放入茶點袋中，透過麵食袋的花嘴將麵糊擠在放有烤盤紙的烤盤上。

③爐溫190℃，約烘烤10分鐘，將小茶點烤成淺金黃色。

例2，巧克力餅乾（Chocolate Chip Cookies）

原料：奶油500克，紅糖375克，白砂糖375克，細鹽15克，蛋250克，水125克，香草精10毫升，蛋糕粉750克，發粉　10　毫升，巧克力片　750克，碎核桃仁250克。

製法：①用油糖法和麵。將所有麵糊的原料用秤或天平秤準確，原料的溫度應當是室溫。先攪拌油脂和糖、細鹽及香料，待糖和油脂等原料混合在一起並呈現光滑後，放蛋和液體原料。最後，加入過篩的麵粉。

②使用滴落方法將稀軟的麵糊，透過製餅乾機滴入放有烤盤紙的烤盤上。

③爐溫190℃，約烘烤8分鐘至12分鐘，直至烘烤成淺金黃色。

例3，葡萄乾香味條（Raisin Spice Bars）

原料：奶油或氫化植物油250克，白糖400克，紅糖250克，蛋250克，葡萄乾750克，蛋糕粉750克，發粉7克，細鹽7 克，肉桂7 克，塗抹餅乾上部的蛋液適量，白砂糖適量。

製法：①將葡萄乾放入熱水中洗淨，用面紙吸去外部水分。

②用直接法和麵。

③用長條法將和好的麵分為4個相等的麵糰。冷藏後，製成圓桶形。然後，壓成或　成烤盤的長度的麵片。刷上蛋液後，將麵片烤成淺金黃色時，切成2.5釐米的長條，上面撒少許白砂糖作裝飾。

二、冷凍甜點（Frozen Dessert）生產原理與工藝

冷凍甜點是透過冷凍成型的甜點總稱。它的種類和分類方法都非常多。比較常見的和著名的品種有巴伐利亞奶油（Bavarian　Cream）、慕斯、冰淇淋、冷凍優格（Frozen rogurt）和雪酪（Sherbet）等。

1.巴伐利亞奶油

也稱作巴伐利亞奶油奶油，由蛋奶油糊加上果凍、水果汁、利口酒、巧克力及萊姆酒等各種調味品，經過攪拌製成糊，放入模具冷凍成型。

2.慕斯

由打過的奶油和蛋為主要原料，有時放少量果凍為稠化劑，經過打成為半固體的糊狀物，裝入模具，冷凍成型。上桌時，上面澆上咖啡、巧克力和水果醬等調味汁。

3.冰淇淋

由奶油、牛奶、白糖和調味劑為主要原料。根據需要放蛋白、蛋黃或全蛋，攪拌，製成糊冷凍成型。冰淇淋有多個品種，比較傳統的有以下品種：

（1）百匯（Parfait），是傳統的法國冷凍甜點，由蛋、白糖、打過的奶油、白蘭地酒和調味品製成。有時，百匯中放有水果，經過冷凍成型。食用時，放在高的玻璃杯中。美式的百匯特點是，各式冰淇淋分成數層放在高杯中。上面放打過的奶油、巧克力醬或各種風味的糖漿和果乾。

（2）聖代（Sundae），以冰淇淋為主要原料，上面澆上水果醬、巧克力醬或打過的奶油。常用碎果乾仁做裝飾品並放在甜點玻璃杯或金屬杯中。比較著名的聖代有以下幾種：

①梅爾巴桃（Peach Melba），以澳洲的女高音歌唱家內莉·梅爾巴（Nellie Melba，1861～1931）命名。由煮熟的兩個半片桃子和香草冰淇淋製成，放在甜點杯中。桃子的上面澆上水果醬和打過的奶油及少量的杏仁片。

②西洋梨塔（Pears Helene），是法國傳統的冷凍甜點。由煮熟的梨塊和香草冰淇淋組成，裝在甜點杯中，上面澆上巧克力醬。

（3）杯子甜點（Coupe），由各式高腳玻璃杯或其他形狀的金屬杯盛裝的冰淇淋和水果製成的冷凍甜點。

（4）雪糕（Bombe），由兩三種不同顏色和口味的軟化冰淇淋，經冷凍製成球形或瓜形的甜點，常被歐美人稱為雪糕冰淇淋（Bombe Glacee）。

（5）熱烤阿拉斯加（Baked Alaska），將冰淇淋放在一塊清蛋糕上，澆上蛋白和白糖製成的糊。使用烤箱，以高溫並快速地將蛋白糊烤成金黃色。

4.冷凍優格

由優格、調味劑和水果等為主要原料，根據需要放蛋和打過的奶油，經攪拌和冷凍，製成半固體的甜點。

5.雪酪

雪酪是一種用水稀釋的果汁，起源於土耳其。當今的雪酪是由碎冰塊、水果汁、牛奶，有時放蛋白和少量的葡萄酒或利口酒，甚至放一些果凍增加濃度，經冷藏製成的飲料式的點心。

6.冷凍點心製作案例

例1，巴伐利亞奶油（製作24份，每份90克）

原料：無味的果凍45克，冷水300克，蛋黃12個，水40克，牛奶1升，香草精15毫升，濃奶油1升。

製法：①將果凍放入冷水中。

②將蛋黃和白糖放在一起，用打蛋器打，直至溶液發亮和變稠，再將牛奶慢慢地倒入打好的溶液中並不斷地打。同時，將裝有牛奶蛋液的容器放入熱水中，

加熱，繼續打，直至溶液變稠。放入軟化的果凍，繼續打，直至製成蛋牛奶糊（卡士達糊）。放入冷藏箱冷卻，經常攪拌，保持光滑。

③用打蛋器打奶油，直至能夠固定形狀為止，將打好的奶油放入變稠的蛋牛奶糊中，輕輕地攪拌在一起，放入模具中冷凍成型。上桌時，從模具中取出。

例2，巧克力慕斯（Chocolate Mousse）（製作16份，每份150毫升）

原料：半甜的巧克力900克，奶油900克，蛋黃350克，蛋白450克，白糖140克，濃奶油500毫升。

製法：①將巧克力溶化，將奶油加入巧克力中，攪拌，直至完全融合在一起。

②將蛋黃慢慢地加入奶油巧克力混合體中，攪拌，直至完全融合在一起。

③用打蛋器打蛋白，直至打成泡沫狀，加白糖，繼續打，直至打成較堅固的泡沫狀。

④將打好的蛋白與巧克力混合體放在一起。

⑤打奶油成泡沫狀，與巧克力蛋白混合體混合在一起，製成稠的糊狀。

⑥用湯匙將奶油、蛋、奶油和巧克力製成的糊裝入模具中成型或用擠花袋擠成各種花形，然後冷凍成型。

三、水果甜點生產原理與工藝

水果（Fruit）已經成為當代西餐中不可缺少的甜點。水果甜點製作技巧比較簡單和靈活，水果可以不經過烹調或烹調後與其他原料一起製作成人們喜愛的甜點。

葡萄乾麵包布丁（Raisin Bread Pudding）

巧克力櫻桃派（Chocolate Covered Cherry Pie）

蘋果起司百匯（Apple Yogurt Parfait）

南瓜布丁（Quick Pumpkin Pudding）

鮮桃卡士達派Peach Custard Pie）

巧克力餅乾（Chocolate Chip Cookies）

本章小結

麵包是以麵粉、油脂、糖、發酵劑、蛋、水或牛奶、鹽、調味品等為原料，經烘烤製成的食品。麵包含有豐富的營養素，是西餐的主要組成部分。麵包用途廣泛，是早餐的常用食品，午餐和正餐的輔助食品。甜點也稱為甜品、點心或甜菜，是由糖、蛋、牛奶、奶油、麵粉、澱粉和水果等為主要原料製成的各種甜食。它是歐美人一餐中的最後一道餐點，是西餐不可缺少的組成部分。

思考與練習

1.名詞解釋題

白麵包（White Bread）、全麥麵包（Whole Wheat Bread）、圓形黑麥麵包（Round Rye Bread）、義大利麵包（Italian Bread）、辮子香料麵包（Braided Herb Bread）、老式麵包（Old-fashioned Roll）、各種正餐麵包（Dinner Rolls）、各種甜麵包（Sweet Rolls）、口袋麵包（Pita）、丹麥麵包（Danish Pastry）、布莉歐麵包（Brioche）、長方麵包（Loaf）、玉米麵包（Corn Bread）、愛爾蘭蘇打麵包（Irish Soda Bread）、馬芬（Muffin）、雞蛋泡芙（Popover）、甜甜圈（Doughnut）、鬆餅（Waffle）；巴伐利亞奶油（Bavarian Cream）、慕斯（Mousse）、冰淇淋（Ice Cream）、百匯（Parfait）、聖代（Sundae）、梅爾巴桃（Peach Melba）、西洋梨塔（Pear Helene）、杯子甜點（Coupe）、雪糕（Bombe）、熱烤阿拉斯加（Baked Alaska）、雪酪（Sherbet）。

2.思考題

（1）簡述麵包歷史與文化。

（2）簡述麵包種類與特點。

（3）簡述麵包原料及功能。

（4）簡述甜點含義與作用。

（5）簡述蛋糕生產原理。

（6）簡述茶點生產原理。

（7）簡述派與塔特生產原理與工藝。

（8）簡述油酥點心生產原理與工藝。

（9）簡述布丁生產原理與工藝。

第13章 廚房生產管理

本章導讀

本章主要對西餐生產管理進行總結和闡述。透過本章學習，可掌握西餐廚房的組織結構、組織原則、工作崗位設置、規劃與布局和設計原則；瞭解烹調設備、加工設備和儲存設備的特點及設備選購和保養；瞭解餐飲衛生管理的重要性、掌握食品汙染途徑、食品汙染預防、個人衛生、環境衛生和設備衛生及生產安全管理。

第一節 廚房組織管理

一、廚房組織概述

廚房是西餐餐點和麵食的生產部門，是生產西餐的加工廠。通常，西餐廚房組織以專業分工為基底，把有相同的技術專長的廚師組織在一起作為一個生產部門，從而建立若干個餐點和麵食的加工和生產部門。人們把這種分工原則稱為專業分工制。這一分工方法是由19世紀著名的法國廚師奧古斯特．埃斯科菲耶（Auguste Escoffier）和他的同事們研究和創造的。當時法國的社會和文化高度發達，一些著名的飯店已經開始經營單點及套餐業務，廚房工作不得不趨向專業化分工。目前，西餐廚房的基本工作部門如下：

（1）食品原料驗收與儲存。

（2）海鮮、禽肉、畜肉和蔬菜加工。

（3）湯和醬製作。

（4）餐點烹調。

（5）麵食加工與熟製。

（6）廚房輔助工作。

二、廚房組織結構

廚房組織有多種結構。一些企業的廚房組織龐大，廚房內設有多個部門。有些西餐廚房的部門較少。由於企業規模、菜單內容、廚房布局、廚房生產量等情況不同，因此，西餐廚房組織結構也不同。

1.傳統小型西餐廚房組織

傳統小型西餐廚房的全部餐點生產管理工作由一名廚師負責。該廚房配有若干個助手或廚工輔助加工和生產。如圖所示：

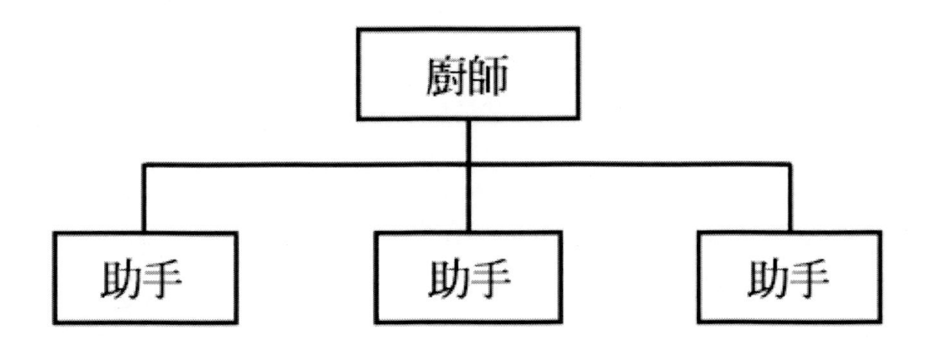

2.傳統中型西餐廚房組織

傳統中型西餐廚房按照餐點生產需要，將廚房分為若干部門。每個部門由一名領班廚師負責。廚房全部管理由一名全職或兼職的廚師長負責。如圖所示：

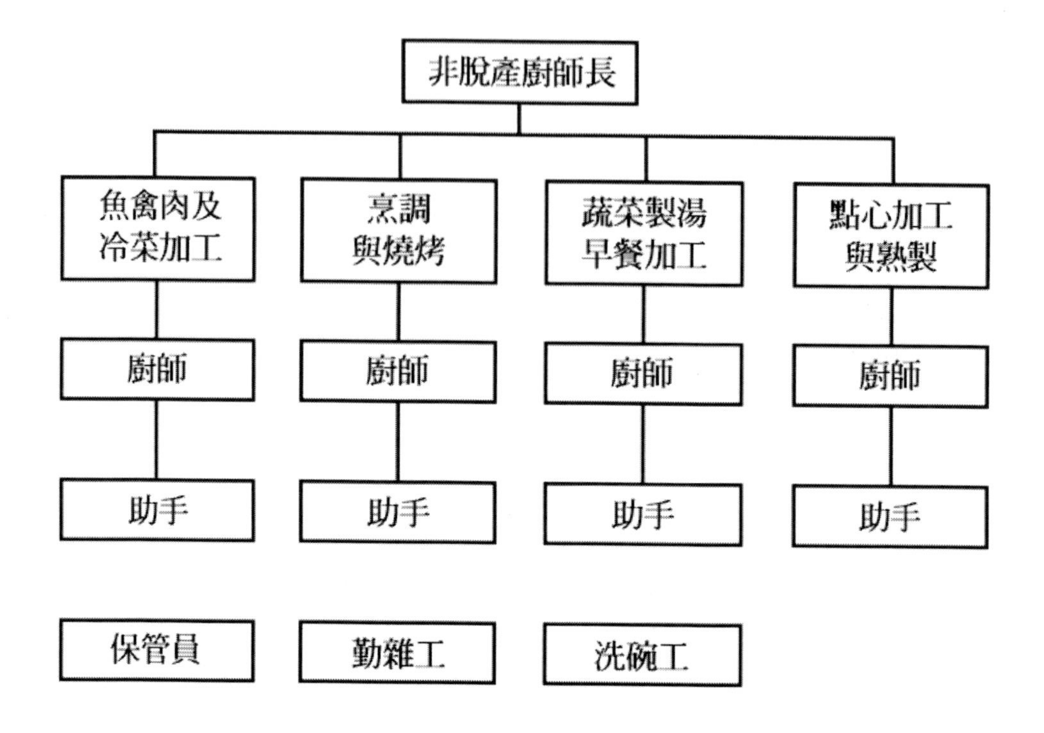

3.傳統大型西餐廚房組織

傳統大型企業的西餐廚房將廚房分為若干部門。由於大型西餐廚房不僅為單點（散客）生產餐點，還負責宴會生產。因此，餐點種類多，生產量大，部門設置比中型和小型企業多。部門內部生產分工細。大型傳統西餐廚房中的一個部門相當於一個小型廚房的人員編制。這類廚房常設一名行政總廚師長，全面負責廚房生產管理工作，另設兩名副總廚師長負責不同的部門。各部門的生產管理工作由領班或業務主管負責。如下圖所示：

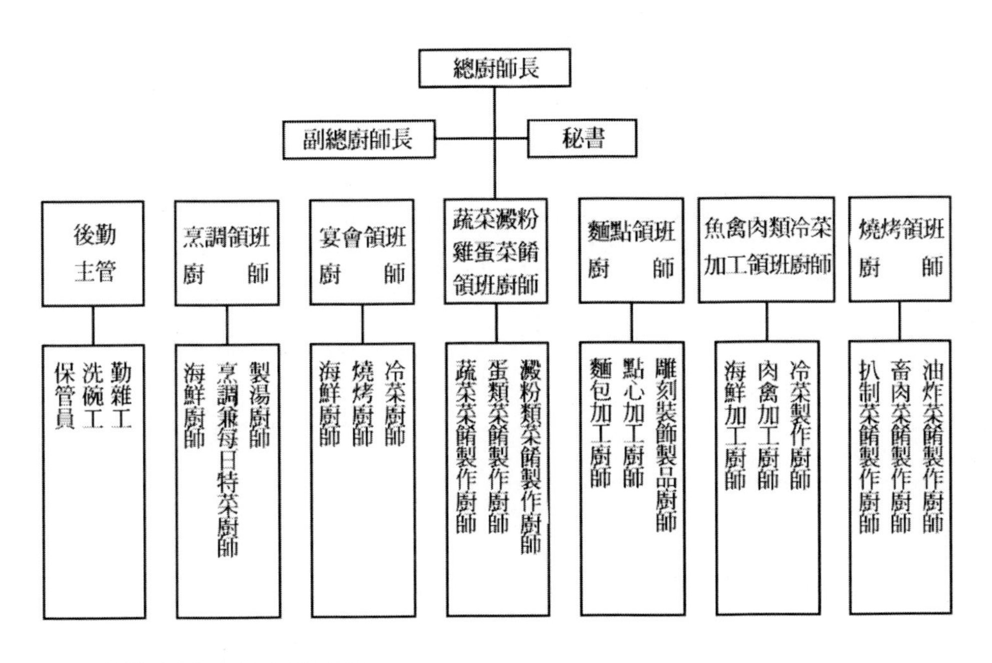

4.現代大型西餐廚房組織

現代大型西餐廚房是在傳統式西餐廚房基礎上發展起來的。其特點是，由一個主廚房和數個分廚房組成。主廚房是以生產和加工半成品及宴會為主的綜合性廚房，分廚房是把半成品加工為成品的餐廳廚房。一個主廚房可以為幾個部門加工半成品。因此，主廚房人員編制像傳統式廚房一樣，分為若干部門，每個部門負責某一項生產工作。分廚房不再設立部門。這結構節省勞動力，降低人工成本和經營成本，減少廚房占地面積，節約能源。如右圖所示：

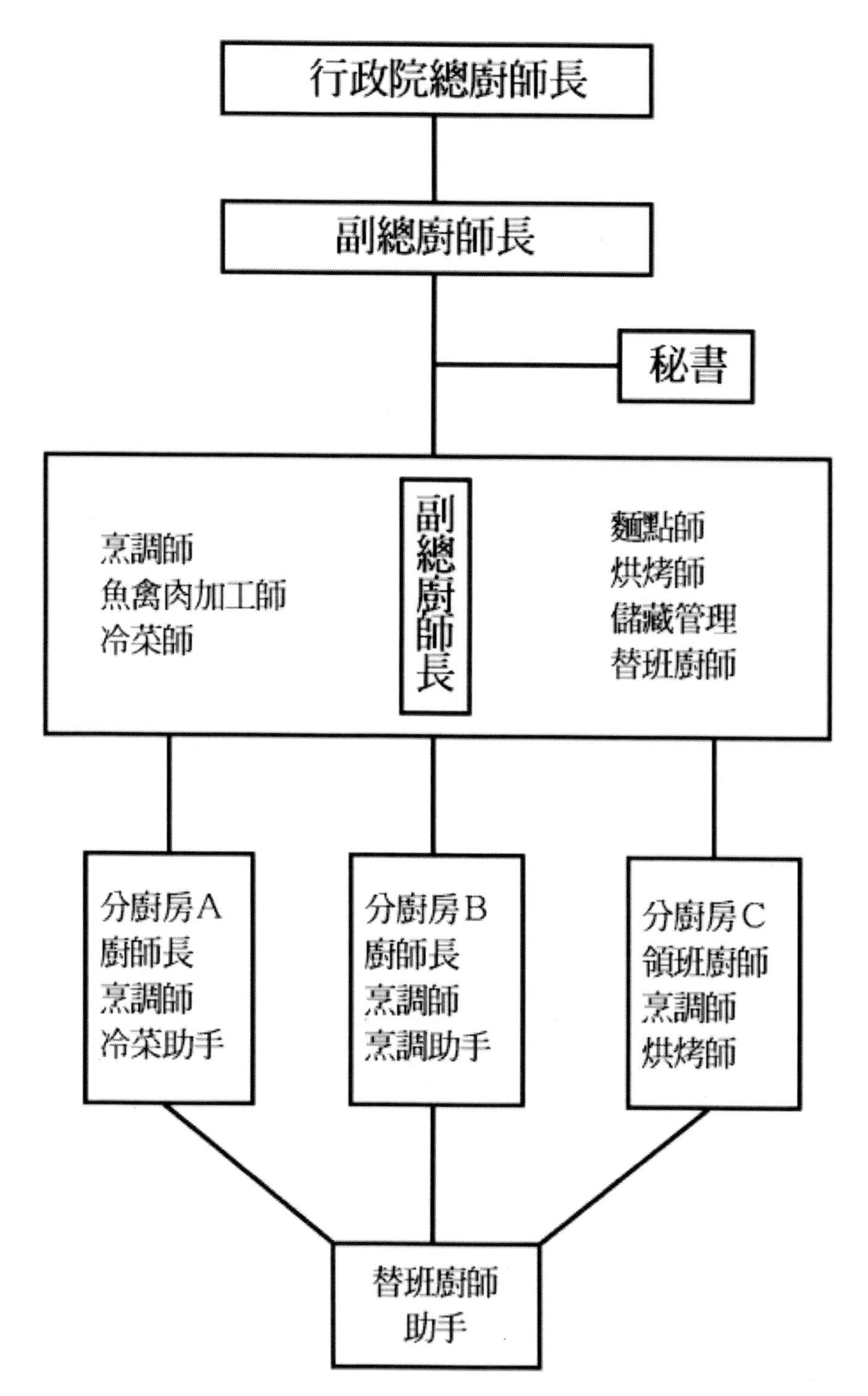
行政院總廚師長
副總廚師長
秘書
烹調師
魚禽肉加工師
冷菜師
副總廚師長
麵點師
烘烤師
儲藏管理
替班廚師
分廚房A
廚師長
烹調師
冷菜助手
分廚房B
廚師長
烹調師
烹調助手
分廚房C
領班廚師
烹調師
烘烤師
替班廚師
助手

三、廚房組織原則

1.與經營目標一致

西餐廚房組織的根本目的是實現企業的經營目標。因此，其組織設計的層次、幅度、任務、責任和權力等都要以經營目標為基底。當經營目標發生變化時，西餐廚房組織不能保持原來的模式，應及時隨著經營任務和目標作出相應的調整。例如，速食廚房、咖啡廳廚房和風味餐廳廚房的組織結構及任務完全不同。

2.合理分工與協作

現代西餐廚房組織結構的專業性較強，其部門與工作都是根據專業性質、工作類型而設計。例如，後勤部、燒烤部、醬和製湯部、蔬菜與麵食部、魚禽肉加工與冷菜部等。此外，各部門加強協作和配合，部門和崗位設置應利於橫向協作和縱向管理。

3.部門主管負責制

廚房組織必須保證生產指揮的集中統一，實行部門主管負責制。這樣，可以避免多頭領導和無人負責，實行一級管理一級，避免越權指揮。例如，烹調部門的廚師只接受本部門主管人員的指揮，其他部門管理人員只有透過該主管人員才能對該部門廚師進行協調。

4.有效的管理幅度

由於廚師精力、業務知識、工作經驗都有一定的侷限性。因此，西餐廚房組織分工應注意管理幅度。通常西餐廚房組織是按照專業進行分工的。

5.權責權利一致

建立崗位責任制，明確廚師和其他人員的層次、部門、崗位責任及他們的權力以保證工作有序。賦予部門主管和領班的責任和權力應當適合。責任制的落實必須與相應的經濟利益掛鉤，使廚房管理人員和廚師們盡職盡責。部門內的各崗位職權和職責應制度化，不隨意因人事變動而變動。

6.集權與分權相結合

廚房必須集中管理權力，統一指揮。為了調動廚師的積極性與主動性，方便各部門管理，廚房應賦予各部門一定權力。集權和分權的程度應考慮廚房規模、經營特點、專業性質及生產人員的素質和業務水準。

7.保持穩定性和適應性

廚房組織應根據飯店等級、飯店規模、飯店類型和具體經營目標而定，以保持廚房組織相對穩定性。為了適應企業發展，西餐廚房組織應有一定彈性，對組織部門和成員進行調整。

8.建立精簡的組織

廚房組織的設計應在完成其生產目標的前提下，力求精幹。組織形式和組織機構應有利於工作效率、降低人力成本，有利於企業競爭。

四、工作崗位設置

1.工作崗位設置原則

由於西餐廚房規模不同，生產類型不同，包括宴會廚房、風味餐廳廚房、咖啡廳廚房、速食式廚房等，建築風格、面積等不同，因此西餐廚房工作崗位、崗位級別和工作職責也不完全相同。西餐廚房崗位設置完全根據企業競爭需要。通常，根據工作人員專業知識、技術等級、業務能力、工作責任心、領導才能和創新精神授予他們不同的級別和崗位。

在大型飯店和企業，常設置行政總廚師長一名，負責西餐廚房生產管理工作。總廚師長是西餐廚房中最精通業務、最善於管理、最擅長和員工溝通的人。此外，每一職能西餐廚房（咖啡廳廚房、西式燒烤屋廚房）還應設廚房主管一名。每一廚房主管帶領若干名廚師及輔助人員完成行政總廚分配的工作。在小型西餐廚房中，廚師長僅為主管級別。

2.總廚師長（行政總廚）（Head Chef or Executive Chef）崗位職責

（1）任職條件

具有優秀的個人素質，作風正派，嚴於律己，有較強的事業心。熱愛本職工作，責任心強，有開拓市場和產品創新能力。具有大專以上文化程度，在西餐廚房工作10年以上的經歷並至少在西餐廚房兩個部門擔任過廚師領班，獲得高級西餐烹調技師資格者。熟悉各國西餐特點與品質標準，熟悉西餐烹飪方法，熟悉現代化西餐廚房生產設備。善於現代廚房管理，有號召力，善於與員工和其他部門溝通，有較強的經營意識，善於西餐成本控制、西餐成本和利潤計算。遵紀守法，嚴格執行國家和地區的衛生法規，防止食物中毒。瞭解各國飲食習慣和宗教信仰，具有良好的營養衛生和美學知識，可根據顧客需求與市場動態籌劃出既有營養又體現藝術的新潮西餐。

（2）崗位職責

負責西餐廚房的各項行政工作和生產管理工作，制訂並實施西餐廚房的生產計劃。定期召開西餐廚房的工作會議，研究和解決有關西餐生產和管理的一系列問題。參加餐飲部經理召開的工作會議，監督和帶領西餐廚房的全體工作人員完成餐飲部交付的工作任務，檢查西餐廚房的衛生與安全管理工作。與西餐廚房廚師一起進行餐點開發、餐點創新，設計出新潮、有特色並受顧客喜愛的固定菜單、單點餐單、宴會菜單、套餐菜單、季節菜單、每日特別菜單和自助餐菜單。加強西餐原料採購、原料驗收和原料儲存管理，降低損失，杜絕浪費，保證食品原料品質，使餐點價格有競爭力。對西餐廚房生產進行科學管理，健全西餐廚房組織與崗位責任制，嚴格餐點的成本管理和品質控制。對於重要的西餐宴會，親自製作並在西餐廚房現場指揮生產。

根據銷售情況和食品成本報表，及時調整菜單。根據採購部的有關食品原料價格變化，適時地調整餐點價格。審閱食品原料庫存報表，根據積壓的原材料，制定相應的菜單並通知宴會部經理和餐飲部經理。根據人力資源部對西餐廚房人力成本支出情況，及時調整西餐廚房工作人員。根據飯店人力資源部的培訓計劃對西廚師作出培訓計劃。審閱西餐廚房使用清潔用品及費用情況並及時作出改進或調整。與工程部一起制訂製作設備的保養及維修計劃。根據西餐宴會預訂單的用餐人數、宴會規格及時安排製作。隨時徵求服務人員關於餐點品質等的建議。

每天或定時召開西餐廚房的工作會議。

3.廚師長(廚師主管)(Chef or Chef de Partie)崗位職責

(1)任職條件

具有大專以上的學歷，西餐烹飪專業或餐飲管理專業畢業。在西餐廚房至少工作4年並擔任烹飪師3年以上的經歷。有高超的西餐烹飪技術，有廣泛的西餐製作知識，有西餐菜單籌劃能力。有管理知識和管理能力，熱愛本職工作，善於溝通。

(2)崗位職責

每天上班後，查看宴會預訂單，根據業務情況，做好一天營業的準備工作。根據宴會預訂單的日期、用餐人數、用餐標準，簽發領料單或申請購買原料的通知單。審閱前一天的餐點銷售情況、數量、品種。對前一天的暢銷餐點要準備充足的原料，對前一天的滯銷餐點要找出原因。及時瞭解設備的使用情況，通知工程部維修，以免耽誤廚房製作。檢查廚房的出勤情況，及時安排人力，彌補缺勤人員。根據訂單的數量安排製作。按照標準食譜規定的標準食品原料品種、數量和品質進行配料。按照標準食譜規定的製作程序和標準，進行加工和製作。在飯店，參加總廚師長和餐飲部召開的例會，將西餐廚房製作中出現的問題及時反映給總廚師長並提出改進的意見。例如，關於廚師的工作表現和出勤情況、設備的使用情況、製作中的困難、廚房的安全和衛生情況等。隨時檢查餐點的品質並提出改進意見。下班前檢查廚房或負責區域的衛生和安全。

4.廚師崗位職責

(1)任職條件

西餐烹飪專業畢業，大學專科學歷。西餐廚房工作3年以上，精通西餐各種餐點製作方法，熟練地掌握醬的製作。具有刻苦鑽研烹飪技術的精神，工作勤奮。

(2)崗位職責

按照標準食譜規定的配料標準、製作方法和程序將食品原料製作成符合企業品質標準的餐點。維護和保養廚房設備，每天檢查所使用的設備和工具，保證自己使用的設備和工具的正常使用。遵守國家和地區的衛生法規，保證食品衛生，防止食物中毒。根據廚房的培訓計劃，培訓廚工。保持自己工作區域的衛生。下班前，將自己的工作區域收拾乾淨。按時完成廚師長下達的製作任務。

（3）烹調師/醬廚師（Sauce Cook）職責

負責製作各種調味汁，負責各種熱菜的製作。負責各種熱菜的裝飾和裝盤。負責每天特別餐點的製作。

（4）魚禽肉冷菜加工廚師（Larder Cook）職責

負責魚禽肉的清洗、整理和切配工作。負責各種冷菜的製作。包括冷魚、冷肉、三明治、沙拉。

（5）製湯廚師（Soup Cook）職責

負責製作各種湯。包括清湯、濃湯、奶油湯、鮮蘑菇湯和民族風味湯。負責製作各種湯的裝飾品。

（6）魚料理廚師（Fish Cook）職責

在大型飯店常設有這一職務。在小型企業，這一職務由烹調師兼任。負責製作各種海鮮餐點和魚類餐點。負責製作各種海鮮和魚類餐點的調味汁。

（7）燒烤廚師（Broiler Cook）職責

在大型飯店常設有這一職務。在小型企業，這一職務由烹調師兼任。負責烤製（燒烤）各種畜肉、海鮮等餐點。負責製作各種烤菜的調味汁。負責製作各種煎炸的餐點。例如，炸海鮮、炸法式雞派、炸薯條等。

（8）蔬菜、蛋、澱粉類餐點廚師（Vegetable Egg and Noodle Cook）職責

在大型飯店常設有這一職務，在小型企業，這一職務由烹調師兼任。負責製作主菜的配菜。負責製作各種蔬菜餐點。負責製作各種蛋類餐點。負責製作各種澱粉類餐點。例如，義大利麵條、米飯、炒飯等。

（9）麵包與西點廚師（Pastry Cook）職責

負責製作各種麵包。負責製作各種冷熱甜鹹點心。負責製作宴會裝飾品。例如，巧克力雕、糖花籃等。

第二節 廚房規劃與布局

西餐廚房規劃是確定其規模、形狀、建築風格、裝修標準及其內部部門之間的關係。西餐廚房布局是具體確定西餐廚房部門內的製作設施和設備的位置和分布。

一、廚房規劃與布局籌劃

西餐廚房的設計與布局是一項複雜的工作。它涉及許多方面，占用較多的資金。因此，廚房籌劃人員應留有充分的時間，考慮各方面因素，認真籌劃，避免草率從事和粗心大意。西餐廚房設計與布局應根據餐廳或咖啡廳製作的實際需要，從方便廚房進貨、驗收及製作的安全和衛生等方面著手並為餐廳的業務擴展及將來可能安裝新設備留有餘地，要聘請專業設計人員和管理人員參加並諮詢建築、消防、衛生、環保和公用設施管理等部門，要閱讀有關西餐廚房設備的説明書，並聽取其他飯店或西餐企業管理人員的建議。

西餐廚房設計與布局不僅是設計人員、工程技術人員的工作，也是西餐廚房管理人員的重要職責。由於廚房管理人員對自己廚房的製作要求、製作設備及資金的投入情況等都比較清楚，因而可以為廚房的設計和布局提供有價值的建議，使廚房的建設更加完善和實用。一個科學的和完美的西餐廚房建設離不開西餐廚房管理人員的參與。

現代廚房設計與布局重視人機工程學在廚房設計中的應用，可以提高廚師和其他工作人員的工作效率及改善工作環境，降低廚房人力成本，提高飯店的競爭力，增加餐飲營業收入。人機工程學在西餐廚房中的應用使廚房製作工作更加安全和舒適，保證廚師和工作人員的健康，穩定西餐廚房的製作品質，有利於招聘和吸收優秀的廚師。綜上所述，西餐廚房設計與布局的籌劃工作應明確以下內

容：

（1）明確廚房的性質和任務。例如，是傳統餐廳廚房、咖啡廳廚房還是速食店廚房等。

（2）明確廚房占地面積。

（3）明確廚房的規模、餐點品種和製作量。

（4）明確廚房生產線及各部門的工作流程。

（5）明確設備的名稱、件數、規格和型號。

（6）明確廚房使用的能源。

二、廚房規劃總則

1.生產線暢通、連續、無回流現象

西餐製作要從領料開始，經過初步加工、切配與烹調等多個製作程序才能完成。因此，西餐廚房的每個加工部門及部門內的加工點都要按照餐點的製作程序進行設計與布局以減少餐點在製作中的囤積，減少餐點流動的距離，減少廚師體力消耗，減少單位餐點的加工時間，減少廚工操縱設備和工具的次數，充分利用廚房的空間和設備，提高工作效率。

2.廚房各部門應在同一層樓

西餐廚房各部門應在同一層樓以方便餐點製作和廚房管理，提高餐點製作速度和保證餐點的品質。如果廚房確實受到地點的限制，其所有的加工部門和製作部門無法在同一層樓，可將初步加工部門、麵食部門與熱菜烹調部門分開。但是，應儘量在各樓層的同一方向。這樣，可節省管道和安裝費用，便於用電梯把它們聯繫在一起，利於製作和管理。

3.廚房應儘量靠近餐廳

廚房與餐廳的關係非常密切。首先，餐點的品質中規定，熱菜一定是非常熱的，而冷菜一定是足夠涼的。否則，會影響餐點的味道和熱度。廚房距離餐廳較遠，餐點溫度會受到影響。其次，廚房與餐廳之間每天進出大量的餐點和餐具，

廚房靠近餐廳可縮小兩地之間的距離，提高工作效率。

4.廚房各部門及部門內的工作點應緊湊

西餐廚房的各個部門及其內部的工作點應當緊湊，儘量減少中間的距離。同時，每個工作點內的設備和設施的排列也應當緊湊以方便廚師工作，減少廚師的體力消耗，提高工作效率。

5.應有分開的人行道和貨物通道

西餐廚師在工作中常常接觸爐具、滾燙的液體、加工設備和刀具。如果發生碰撞，後果不堪設想。因此，為了廚房的安全，為了避免干擾廚師的製作工作，廚房必須設有分開的人行道和貨物通道。

6.創造良好、安全和衛生的工作環境

創造良好的工作環境是西餐廚房設計與布局的目標與核心。廚房工作的高效率來自於良好的通風、溫度和照明。低噪音和適當顏色的牆壁、地面和天花板。此外，西餐廚房應購買帶有防護裝置的製作設備，有充足的冷、熱水和方便的衛生設施並有預防和撲滅火災的裝置。

三、廚房設計原則

1.廚房選址

根據廚房的製作特點，廚房要選擇地基平、位置偏高的地方。這對貨物裝卸及汙水排放都有好處。西餐廚房每天要購進大量的食品原料，為了方便運輸，減少食品汙染，廚房的位置應靠近交通幹線和儲藏室。同時，為了有效地使用配套費，節省資金，西餐廚房應接近自來水、排水、供電和煤氣等管道設施。西餐廚房應當選擇自然光線和通風好的位置，廚房的玻璃能透進一些早晨溫和的陽光有益無害。但是，如整日射進強光會使已經很熱的廚房增加不必要的熱量，這樣既影響了員工身體健康又影響了廚房製作。西餐廚房設在飯店的一層至二層樓或頂層。廚房在一層樓或二層樓可以方便貨物運輸，節省電梯和管道的安裝和維修費用，便於廢物處理等。但是，西餐廚房在頂層可占據著自然採光和通風的有利條件，使廚房的氣味直接散發而不影響飯店的經營環境。

2.廚房面積

確定廚房面積是西餐廚房設計中較為困難的問題。這是因為影響廚房面積的因素有許多。一些資料上記載的數據顯示，廚房的面積與餐廳面積比例是1：2或1：3等，這只能給我們提供一些參考，絕不是標準的或唯一的數據。這是因為廚房的面積受許多因素的影響。影響廚房面積的因素有餐廳的類型、廚房的功能、用餐人數和設備功能等。目前，西餐廚房設計正朝著科學、新穎、結構緊湊的方向發展。

經營不同類型的西餐的企業，其廚房面積必然不同。這是因為菜單的品種愈豐富，餐點加工愈精細，廚房所需的設備和用具就愈多。因此，廚房所需的面積就愈大。反之，菜單簡單，餐點製作過程簡單，廚房需要的面積就小。西餐廳和咖啡廳用餐人數直接影響著西餐廚房面積。用餐人數愈多，用餐時間愈集中，西餐廚房面積的需求就愈大。西餐廚房使用的設備和食品原料也對廚房面積有直接影響，如果使用組合式的或多功能的設備及經過初步加工的原料，廚房面積就會小得多。不同類型的西餐廚房，其占地面積也不同。如主廚房（製作廚房），它的加工設備和烹調設備多，製作量大，需要的面積就大。餐廳廚房（分廚房）的製作設備少，製作量小，所需要的面積就小。西餐廚房的儲藏室、辦公室及其他輔助設施都會影響廚房的面積。這與企業管理的模式、食品原料的採購策略和數量有密切的聯繫。通常，庫存的食品原料簡單、庫存量小的廚房，廚房所需的面積就小。西餐廚房的面積還受它的形狀和建築設施的影響，不規則和不實用形狀的廚房占地面積就大。廚房的柱子和管道及不適宜的寬度都會影響西餐廚房的面積。

3.廚房高度

廚房的高度影響著廚師的身體健康和廚房的工作效率。廚房高度小會使人感到壓抑，影響餐點的製作速度和品質；而廚房過高會造成空間和經濟方面的損失。傳統上，西餐廚房的高度為3.6米至4米。由於廚房空氣調節系統的發展，現代西餐廚房的高度不應低於2.7米。當然，不包括天花板內的管線層的高度。由於西餐廚房的建造、裝飾和清潔費用與廚房的高度成正比，因此廚房的高度愈

大，它需要的建築費、維修費和清潔費用就愈多。

4.地面、牆壁和天花板

廚房是製作餐點的地方，廚房的地面經常會出現一些湯汁、水或油漬。為了廚房員工的安全和廚房的衛生，西餐廚房的地面應當選用防滑、耐磨、不吸油和水、便於清掃的瓷磚。如果地面所選用的材料有彈性，使工作人員走起路來感到輕便就更理想。最常見的廚房地面材料是陶瓷防滑地磚或無釉瓷磚。這種材料表面粗糙，可避免廚師在用力搬運物體時，尤其在移動高溫的油或湯汁時摔跤。但它的缺點是，不方便清潔。其他品種有水磨石地面和塑料地板等。它們易於清潔，有一定的彈性。但是，防滑性能差。

廚房的空氣濕度大。因此，它的牆壁和天花板應當選用耐潮、不吸油和水、便於清潔的材料。牆壁和天花板力求平整，沒有裂縫，沒有凹凸，沒有暴露的管道。常見的西餐廚房牆壁材料為白色瓷磚。廚房的天花板通常由可移動的輕型不鏽鋼板構成。這樣，廚房的牆壁和天花板都可以定時清洗。

5.通風、照明和溫度

西餐廚房除利用自然通風方法外，還應安裝排風和空氣調節設備。例如，排風罩、換氣扇、空調器等以保證在製作高峰時及時排除被汙染的空氣，保持廚房空氣的清潔。在有蒸汽的加工區域，由於及時排出潮濕的空氣，避免了因潮濕空氣滯留而滴水的現象，避免了廚師在蒸汽瀰漫的環境中工作。西餐廚房應採用其他的通風措施。例如，嚴格控制蒸煮工序，減少水蒸氣的散發；使用隔熱好的烹調設備，減少熱輻射；選擇吸水力強的棉布為工作服材料，製成比較寬鬆的工作服。

照明是西餐廚房設計的重要內容。良好的廚房光線是提高餐點品質的基礎並可避免和減少廚房的工傷事故。因此，應採用照明系統來補充廚房自然光線不足以保證廚房有適度的光線。通常，工作臺照明度應達到300勒克斯（lux）至400勒克斯，機械設備加工地區應達到150勒克斯至200勒克斯。

廚房溫度是影響餐點製作的重要因素之一，廚師在高溫的廚房工作會加速體

力消耗。廚房溫度過低會使廚師們手腳麻木，影響廚房工作效率。西餐廚房的溫度一般以在17℃～20℃為宜。

6.預防和控制噪音

噪音會分散人的注意力，使工作出現差錯。因此，在西餐廚房設計中應採取措施降低噪音，將廚房噪音控制在40分貝以上。但是，由於廚房排風系統及機械設備工作的原因，噪音不可避免。所以，在西餐廚房設計和布局中，首先應當選用優質、低噪音的設備。然後，採取其他措施控制噪音，減少廚房事故的發生。這些措施有隔離區、使用隔音屏障和消音材料、播放輕音樂等。

7.冷熱水和排水系統

為了保證西餐廚房製作和衛生的需要，西餐廚房必須具有冷熱水和排水設施。它們的位置必須方便加工和烹調。在各加工區域的水池和烹調爐的附近應有冷、熱水開關，在烹調區應有排水溝，在每個加工間應有排水口。供水和排水設施都應滿足最大的需求量。排水溝應有一定的深度，避免汙水外流，溝蓋應選用堅固並且易於清潔的材料。

四、西餐廚房布局原則

西餐廚房是由若干製作部門和輔助部門構成。這些部門又由若干個加工點和烹調點組成。合理的西餐廚房布局應充分利用廚房的空間和設施，減少廚師製作餐點的時間，減少廚師操縱設備的次數，減少廚師在工作中的流動距離，利於廚房製作管理，利於餐點品質控制，利於廚房成本控制。

1.卸貨臺和進貨口

在許多企業，為了方便卸貨，在廚房的外部，距離食品原料倉庫較近和交通方便的地方建立卸貨臺，卸貨臺要遠離客人的入口處。進貨口或驗貨口是廚房生產線的起點。為了便於管理，廚房通常只設一個進貨口，所有進入飯店的食品原料必須經過進貨口的檢查和驗收。在大中型飯店，食品原料驗收工作由財務部門或採購部門管理；而小型西餐企業，這些工作常由廚房負責驗收。驗貨口的空間大小應當方便貨物的驗收。同時，在驗貨口設有各種量器。根據美國餐飲管理協

會提供的數據，每日300人次的用餐單位，卸貨臺的面積不得小於6平方米。每日1,000人次的用餐單位，卸貨臺面積不少於17平方米。常見的卸貨臺高度為1.27米。卸貨臺用水泥製成，臺面鋪上防滑磚，卸貨臺的上面設有防雨裝置，卸貨臺的邊角用三腳鐵加固。

2.乾貨與糧食庫

西餐廚房常設有一個小型的乾貨和糧食倉庫。所謂乾貨指那些不容易變質的食品原料。如澱粉、糖與香料等。乾貨倉庫應建立在麵食間附近的地方，因為麵食間使用的乾貨原料比較多。乾貨庫內應當涼爽、乾燥並無蟲害。最理想的乾貨倉庫裡沒有錯綜複雜的上下水和蒸汽管道。庫房內根據需要，設有數個透氣的，並以不鏽鋼製成的櫥架。

3.冷藏庫和冷凍庫

儲存新鮮的食品原料常用冷藏或冷凍的方法。例如，各種禽肉、牛羊肉、各種海鮮、蛋、奶製品及蔬菜和水果等。為了保證餐點的水準，新鮮的原料需要冷藏儲存；而海鮮、禽肉和牛羊肉需要冷凍儲存。現代西餐廚房使用組合式冷庫，該冷庫常分為內間倉庫和外間倉庫。內間倉庫溫度低，作為冷凍庫。外間倉庫溫度略高，作冷藏庫。為了食品衛生和使用方便，有些大型的西餐廚房將冷藏庫和冷凍庫分開或根據原料的種類，分設若干個冷藏庫和冷凍庫。

4.員工入口

許多飯店和餐飲業在廚房前設立工作人員入口並在入口處設立打卡機和員工上下班的時間記錄卡。在入口處的牆壁上常有廚房告示牌，供張貼廚房近期的工作安排和員工一週的值班表。

5.廚房辦公室

許多西餐廚房都設立辦公室。辦公室常設在主廚房或製作廚房的中部，容易觀察廚房的全部製作工作又能監督廚房入口處的地方。辦公室的上部用玻璃製成，易於觀察。廚房辦公室內設有電腦和辦公家具等用品。

6.加工間、烹調間和點心間

加工間、烹調間和點心間是西餐廚房的製作區域。該區域是製作設備的主要布局區。根據餐點的加工程序，加工間應靠近烹調間。食品原料從加工間流向烹調間。然後，將烹製好的餐點送到餐廳。這樣既符合衛生要求又不會出現回流現象。

7.備餐間與洗碗間

備餐間坐落於餐廳與廚房之間。通常，備餐間設有咖啡爐、汽水機、製冰機、餐具櫃、客房送餐設備和工具等。餐廳常用的麵包、奶油、果醬、果汁和茶葉等也在這裡存放。有些西餐廚房的備餐間還兼有製作各種沙拉和三明治等功能。因此，備餐間的布局中應設有三明治冰櫃、工作臺和小型攪拌機等。

8.人行道與工作通道

科學的西餐廚房布局設有合理的廚房通道。西餐廚房通道包括人行道與工作通道。為了避免互相干擾，提高工作效率，人行通道應儘量避開工作通道。同時，人行道和工作通道的寬度既要方便工作，又要注意空間的利用率。通常，主通道的寬度不低於1.5米，兩人能對面穿過的人行道寬度不應低於0.75米，一輛廚房小車（寬度0.6米）與另一人互相可夠穿過的通道寬度不應低於1　米，工作臺與加工設備之間的最小距離是0.9米，烹調設備與工作臺之間的最小距離是1米至1.2米。

五、設備布局原則

西餐廚房設備的布局必須有利於餐點的品質和工作效率，減少廚師在製作中的流動距離。除此之外，還要考慮各種設備的使用效率。廚房設備的布局方法很多，常用的方法有「直線排列法」、「L形排列法」、「帶式排列法」、「海灣式排列法」、「酒吧式排列法」和「速食式排列法」。

1.直線排列法

將製作設備按照餐點加工程序，從左至右，進行直線排列。此外，烹調設備的上方應安裝排風設施。這種排列方法適用於各類廚房，尤其適用於較大型的西餐廚房。

2.「L」形排列法

「L」形排列法是將廚房設備按英語字母「L」的形狀排列。這種排列方法主要用於面積有限、不適於直線排列法的廚房。它的特點是將烹調爐具和各種蒸鍋和煮鍋分開，將烤箱、西餐爐、烤箱和炸爐排列在一條直線上，它的右方擺放煮鍋和蒸鍋以方便加工和烹調。這種排列法最適用於傳統餐廳。

3.帶式排列法

根據餐點的製作程序將廚房分成幾個部門，每個部門負責一種加工和烹調，各部門常用隔離牆分開以減少噪音和方便管理。每個部門設備都用直線法排列。這樣廚房中的各製作設備的布局像幾條平行的帶子。帶式排列法最大的優點是保持空氣清潔，減少廚師工作中流動的距離。

4.海灣式排列法

根據餐點加工需要，在廚房設立幾個部門或區域。每一個區域就是一個專業製作部門。例如，初步加工、三明治、冷菜、製湯、製作醬、燒烤和麵食等。每個部門的設備按英語字母「U」字排列。廚房出現了幾個「U」形區域，廚房會出現幾個海灣。這樣，西餐廚房的海灣式排列法即形成。這種排列法優點是，廚師和他們的設備相對集中，缺點是設備的使用率低。

5.酒吧排列法

這種排列法只適用銷售酒水的企業。許多小型酒吧除供應酒水外，還常供應一些簡單的食品。例如，義大利披薩餅、義大利麵條、炸薯條、三明治和沙拉等。由於酒吧面積有限，因此酒吧常在吧臺的後面安排一些小型而又實用的烹調設備。例如，小型而透明的披薩餅烤箱和小型西餐爐等。

6.速食店排列法

速食店廚房設備排列法是根據速食的經營特點而設計。由於速食店的餐廳離廚房很近且廚房面積有限，因此它的廚房常安排一些電動並且多功能的製作設備。例如，油炸爐、烤麵包機、鐵板爐和微波爐等。然後，將各種設備安排在廚房左右兩邊，中間留足面積。這種排列方法的優點是減少工作人員在服務時行走

的距離，省時、省能源，方便服務，利於廚房的清潔並避免廚房通道在繁忙時的擁擠現象。

第三節 製作設備管理

一、西餐設備概述

西餐製作設備主要指西餐廚房的各種爐具、保溫設備和切割設備等。製作設備對西餐品質有著關鍵作用。這是因為西餐餐點的形狀、口味、顏色、質地和火候等各品質指標都受製作設備的影響。現代西餐設備經多年實踐和改進，已經具有經濟實用、製作效率高、操作方便、外觀美觀、安全和衛生等特點。目前，許多西餐製作設備趨向於組合式、占地面積小並自動化程度高等特點。

二、烹調設備特點

1.烤爐（Broiler）

烤爐是開放式的烤箱，火源在爐子的頂端，內部有鐵架，可透過提升或降低鐵架的高度控制餐點受熱程度。這種烤爐使用的能源有電和煤氣兩種。由於烤爐的鐵架可以調節。因此，被烹製的食品不僅顏色美觀，而且成熟速度快。烤爐有大型和小型之分。

2.烤肉爐（Grill）

烤肉爐也是烤爐，其特點是火源在下方。爐子的上方是鐵條。食品放在噴過油的鐵條上，透過下邊的火源將食物烤熟。現代化的烤爐使用電或煤氣進行工作，而傳統的烤箱以木炭為燃料，經木炭烤製的食品帶有煙燻味。歐美人喜愛烤製的食品。現代烤箱在以電和煤氣為能源的基礎上，增加了燒木炭的裝置以增加餐點的香味。

3.平板爐（Griddle）

平板爐與烤箱很相似，它的熱源也在爐面的下方，熱源上方是一塊方形的鐵板。這種爐具外觀很像一個較大的平底煎盤。食物放在鐵板上，透過鐵板和食油

傳熱的方法將餐點煮熟。鐵板爐工作效率高，衛生、方便並實用。許多西餐餐點都適用平板爐進行烹製。

4.烤箱（Ovens）

烤箱是西餐廚房的主要設備。它用途廣泛，可製作甜點和麵包，可烹製各式餐點。它常以煤氣和電為熱源。烤箱的種類較多。根據烤箱的用途分類，可分為麵食烤箱和餐點烤箱。麵食烤箱與餐點烤箱的每個工作層高度不同，餐點烤箱內的每個工作層高度常為30釐米至78釐米，而麵食烤箱的為11.6釐米至23.2釐米。按照烤箱的工作方式，烤箱可分為標準式、對流式、旋轉式和微波式4種。

（1）標準式烤箱（Conventional Oven），其熱源來自烤箱底部或四周，透過熱輻射將食品烤熟。這類烤箱可以有數個層次。有的烤箱位於西餐爐具的下部與西餐爐連成一體，作為西餐爐的一部分。

（2）對流式烤箱（Convection Oven），其內部裝有風扇，透過風扇運動，使烤箱內的空氣不斷流動。從而使食品受熱均勻。對流式烤箱的工作速度比標準式提高了三分之一，工作溫度也比標準式溫度約高24℃。

（3）旋轉式烤箱（Revolving Oven）是帶有旋轉烤架的標準式烤箱。通常，在烤箱的外部有門，當烤架旋轉時，打開門，工作人員可接觸爐中的烤架，輸出被烹調的食物，可取出烤熟的餐點。旋轉式烤箱有多種設計。它適用於不同的製作量和製作目的。

（4）微波烤箱（Microwave Oven）是一種特殊的烤箱，食物不是直接受外部輻射成熟的，而是在烤箱內的微波作用下，食物內部的水分子和油脂分子改變了排列方向，產生了很高的熱量，使食品成熟。這種烤箱還稱為微波爐。微波爐的烹調存在著一定的侷限性。首先，爐內烘烤的食物不像普通烤箱那樣，將食物烤成漂亮的顏色。其次，微波烤箱只限於製作少量的食物。最後，放在微波爐內的容器只能是玻璃、瓷器和紙製品。任何金屬器皿都會反射電磁波。從而，破壞磁控管的正常工作。但是，新型微波爐已經安裝了燒烤裝置。這樣，餐點既可以透過微波烹調，也可以透過熱輻射烤製餐點。

5.西餐爐（Range）

西餐爐是帶有數個熱源（燃燒器）的爐具。這種爐具常用於西餐廳或咖啡廳的單點業務。它類似我們日常家庭煤氣爐的爐眼。通常，各爐眼可以單獨烹調不同的餐點。根據廚房需求，西餐爐的爐眼可以有2個、4個或6個等。爐眼有開放式和覆蓋式兩種，開放式的爐眼中的燃燒器可以直接看到，而覆蓋式爐眼的燃燒器被圓形金屬盤覆蓋。

6.炸爐（Fryer）

炸爐是用於油炸餐點的烹調設備，有3種類型：標準型、壓力型和自動型。

（1）標準型炸爐（Conventional Fryer）的上部為方形炸鍋，下部是加熱器，爐頂部為開放式。炸爐配有時間和溫度控制器。

（2）壓力型炸爐（Pressure Fryer）的頂部有鍋蓋。油炸食品時，爐上部的鍋蓋密封，使炸鍋內產生水蒸氣，鍋內的氣壓增高使鍋內的食品成熟。壓力炸爐製作的食品外部香脆、內部酥爛。它的工作效率非常高。

（3）自動型炸爐（Automatic Fryer）的炸鍋底部有個金屬網，金屬網與時間控制器連接，當食品炸至規定的時間，炸鍋中的金屬網會自動抬起，脫離熱油。

7.多功能西餐爐（Combined Range）

西餐爐（Range）

多功能西餐爐常由西餐爐、烤箱、平板爐、炸爐、烤箱和烤箱等組成。它的用途很廣泛，適用於許多烹調方法。例如，煎、燉、煮、炸、烤、烤等。根據用戶的需求或廠方的設計，它的組合方式有多種多樣。

8.翻轉式烹調爐（Tilting Skillet）

翻轉式烹調爐是一種實用和方便的設備，主要用於大型廚房。由兩部分組成，上半部是方形鍋，下半部是煤氣爐。由於它上面的鍋可以向外傾斜，故稱為翻斗式烹調爐，有時人們也稱它為翻轉式烹調鍋。它適用於多種烹調方法。例如，煎、炒、燉和煮等。它最適用於西餐宴會和自助餐。

9.傾斜式煮鍋（Boiling Pan）

傾斜式煮鍋常以蒸汽為熱能，適用於煮、燒和燉等方法製作餐點及煮湯。由於煮鍋可以傾斜，因此使用方便。廚師可透過調節氣體的流動和溫度計控制鍋內溫度。鍋外壁包著一個封閉的金屬外套。蒸汽不直接與食物接觸，而被注入煮鍋的外套與煮鍋之間的縫隙中，透過金屬鍋壁傳熱，使食物成熟。常用的蒸汽套鍋容量為10升至50升。蒸汽套鍋受熱面積大、受熱均勻、工作效率高。

10.蒸箱（Steam Cooker）

蒸箱是西餐廚房常用的烹調設備。許多餐點都是透過蒸的方法成熟。透過蒸的方法製作的餐點，味道和營養損失極少。常用的蒸箱有高壓蒸箱和低壓蒸箱兩種：高壓蒸箱以每平方英吋15磅的壓力進行工作；低壓蒸箱以每平方英吋4磅至6磅的壓力進行工作。蒸汽開關由控制器控制。通常，這種蒸箱的門不可隨時打開，必須等到箱內無壓時才能打開。壓力蒸箱工作效率高，還適於融化冷凍食物。其中，層式蒸箱的內部分為數個層次，適用於宴會的餐點製作。櫃式蒸箱適用單點製作。

三、加工設備特點

1.多功能攪拌機（Mixer）

多功能攪拌機是具有多種加工功能的設備。如和麵，攪拌蛋和奶油及攪拌肉餡等，是西餐廚房最基本的製作設備。多功能攪拌機包括兩部分：第一部分是裝載原料的金屬桶，第二部分是機身。機身由電機、變速器和升降啟動裝置組成，機身的上部還設有裝接各種攪拌工具的空槽。通常，攪拌機配有3種攪拌工具：第一種是打漿板，一個由細金屬棒製成的片狀物，用來攪拌較薄的糊狀物質。第二種是用來打蛋和奶油的打蛋器，它是由細金屬絲製成的。第三種是和麵桿，由較結實的鋼棒製成。攪拌機裝有速度控制器，其速度可以由每分鐘100轉至500餘轉等。有些多功能攪拌機還帶有切碎蔬菜的工具。

多功能攪拌機（Mixer）

2.切片機（Slicer）

切片機用途廣泛。例如，切起司、蔬菜、水果、香腸和火腿肉等。用切片機切割的食品厚度均勻，形狀整齊。常用的切片機有手動式、半自動式和全自動式3種類型。手動式切片機適用於小型廚房；半自動式切片機上的刀片由電機操縱，裝食品的托架由人工操作。其工作速度為每分鐘30片至50片；而全自動切片機的刀片和托架全是電動的，操作人員可根據具體需求調節它的切割速度。通

常，有些食品原料需要慢速切割。例如，溫度較高的食品或質地柔軟的食品；而某些質地結實的固體食品或不易破碎的食品適於快速切割。此外，透過調節裝置還可以控制食品的厚度。

3.絞肉機（Meat Grinder）

絞肉機由機筒、螺旋狀推進器、帶孔的圓形鋼盤和刀具組成。食品進入機筒後，被推進器推入帶孔的圓形鋼盤處。在這裡，經過旋轉著的刀具將肉類原料切碎。然後，透過鋼盤洞孔的擠壓，使原料成為粒狀物。當然，被切割食品的形狀與盤孔的大小相同。

4.鋸骨機（Meat Band Saw）

一些西餐廚房還設有鋸骨機，其用途是切割帶骨的大塊畜肉它透過電力使鋼鋸條移動，將帶有骨頭的畜肉鋸斷。

5.萬能去皮機（Peeling Machine）

萬能去皮機是專門切削帶皮蔬菜的設備，還可以洗刷貝類原料。它由兩部分組成，上部是桶狀的容器，下部為支架。桶狀容器用於盛裝被加工的原料，該機器裝有時間控制器和用玻璃製成的觀測窗。機器配有6種供洗刷和切割的刀具和工具：普通刷盤、馬鈴薯去皮刀、切割刀、洋蔥去皮刀、洗刷貝類的專用盤和旋轉式瀝水桶。

6.切割機（Food Cutter）

切割機是切割蔬菜、水果、麵包及肉類的機器。這種機器主要包括兩個部分，一個部分是用來盛裝原料的容器，另一個部分是可以旋轉的刀具。原料切割的大小將依照原料被切割的時間而定。根據需要，該機器可以安裝不同刀具。例如，切片刀具、切塊刀具、切絲刀具和切末刀具。

7. 麵機（Dough Rolling Machine）

麵機用於麵包房。它由托架、傳送帶和壓面的裝置組成。它可將麵糰壓成麵片。麵片的厚度由調節器控制。

四、儲存設備特點

西餐廚房離不開儲存設備。包括冷藏設備、保溫設備和各種貨架等。

1.冷藏設備(Cooler And Freezer)

通常，為了方便工作，除了在廚房安裝較大的冷庫外，廚房還應根據具體需要配置一些冷藏箱和冷凍箱。一般冷藏箱和冷凍箱連在一起成為一個整體。箱體分為兩大部分：一部分的溫度為3℃～10℃，作為冷藏箱和保鮮櫃。另一部分的溫度約為零下18℃，作為冷凍櫃。但是，飯店常選用單獨功能的冷藏箱或冷凍箱，因為它們比聯體式冷藏箱更實用。冷藏設備的種類多，最常用的品種有立式雙門和立式四門的冷藏箱和冷凍箱、臥式冷藏櫃和三明治冰櫃等。冷藏櫃既是冷藏箱又是一個工作臺。箱體內可冷藏食品並設有溫度調節和自動除霜系統。它的高度以工作臺高度為準並可調節，臺面很結實，配有三毫米厚的不鏽鋼板。而三明治冰櫃是咖啡廳不可缺少的儲藏設備。這種冰櫃的箱體頂部約有6～12個不鏽鋼容器，容器沉在箱體內，容器內裝有各種食品。

2.保溫設備(Hot-food Equipment)

保溫設備是現代廚房必備的儲存與製作設備。它的種類很多，不同型號和樣式的保溫設備具有不同的功能。例如，麵包房使用的發麵箱、烹調部門常用的燉鍋、保溫燈、保溫車等。

(1)發麵箱(Fermentation Tank)是供麵糰發酵的裝置。利用電源將水槽內的水加溫，使箱中的麵糰在一定的溫度和濕度下充分發酵。

(2)燉鍋(Steam Table)是透過水溫傳導將其食品保溫的櫃子。西餐廚房利用這一裝置為各種湯、熱菜調味汁、燉菜和燴菜等保溫。其工作原理與發麵箱相似。

(3)保溫燈(Heat Lamp)是用熱輻射方法保持餐碟或烤肉溫度的裝置。其外觀像普通的燈。然而，可產生較高的溫度，餐點在其照耀下可保持一定的溫度。

(4)保溫車(Heat Trolley)是透過電加熱為食品保溫的櫥櫃。通常，櫥櫃

下面有腳輪，可以移動，故稱為保溫車。

3.各種貨架

廚房中有各種各樣的貨架，貨架的材料常選用不鏽鋼板和鋼管。貨架是廚房不可缺少的儲藏設備。

五、製作設備選購

設備的選購是西餐廚房管理的首要工作。優質的西餐設備不僅能製作高水準的餐點，而且烹調效率高，安全，衛生，易於操作並可節省人力和能源。

1.選購的計劃性

現代西餐廚房設備不僅價格昂貴，而且消耗大量能源。因此，飯店應有計劃地購買廚房設備。通常，購買廚房設備的目的可分為：製作市場急需的餐點、提高餐點的品質、提高製作效率等。

（1）必要的設備是指保證咖啡廳和西餐廳製作的設備。他們既能保證咖啡廳和西餐廳餐點的品質，又能保證它們的製作數量。這些設備可為企業帶來利潤，是企業不可缺少的製作設備，是必須購買的設備。

（2）適用的設備是對咖啡廳和西餐廳業務有一定價值的設備，不是急需的設備。因此，不是必須購買的設備。

2.應符合菜單需求

西餐廚房設備購置的最基本原因之一是滿足菜單需要。在西餐經營管理中，製作任何餐點必須具備相應的製作設備。製作烤料理必須有烤箱，製作燴菜必須有西餐爐等。由於各種咖啡廳和西餐廳經營的餐點各不相同。因此，需求的製作設備也不相同。但是企業對西餐廚房設備的選購原則基本相同。那就是購買實用、符合菜單需求及便於操作的廚房設備。

3.購置效益分析

在選購西餐廚房設備時，一定要進行效益分析。首先，對選購的設備的經濟效益作出評估。其次，對購買設備的成本進行預算。同時，計算設備成本不應只

侷限於採購成本，還應包括設備的安裝費、使用費、維修費和保險費及其他相關費用。由於製作設備的原材料、型號、品牌、使用性能及其他方面的不同，它們的價值也不同。因此，購買設備前，應充分瞭解其性能並對不同樣式的設備進行比較。通常，價格較低的設備需要經常維護和保養，使用成本高。價格較高的設備結實、耐用，還節省人力和能源，使用成本低。不僅如此，有些設備需要配有輔助設施或市政管道設施，其安裝費用很高。所以，企業在選購設備前應認真對待這些問題。企業在評價設備效益時，常採用下面的公式，

$$H=\frac{L(A+B)}{C+L(D+E+F)-G}$$

其中，L＝規定的使用年限

A＝設備每年節省的人工費

B＝設備每年節省的能源費

C＝設備價格和安裝費

D＝設備每年使用的費用

E＝設備每年的維修費

F＝如果將C存入銀行等得到的利息

G＝設備報廢後產生的經濟價值

H＝設備的經濟效益值

按照以上公式，飯店在分析選購的西餐廚房設備時，應認真對待H的值。當，

H＝1時，說明設備節省的人工和能源費等於設備的全部投資費用。

H＞1時，說明設備節省的人工和能源費超過設備的全部投資費用。

H≧1.5時，說明購買設備完全值得。

4.製作性能評估

西餐設備製作性能直接影響西餐品質和製作效率。因此，在購買設備前，廚房管理人員應根據西餐廳和咖啡廳的具體需求對購買的設備逐個進行製作性能評估。通常，企業和廚房管理人員透過設備性能確定廚房設備。此外，選購設備時，還應考慮企業未來發展和設備使用的能源情況。對於投資較大的設備更應考慮周到。

5.安全與衛生要求

安全與衛生是選擇西餐廚房設備的主要因素之一。合格的西餐廚房設備，本身必須配有安全裝置，電器設備應採用適當的電壓，避免發生安全事故。設備中的利刃和轉動部件應配有防護裝置。設備應去掉鋒利的邊際和毛刺以防傷人。設備應由無毒、易於清潔的材料製成。設備的整體結構應當平整、光滑，不出現裂縫和孔洞，避免蟲害滋生。合格的西餐設備應具有易於清潔的特點。各種冷藏和冷凍設備都應保證所需要的儲藏溫度。設備的結構設計應便於拆卸和裝配以便定時清洗。

6.尺寸和外觀的標準

西餐廚房設備的大小應與西餐廳和咖啡廳的面積相符，否則不僅影響製作，影響廚房布局，還容易造成廚房事故。現代西餐廚房設備既是廚房製作工具，又是西餐廳的營銷工具。對於開放式廚房，其設備的外觀尤其重要。設備應採用不鏽鋼板和無縫鋼管等材料製成，應具有美觀、耐用、構造簡單，充分利用空間，沒有噪音，具有多種加工和製作功能等特點。

六、西餐廚房設備保養

在西餐廚房設備管理中，除了正確的選購外，平時的保養也是重要的內容。西餐設備的保養管理包括制訂保養計劃和實施保養措施。

1.制訂保養計劃

（1）對各種設備制定出具體的保養措施、清潔時間和方法。

（2）設備的各連接處、插頭、插座等要牢牢固定。

（3）定時測量烤箱內的溫度。清洗烤箱的內壁，清潔對流式烤箱中的電風扇頁。定時檢查烤箱門及箱體的封閉情況和保溫性能。

（4）定時清潔爐具和燃燒器的汙垢。檢查燃燒器指示燈及安全控制裝置，保持開關的靈敏度。

（5）定時檢查炸爐的箱體是否漏油，按時為恆溫器上潤滑油，保持其靈敏度。

（6）保持平板爐恆溫器的靈敏度，將常明火焰保持在最小位置。定時檢查和清潔燃燒器。

（7）定時檢查和清潔煮鍋中的燃燒器，檢查空氣與天然氣（煤氣）的混合裝置，保證它們正常工作。檢查爐中的陶瓷或金屬的熱輻射裝置的損壞情況並及時更換。

（8）及時更換冷藏設備的傳動帶。觀察它們的工作週期和溫度，及時調整自動除霜裝置。檢查門上的各種裝置，定時上潤滑油，保證其工作正常。定時檢查壓縮機，看其是否漏氣，保證製冷效率。定時清潔冷凝器，定期檢修電動機。

（9）定期檢查、清潔洗碗機的噴嘴、箱體和熱管。保證其自動沖洗裝置的靈敏度，隨時檢查並調整其工作溫度。

（10）對廚房熱水管進行隔熱保溫處理以增加供熱能力。

（11）定時檢查、清洗和更換排氣裝置和空調中的過濾器。定時檢查和維修廚房的門窗，保證其嚴密，保證室內溫度。

2.實施保養措施

（1）烹調設備的保養措施

①烤箱的保養措施。每天清洗對流式烤箱內部的烘烤間，經常檢查爐門是否關閉嚴實，檢查所有線路是否暢通。每半年對烤箱內的鼓風裝置和電動機上一次潤滑油。每天清洗多層電烤箱的箱體，每三個月檢修一次電線和各層箱體的門。

每天使用中性清潔液將微波爐中的溢出物清洗乾淨。每週清洗微波爐的空氣過濾器。經常檢查和清潔微波爐中的派氣管，用軟刷子將派氣管阻塞物刷掉，保持其暢通。經常檢查微波爐的門，保持爐門的緊密性、開關的連接性。每半年為微波爐的鼓風裝置和電機上油，保證其工作效率。

②西餐爐保養措施。每天對西餐爐頂部上的加熱鐵盤進行清洗，每月檢修西餐爐的煤氣噴頭。

③平板爐保養措施。每天清洗鐵板，每月檢修平板爐的煤氣噴頭並且為煤氣閥門上油一次。定期調整煤氣噴頭和點火裝置。

④烤箱保養措施。定期檢修和保養烤箱的供熱和控制部件，經常檢修煤氣噴頭，保持它們的清潔，每天清洗和保養烤架。

⑤油炸爐保養措施。每月檢修電油炸爐的線路和高溫恆溫器，保證恆溫器的供熱部件達到規定的溫度（通常約在200℃）時，自動切斷電源。如果使用以煤氣或天然氣為能源的油炸爐，每月應檢修它的煤氣噴頭及限制高溫的恆溫器。每天必須保養油炸爐的過濾器，定期檢修派油管裝置。

⑥翻轉式烹調鍋保養措施。每天清洗烹調鍋，使用中性的洗滌液。每月給翻轉裝置和軸承上油，經常檢修煤氣噴頭和高溫恆溫器。

⑦蒸汽套鍋保養措施。每天清洗套鍋，經常檢修蒸汽管道，確保壓力不超過額定標準。每天檢查減壓閥。每週檢修蒸汽彎管和閥門。每月為齒輪和軸承上油，清洗管道的過濾網和旋轉控制裝置。

（2）機械設備保養措施

①多功能攪拌機的保養措施。每天清洗攪拌機的盛料桶。每週檢查變速箱內的油量和齒輪轉動情況。每月保養和維修升降裝置，檢查皮帶的鬆緊，給齒輪上油。每半年對攪拌機電機及攪拌器檢修一次。

②切片機保養措施。每天清洗刀片，定時或每月為定位滑桿及其他機械裝置上潤滑油。

③削皮機保養措施。每月定期檢修傳送帶、電線接頭、計時器和研磨盤。每天清洗盛料桶。

第四節 衛生與安全管理

一、衛生管理重要性

衛生是西餐品質的基礎和核心。由於許多西餐餐點是生食或半熟食用。因此，保證原料新鮮，沒有病菌汙染是關鍵。西餐衛生管理包括食品衛生管理、個人衛生管理和環境衛生管理。衛生關係著人們的生命和健康。西餐企業不僅應為顧客提供有特色的餐點，更應為顧客提供衛生和富有營養的食品。根據美國餐飲協會對美國公民選擇餐廳的調查，美國公民對餐廳的選擇標準，首先是衛生，然後是餐點特色、餐點價格、餐廳地點和服務態度等。因此，衛生是西餐業成功的關鍵因素，良好的衛生為西餐企業帶來聲譽和經濟效益。

二、食品汙染途徑

一盤色、香、味、形俱佳的優質餐點，不一定是衛生的，很可能被病菌汙染。從而，給顧客帶來疾病。

1.病菌汙染

從食品原料的儲存、加工至烹調的全過程中，透過病菌作用導致餐點變質稱為病菌汙染。病菌汙染不僅降低了餐點的營養，還產生有害毒素。人食用了被汙染的餐點會引起食物中毒。

病菌為單細胞生物，體形細小，種類繁多，形態各異，有球狀、桿狀和螺旋狀。它由細胞壁、細胞膜、細胞質和核質體構成，經裂殖方式進行繁殖，繁殖速度受溫度、濕度、營養、光線、氧供給和酸鹼度等的影響。生長在0℃下的細菌處於休眠狀態，但依然保持生命。在高溫70℃～100℃條件下，病菌和毒素在數分鐘內會死亡。生長在60℃～74℃內的病菌，大多數已被殺死，少數病菌仍然有生命力，但已沒有繁殖能力。在7℃～60℃內的病菌，繁殖力最強。0℃～7℃屬於食品原料冷藏溫度。該溫度範圍內的病菌幾乎停止繁殖，但沒有死亡。此

外，一些病菌還構成孢子，孢子可經受高溫，在經歷數小時，溫度恢復正常後仍可繁殖。一些病菌排出的毒素與餐點混合在一起，經過幾小時，餐點變成了有毒食物。在適當溫度下，病菌每20分鐘繁殖一次。幾個小時後，病菌可繁殖數萬個。

（1）沙門氏菌屬汙染

沙門氏菌常寄生於牲畜和家禽的消化系統中，這種病菌從體內排出後，可引起一系列的直接或間接感染。如果人或動物食用了被沙門氏菌汙染的食物或水，排出的病菌會再一次汙染食物和水源。在食品原料中，被沙門氏菌汙染的有蛋、肉類和家禽。它們透過多種管道將病菌傳播到餐點上。例如，透過食品原料、病人、昆蟲的糞便、動物的爪子和毛，透過菜刀和砧板等工具，甚至透過人們的手接觸等。人食用了帶有沙門氏菌汙染的餐點，經過48小時的潛伏期，會出現腹痛、腹瀉、頭痛、發燒、噁心和嘔吐等症狀。

沙門氏菌（salmonella）

（2）葡萄球菌屬汙染

葡萄球菌常寄生在人的手、皮膚、鼻孔和咽喉上，也分布在空氣、水和不清

潔的食具上。該病菌常透過廚房和餐廳的工作人員的咳嗽、噴嚏或手接觸等方式將病菌汙染在食品上。牛肉和奶製品是這類病菌繁殖最理想的地方。人食用了被葡萄球菌汙染的餐點，經過約16　個小時的潛伏期，會出現腹痛、噁心、嘔吐和腹瀉等症狀。

（3）芽孢桿菌屬汙染

芽孢桿菌常寄生在土壤、灰塵、水和穀物中，耐熱力很強並能經受蒸煮存活下來，在15℃～50℃之間繁殖力最強。容易受該菌汙染的食物有甜點、肉類餐點、醬和湯類。人食用了被芽孢桿菌汙染的食物，經過8個至16個小時的潛伏期會出現腹痛、腹瀉、噁心和嘔吐。

（4）梭狀芽孢桿菌屬汙染

梭狀芽孢桿菌常寄生在人或動物的消化系統及土壤中。一些被汙染的餐點經過了蒸、煮、燒、燴和烤等方法加熱後，如果沒有熟透，常帶有梭狀芽孢桿菌。人食用了由梭狀芽孢桿菌汙染的食物，經過8小時至22小時的潛伏期，會出現腹痛和腹瀉等症狀。

2.黴菌汙染

近年來，人們愈加重視黴菌給人類造成的危害。黴菌是真菌的一部分，在自然界分布很廣。黴菌在糧食和飼料等食品中遇到適宜的溫度和濕度繁殖很快並在食物中產生有毒代謝物。它除了引起食物變質外，還易於引起人的急、慢性中毒，甚至使肌體致癌。

（1）黃麴毒素汙染

黃麴毒素主要汙染花生、豆類、玉米、白米和小米等食品。該黴素的毒性穩定而耐熱，在280℃時才能分解。人們食用了黃麴毒素汙染的食品可造成急性或慢性肝臟損傷、肝功能異常和肝硬化，還可誘發肝癌。

（2）穀物黴素汙染

穀物黴素汙染穀物。當儲存中的穀物含有較多的水分時，極容易發生霉變，

產生黃色穀物黴素。穀物黴素的毒性很強，人們食用了穀物黴素可引起腎功能損壞和中樞神經系統損壞。

3.原蟲與蟲卵汙染

原蟲也稱為寄生蟲。危害人類健康的寄生蟲主要有阿米巴原蟲、蛔蟲、條蟲、肝吸蟲和肺吸蟲等。

（1）阿米巴原蟲汙染

阿米巴原蟲為單細胞動物，身體形狀不固定，多生活在水中。它常寄生在人體內的結腸處，對人的腸壁、肝和肺等處進行傷害。阿米巴原蟲透過水源、人的手、蒼蠅等媒介汙染食物。人食用了阿米巴原蟲汙染的冷菜和甜點會引起發燒、腹痛、腹瀉（嚴重者便中帶血膿）和眼窩凹陷等。

（2）蛔蟲汙染

蛔蟲的形狀像蚯蚓，白色或米黃色，成蟲約4吋至8吋，白色或米黃色。它常寄生在人的腸壁上和牲畜的體內。蟲卵排出後進入土壤中，附在蔬菜上或混入飲水中。人食用了被蛔蟲卵汙染的沙拉等冷菜和飲料後，蟲卵在人體消化道發育成蟲。蛔蟲對人類危害很大。它在人體中吸取養料，分泌毒素，使人營養不良，精神不振，面色灰白，腹痛並且容易引起腸阻塞、闌尾炎和腸穿孔等疾病。一旦蛔蟲進入人的肝臟和膽管，會發展為其他疾病。

（3）條蟲汙染

條蟲呈扁平形狀，身體柔軟，像帶子。它由許多節片構成，每個節片各自有繁殖能力。條蟲寄生在人或動物的體內，幼蟲被人們稱作囊蟲，多寄生在豬和牛等動物體內，也寄生在人的體內。人食用囊蟲汙染的畜肉類餐點會出現皮下結節、全身無力。當囊蟲進入人體的腦、眼睛或心肌內會出現中風、雙目失明或心臟機能障礙。

（4）肝吸蟲汙染

肝吸蟲呈扁平狀，前端較尖，常寄生在動物或人體的肝臟內，蟲卵隨糞便排

出後，先在淡水螺體內發育，然後侵入淡水魚體內。人食用了被肝吸蟲汙染的生魚或半熟的魚會出現消瘦、腹瀉、貧血和肝腫大等症狀。

（5）肺吸蟲汙染

肺吸蟲常寄生在人和動物的肺部，蟲卵隨患者的痰及糞便排出，幼蟲寄生在淡水蟹和蝦內。人食用肺吸蟲汙染及沒有經過烹飪的或半熟的海產會出現咳嗽、咳血、低熱等現象。有時，還會出現癲癇或偏癱等。

4.化學性汙染

化學性汙染影響範圍很大，情況也很複雜，造成化學汙染的原因主要來自以下幾個方面。

（1）來自製作、生活環境中的各種有害金屬、非金屬、有機及無機化合物。如使用錫鉛容器儲存食物會造成鉛中毒，用鍍鋅容器儲存餐點造成鋅中毒，用銅容器儲存酸性食物造成銅中毒。

（2）在西餐餐點和點心的加工中，加入不符合衛生標準的食物添加劑、色素、防腐劑和甜味劑等都會造成食品汙染。例如，製作香腸使用的亞硝酸鹽（快硝）是致癌物質。如果誤食了大量的亞硝酸鹽會出現煩躁不安、呼吸困難、腹瀉，嚴重者會出現呼吸衰竭。人工合成的食用色素有致瀉性和致癌性。

（3）農作物在生長期或成熟後的儲存期，常常沾有化肥與農藥，如果清洗不徹底，會造成急性中毒和積蓄中毒並危及人的生命。例如，食用殘留過量的六氯環乙烷（六六六）等有機氯農藥的穀物、蔬菜和水果可引起肝、腎和神經系統中毒，食用殘留過量的敵敵畏、敵百蟲等有機磷農藥的穀物、蔬菜和水果可引起神經功能紊亂。

（4）一些運輸車輛在沾染有害物質後，由於未經嚴格的處理就與食品原料接觸，也會造成化學性的食物汙染。

5.毒性動植物

（1）毒性動物

毒性動物主要指毒性魚類和貝類。一些魚和貝的肌肉組織含有毒素，一些魚的血液和內臟含有毒素。人誤食了這些魚和貝，輕者中毒致病，重者危及生命。但是，有些魚類去掉內臟後可以食用。例如，鱈魚的肝臟有毒，去掉肝和內臟後，經熟製可以食用。相反，河豚魚的內臟和血液含有大量的河豚毒素和河豚酸。這兩種毒素化學性質非常穩定，透過任何烹調方法均不能將其破壞。一旦毒素進入人的身體，將破壞人的神經系統以致造成死亡。

（2）毒性植物

毒性植物指那些含有毒素的果乾和蔬菜。這些植物對人類危害很大，不可以食用。但是，有些含有毒性的植物經過必要的加工處理後可以食用。毒蘑菇含有胃腸毒素、神經毒素和溶血毒素等，食用後會發生陣發性腹痛、呼吸抑制、急性溶血和內臟損害，死亡率極高，不可食用。四季豆含有大量的皂素（毒蛋白）。但經過烹調後（熟透），可以食用。

三、食品汙染預防

1.預防生物性汙染措施

西餐餐點製作要經過多個環節，從食品原料採購到運輸、加工、烹調和銷售。這些環節都是病菌、寄生蟲卵和黴菌汙染的管道。因此，預防生物性汙染要做好食品原料運輸的衛生管理，做好防塵、冷藏和冷凍措施。嚴格西餐製作和服務人員的個人衛生，確保員工身體健康。餐廳應保持良好的工作環境和炊具衛生，餐具和酒具要消毒並按照食物儲存的標準溫度和方法，正確地儲存各類食品，做好速凍，避免食物遭受蟲害。餐廳與廚房所有的員工都應掌握預防食物中毒的知識並遵守衛生法規。

2.預防化學性汙染措施

水果和蔬菜在生長期會沾染化肥與農用殺蟲劑。因此，要認真清洗水果和蔬菜。生吃的水果和蔬菜還必須使用具有活性作用的食品洗滌劑清洗。然後消毒，再用清水認真沖洗。將可以去皮的水果和蔬菜去皮後食用，選擇無毒物溶出及符合衛生標準的食品包裝材料及容器包裝食品，嚴格掌握硝酸鈉和亞硝酸鈉的用

量，儘量用其他無毒的替代品代替。硝酸鈉的用量每公斤食品不應超過0.5克，亞硝酸鈉的用量每公斤不應超過0.15克。

四、個人衛生管理

為了防止病菌汙染，必須管理好個人衛生。試驗證明，無論在人體表層或是人體內部都存有病菌。由於員工的清潔衛生和健康狀況對食品衛生有著關鍵的作用，因此個人衛生的管理工作是西餐衛生管理的關鍵環節。個人衛生管理包括個人清潔管理、身體健康管理、工作服管理和員工衛生知識培訓等。

1.個人清潔

個人清潔是個人衛生管理的基礎，個人清潔狀況不僅顯示個人的自尊和自愛，也代表著飯店和餐廳的形象。根據國家衛生法規，只準許健康的人參與餐點的製作和服務。因此，工作人員個人清潔應以培養個人良好的衛生習慣為前提。員工應每天洗澡，每天刷牙，儘量在每次用餐後刷牙。上崗前衣帽應整齊乾淨；每次接觸食品前應洗手，特別是使用了洗手間，要認真將手清洗。餐飲業對員工洗手的程序規定為：員工應用熱水洗手，用指甲刷刷洗指甲，用洗滌劑搓洗手數次，洗手完畢將手擦乾或烤乾。勤剪指甲，保持指甲衛生，不可在指甲上塗抹指甲油。餐廳和廚房的員工工作時，應戴髮帽。不可用手抓頭髮，防止頭髮和頭屑落在食物上，防止交叉感染。工作時不可用手摸鼻子，不可打噴嚏，擦鼻子可以用面紙，用畢將紙扔掉，手應清洗消毒。禁止在餐廳和廚房內咳嗽、挖耳朵等。廚房、備餐間等工作區域嚴禁吸菸和吐痰；工作時不可用手接觸口部；品嚐食品時，應使用乾淨的小碗或小碟，品嚐完畢，應將餐具消毒。保持身體健康，注意牙齒衛生、腳的衛生和傷口衛生等。廚房員工應定期檢查牙齒並防止患有腳病。當員工在廚房受到較輕的刀傷時，應包紮好傷口，絕不能讓傷口接觸食物。工作時禁止戴手錶、戒指和項鏈等。

2.保持身體健康

保持工作人員身體健康非常重要，這是防止將病菌帶入廚房和餐廳的首要環節。因此，飯店和餐廳管理人員應重視和關心員工身體健康並為他們創造良好的工作條件，不要隨意讓員工加班加點。員工應適當休息和鍛鍊，呼吸新鮮空氣，均衡飲食。由於餐飲工作時間長，工作節奏快，廚房溫度高，部分員工上兩頭班（早晚班），需要有充分的睡眠和休息。下班後應得到放鬆，特別需要呼吸新鮮空氣。此外，員工需要豐富的有營養的食品，喝乾淨水，養成良好的飲食習慣，善於放鬆自己，不要焦慮，以保持身體的健康。

3.工作服衛生管理

廚房工作服應合體，乾淨，無破損，便於工作。飯店業的廚師應準備3至4套工作服。工作服必須每天或定期清洗和更換。廚師的工作服應當結實、耐洗、顏色適合、輕便、舒適並且具有吸汗作用。工作服應包括上衣、褲子、帽子、圍巾和圍裙。工作服為長袖、雙排扣式（胸部雙層）。這樣的工作服可以保護員工胸部及手臂，防止燙傷。廚師的帽子應當輕、吸汗，防止頭髮和頭屑掉在餐點上，使空氣在帽子內循環。廚師的工作鞋應該結實，以保護腳的安全，使其免遭燙傷和砸傷並能夠有效地支撐身體。許多飯店和餐廳將皮靴作為工作鞋，皮靴可增加人們的站立時間，但是便鞋和運動鞋也各有特點。通常，廚房員工工作服為白色上衣，黑色或黑白格的褲子。工作服由棉布製成。工作服的大小應當適合每個員工的身材，使員工感到輕鬆和舒適。

4.廚師身體檢查

按照國家和地方衛生法規，西餐製作和服務人員每年應做一次體檢。身體檢查的重點是腸道傳染病、肝炎、肺結核和滲出性皮膚炎等。上述各種疾病患者及帶菌者均不可從事餐飲製作和服務工作。

5.遵守衛生法規和建立衛生制度

西餐業所有的員工都應嚴格遵守國家和地方的衛生法規。飯店和餐廳還應建立一些具有針對原料採購和保管、加工和烹調的衛生制度，定期清理環境以及建立工作責任制等。

五、環境衛生管理

環境衛生管理包括通風設施、照明設施、冷熱水設施、地面、牆壁和天花板等的衛生管理。

1.通風設施衛生

廚房要安裝通風設施，以排出爐具煙氣和倉庫發出的氣味。排風設施距離爐具最近，容易沾染油汙，而油汙積存多了會落在食物上。因此，通風設備要定時或經常清潔，許多餐廳每兩天清潔一次通風設備。通風口要有防塵設備，防止昆蟲、灰塵等飛入。良好的通風設施不僅使廚房員工感到涼爽、空氣清新，還能加速蒸發員工身上的汗水。

2.照明設施衛生

有效的照明設施可以緩解廚房員工的眼睛疲勞。自然光線的效果比人工照明設施更理想。同時，只有適度的照明，廚房員工才可能注意廚房中的各角落衛生。許多西餐業每週清潔廚房照明設施一次。

3.冷熱水設施

西餐廚房和備餐間要有充足的冷熱水設施，因為廚房和備餐間的任何清潔工作只有在安裝冷熱水設施的前提下才能完成。

4.員工洗手間

飯店常在廚房附近建立員工洗手間，洗手間的門不可朝向餐廳或廚房，應有專人負責衛生和清潔。餐廳服務生和廚房員工不可負責洗手間的清潔。

5.廚房地面

廚房地面應選用耐磨、耐損和易於清潔的材料。地面應平坦、沒有裂縫、不滲水。地面用防滑磚最適宜。經常保持地面清潔，每餐後應沖洗地面，使用適量的清潔劑，然後擦乾。

6.廚房牆壁

廚房牆壁應當結實、光滑、不滲水、易沖洗，以淺顏色為宜。牆壁之間、牆壁與地面之間的連接處應以弧形為宜以利清掃。牆壁的材料應以瓷磚最為理想。保持牆面清潔，經常用熱水配以清潔劑沖洗牆壁。許多企業對廚房的牆壁衛生作出規定，每天應清潔1.8米以下高度的廚房牆面，每週擦拭1.8米以上的廚房牆面

一次。

7.廚房天花板

西餐廚房天花板應選用不剝落或不宜斷裂及可防止灰塵的材料製成。通常選用輕型金屬材料作天花板。其優點是不易剝落和斷裂，可以拆卸以利清潔。

8.廚房門窗

廚房門窗應沒有縫隙並應保持門窗的清潔衛生。保持門窗玻璃的清潔，使光線充足。廚房門窗應當每天擦拭，較高位置的窗戶和玻璃可以三天至一週清潔一次。

9.食梯衛生

食梯是老鼠和害蟲通往廚房的通道。因此，保持食梯衛生很重要，不在食梯內留食物殘渣以免病菌繁殖。

六、設備衛生管理

不衛生的製作和服務設備常是汙染食品的原因之一。因此，設備的衛生管理不容忽視。合格的餐飲設備應易於清潔、拆卸和組裝。設備材料應堅固、不吸水、光滑、易於清潔、防鏽、防斷裂、不含有毒物質。設備的衛生管理內容包括，每天工作結束時應徹底清潔設備。清潔設備時應先去掉殘渣和油汙，然後將拆下的部件放入含有清潔劑的熱水裡浸泡，用刷子刷，再用清水沖洗。對於不可拆卸的設備應在抹布上塗上清潔劑，然後塗在設備上，再用硬毛刷刷去汙垢，用清水清洗後，用乾淨布擦乾。對於不同材料製成的用具和器皿應採用不同的清潔方法以達到最佳衛生效果和保護用具和器皿的作用。例如，用熱水和毛刷沖洗大理石用具，然後晾乾。用熱水和清潔劑沖刷木製品，用淨水沖洗，然後擦乾。用熱水沖洗塑料製品，用熱水和清潔劑沖洗瓷器和陶器。對於銅製品的清潔方法是，先清除食物殘渣。然後，用熱水和清潔劑沖洗並晾乾。不要用鹼類物質清洗鋁製品以免破壞其防腐保護膜。清洗時先去掉食物殘渣，然後浸泡，再用熱水放適量的清潔劑清洗。清洗錫製品和不鏽鋼製品時，先使用熱水與清潔劑刷洗，然後用清水沖淨，晾乾。清潔鍍鋅製品時，注意保護外部的薄膜（鋅）。洗滌後一

定要擦乾，不然會生鏽。用潮濕的布擦洗搪瓷製品，然後擦乾。清潔刀具時，應注意安全，用熱水和清潔劑將刀具洗淨，然後用清水沖淨，擦乾並塗油。清洗各種濾布和口袋布時，先去掉其殘渣，用熱水和清潔劑洗滌揉搓後，用水煮，沖洗並晾乾。清潔濾網、絞肉機和削皮機時，用清水沖掉網洞中的食物殘渣，用毛刷、熱水和清潔劑刷洗，用淨水沖洗，擦乾。清洗電器設備時，應關閉機器，切斷電源，用布、小刀或其他工具去掉食物殘渣，用熱水和清潔劑清洗各部件，尤其應注意清洗刀具和盤孔，然後擦乾。

七、製作安全管理

西餐製作安全管理指西餐加工、切配和烹調中的安全管理。廚房出現任何安全事故都會影響企業的聲譽，從而影響經營。安全事故常是由於員工疏忽大意造成的。因此，在繁忙的開餐時間，必須重視廚房的安全預防工作。包括摔傷、切傷、燙傷和火災等。

1.預防跌傷與撞傷

跌傷和撞傷是西餐製作中最容易發生的事故。在廚房中跌傷與撞傷多發生在廚房通道和門口處。潮濕、油汙和堆滿雜物的通道和員工沒有穿防滑的工作鞋是跌傷的主要原因。而員工在搬運物品時，由於貨物堆放過高，造成視線障礙或員工在門口的粗心是造成撞傷的主要原因。撞傷的其他原因還包括工作線路不明確，不遵守工作規範等。預防措施有，工作人員走路時應精神集中，眼看前方和地面；保持廚房地面的整潔和乾淨，隨時清理地面雜物，在剛清洗過的地面上，放置「小心防滑」的牌子。員工運送貨物時應用手推車，控制車上貨物的高度，堆放的貨物高度不可越過人的視線。員工在比較高的地方放貨物和取貨物時，不要腳踩廢舊箱子和椅子，應使用結實的梯子。走路時應靠右側行走，不要奔跑。出入門時，注意過往的其他員工。餐廳與廚房內的各種彈簧門應裝有緩速裝置。

2.預防切傷

在西餐製作的安全事故中，切傷發生率僅次於跌傷和撞傷。造成切傷的主要原因是員工工作精神不集中，工作姿勢或程序不正確，刀具鈍或刀柄滑，作業區光線不足或刀具擺放的位置不正確等。同時，切割設備沒有安全防護裝置也是造

成切傷的主要原因。預防措施有，管理人員應培訓廚房員工並使其瞭解，刀具是切割食物的工具，絕不允許用刀具打鬧；保持刀刃的鋒利，越是不鋒利的刀具，越容易發生切傷事故。通常，刀具愈鈍，切割時愈要用力，被切割的食品一旦滑動時，切傷事故就會發生；廚師在工作時應精神集中，不要用刀具開罐頭，保持刀具的清潔，不要將刀具放在抽屜中；廚師手持刀具時，不要指手畫腳，應防止刀具傷人。當刀具落地時，不要用手去接，應使其自然落地；員工在接觸破損餐具時，應特別留心；在使用電動切割設備之前，應仔細閱讀該設備使用說明書，確保各種設備裝有安全防護設備。使用絞肉機時，用木棒和塑料棒填充肉塊，絕不能用手直接按壓；清洗和調節製作設備時，必須先切斷電源，按照規定的程序操作。

3.預防燙傷

燙傷主要是由員工工作時粗心大意造成。營業時非常繁忙，員工在忙亂中偶然接觸到熱鍋、熱鍋柄、熱油、熱湯汁和熱蒸汽等，從而造成燙傷。預防燙傷的措施有，使用熱水器的開關時，應當小心謹慎，不要將容器內的開水裝得太滿。運送熱湯菜時，一定要注意周圍人群的動態並說：「請注意！」烹調時，炒鍋一定要放穩，不要使用鬆動的手柄。容器內不要裝過多的液體。注意檢查鍋柄和容器柄是否牢固，不要將鍋柄和容器柄放在爐火的上方；廚師打開熱鍋蓋時，應先打開離自己遠的一邊，再打開全部鍋蓋；將油炸的食物瀝去水分，防止鍋中的食油外溢而傷人。經常檢查蒸汽管道和閥門，防止出現漏氣傷人事故；廚師應隨身攜帶乾毛巾，養成使用乾毛巾的習慣。

4.預防扭傷

扭傷俗稱扭腰或閃腰，員工搬運過重物體或使用不正確的搬運方法會造成腰部肌肉損傷。預防扭傷的措施有，員工搬運物體時，應量力而行，不要舉過重的物體並且掌握正確的搬運姿勢；舉物體時，應使用腿力，不使用背力，被舉物體不應超過頭部；舉起物體時，雙腳應分開，彎曲雙腿，挺直背部，抓緊被舉的物體；通常男員工可舉起約22.5公斤的物體，而女員工舉起的物體重量是男員工的一半。

5.預防電擊傷

電擊傷在西餐製作中很少發生。但是，電擊傷的危害很大，應當特別注意。電擊傷發生的原因主要是設備老化，電線有破損處或接線點處理不當，濕手接觸電設備等原因。電擊傷預防措施有，廚房和備餐間中所有電設備都應安裝地線。不要將電線放在地上，即便是臨時措施也很危險；保持配電盤的清潔，所有電設備開關應安裝在工作人員的操作位置上。員工使用電設備後，應立即關掉電源；為電設備做清潔時一定要先關掉電源。員工接觸電設備前，一定要保證自己站在乾燥的地方並且手是乾燥的；在容易發生觸電事故的地方塗上標記，提醒員工注意。

6.廚房防火

廚房內設有各種電器、各種管道和易燃物品。廚房是火災易發地區，火災危害著顧客和員工的生命，易造成財產損失。因此，廚房防火是非常必要的。廚房防火除了要有具體措施外，還應培訓廚師及輔助人員，使他們瞭解火災發生的原因及防火知識。

火災發生的三個基本條件是火源、氧氣和可燃物質。當這三個因素都具備時，火災便發生了。廚房發生火災的具體原因有許多。通常，食油容易導致火災。員工在油炸食物時，由於某些食物中含有較多水分，造成油鍋中的熱油外溢，引起火災。煤氣爐具也容易引起火災。當煤氣爐具中的火焰突然熄滅時，煤氣就從燃燒器中洩漏出來，遇到火源後，火災便發生了。廚房中的電線超負荷工作常引起火災。

火災分為三種類型：A型、B型和C型。A型火災表示由木頭、布、垃圾和塑料引起的火災。撲滅A型火災適用的物質有水、乾粉和乾化學劑。B型火災由易燃液體引起，如油漆、油脂和石油等。撲滅B型火的物質有二氧化碳、乾粉和乾化學劑。C型火災由電動機和控電板引起，撲滅C型火適用的物質與B型相同。

廚房常用的滅火工具有石棉布和手提滅火器。石棉布在廚房非常適用。當烹調鍋中的食油燃燒時，可將石棉布蓋在鍋上，中斷火焰與氧氣的接觸以撲滅火焰，這樣不會汙染食物。手提式滅火器配有泡沫、二氧化碳和乾化學劑等類型。

滅火器應安裝在火災易發地區，而且要避免汙染物品。管理人員要經常對滅火器進行檢查和保養，應每月稱一下滅火器的重量，檢查滅火器中的化學劑，看其是否已揮發掉。不同的手提滅火器，其噴射距離不同。例如，手提滅火器的噴射距離是2米至3米，泡沫類手提滅火器的噴射距離是10米至12米。

廚師應熟悉滅火器存放的位置和使用方法，經常維修和保養電器設備，防止發生事故。定期清洗派氣罩的濾油器，控制油炸鍋中的熱油高度，防止熱油溢出鍋外。廚房內嚴禁吸菸，注意煤氣爐的工作情況並經常維修和保養，培訓員工有關防火和滅火知識。發現火險應立即向上級管理人員報告。

本章小結

西餐廚房組織按照專業分工，把有相同的技術專長的廚師組織在一起作為一個製作部門，從而建立若干個餐點和麵食製作部門。西餐廚房的組織應根據企業規模、菜單內容、廚房規劃與布局和廚房製作量等情況安排。西餐廚房規劃是確定廚房規模、形狀、建築風格、裝修標準以及內部部門之間的關係。西餐廚房布局是具體確定西餐廚房製作設施和設備的位置及其分布。西餐設備主要是指西餐廚房的各種爐具、保溫設備和切割設備等。西餐設備對西餐品質有著關鍵作用。西餐餐點的形狀、口味、顏色、質地和火候等各品質指標都受製作設備的影響。衛生是西餐品質的基礎和核心。許多西餐餐點是生食或半熟食用。因此，保證原料新鮮，沒有病菌汙染是關鍵。西餐衛生管理包括食品衛生管理、個人衛生管理和環境衛生管理。西餐製作安全管理是指西餐加工、切配和烹調中的安全管理。廚房出現任何安全事故都影響企業聲譽，從而影響經營。安全事故常由員工疏忽大意造成。因此，預防製作安全事故的發生，必須加強安全管理。

思考與練習

1.名詞解釋題

廚房規劃、廚房布局、烤箱（Broiler）、烤箱（Grill）、平板爐

（Griddle）、西餐爐（Range）。

2.思考題

（1）簡述西餐廚房組織原則。

（2）簡述製作設備選購。

（3）簡述西餐製作安全管理。

（4）根據某一西餐廚房的製作特點，設計廚房組織結構。

（5）論述西餐廚房規劃與布局。

（6）論述西餐衛生管理。

第14章 西餐成本管理

本章導讀

本章主要對西餐成本管理進行總結和闡述。透過本章學習，可瞭解西餐成本的含義與特點、成本控制意義和控制程序；掌握食品原料的成本控制、人工成本控制、能源成本控制和經營費用控制；瞭解西餐成本分類，掌握淨料率核算和熟製率核算，熟悉原料採購控制和食品儲存控制和原料發放管理；掌握製作預測和計劃、餐點分量控制和廚房節能措施。

第一節 西餐成本控制

一、成本含義與特點

西餐成本控制是指在西餐經營中，管理人員按照企業規定的成本標準，對西餐各成本因素進行監督和調節，及時點出錯誤，採取措施加以糾正，將西餐實際成本控制在計劃範圍之內，保證實現企業的成本目標。西餐成本控制貫穿於它形成的全過程，凡是在西餐成本形成的過程中影響成本的因素，都是成本控制的內容。西餐成本形成的過程包括食品原料採購、儲存和發放，餐點加工、烹調、銷

售和服務等。所以，西餐成本的控制點多，每一個控制點都必須有具體的控制措施，否則這些控制點便成了洩漏點。

二、成本控制意義

西餐成本控制可以提高企業經營水準，減少物質和勞動消耗，使企業獲得較大的經濟效益。西餐成本控制關係到西餐的規格、品質和價格，關係到企業的營業收入和利潤，關係到顧客的利益及需求，關係到產品的銷售。因此，成本控制在西餐經營管理中有著舉足輕重的作用。

三、成本控制要素

西餐成本控制是一個系統工程。其構成要素包括控制目標、控制主體、控制客體、成本訊息、控制系統和控制方法。

1.控制目標

控制目標是飯店以最理想的成本達到預先規定的西餐品質。成本控制必須以控制目標為依據。控制目標是管理者在成本控制前期所進行的成本預測、成本決策和成本計劃並透過科學的方法制定出來的。西餐成本控制目標必須是可衡量的並用一定的文字或數字表達清楚。

2.控制主體

控制主體是指西餐成本控制責任人的集合。由於西餐經營中，成本發生在每一個經營環節，而影響西餐成本的各要素和各動因分散在其製作和服務的各個環節中。因此，在西餐成本控制中，控制的主體不僅包括財務人員、食品採購員和西餐管理人員，還包括西餐製作人員（廚師）、收銀員和服務生等基層工作人員。

3.控制客體

控制客體是指西餐經營過程中所發生的各項成本和費用的總和。根據西餐成本統計，西餐控制的客體包括食品成本、人工成本及經營費用等。

4.成本訊息

一個有效的成本控制系統可及時收集、整理、傳遞、總結和反饋有關西餐成本的各項訊息。因此，做好西餐成本控制工作的首要任務是做好成本訊息的收集、傳遞、總結和反饋並保證訊息的準確性，不準確的訊息不僅不能實施有效的成本控制，而且還可能得出相反或錯誤的結論。從而影響其成本控制的效果。

5.控制系統

西餐成本控制系統常由7個環節和3個階段構成。7個環節包括成本決策、成本計劃、成本實施、成本核算、成本考核、成本分析和糾正偏差。3個階段包括營運前控制、營運中控制和營運後控制。在西餐成本控制體系中，營運前控制、營運中控制和營運後控制是一個連續而統一的系統。它們緊密銜接、互相配合、互相促進並且在空間上並存，在時間上連續，共同推動成本管理的完善和深入，構成了結構嚴密、體系完整的成本控制系統。沒有營運前的控制，成本整體控制系統會缺乏科學性和可靠性；營運中控制是西餐成本控制的實施過程。作為成本管理而言，如果沒有營運後的控制，就不能及時地發現偏差。從而不能確定成本控制的責任及做好成本控制的業績評價，也不能從前一期的成本控制中獲得有價值的經驗，為下一期成本控制提供依據和參考。

（1）營運前控制

營運前控制包括西餐成本決策和成本計劃，是在產品投產前進行的產品成本預測和規劃。透過成本決策，選擇最佳成本方案，規劃未來的目標成本，編製成本預算，計劃產品成本以便更好地進行西餐成本控制。因此，成本決策是根據西餐經營成本的預測結果和其他相關因素，在多個備選方案中選擇最優方案，確定目標成本。成本計劃是根據成本決策所確定的目標成本，具體規定經營中的各環節和各方面在計劃期內應達到的成本水準。

（2）營運中控制

營運中控制包括成本實施和成本核算，是在西餐成本發生過程中，進行的成本控制，要求其實際成本達到計劃成本或目標成本。如果實際成本與目標成本發生差異，應及時反饋給有關職能部門以便及時糾正偏差。其中，成本核算是指對西餐經營中的實際發生成本進行計算並進行相應的帳務處理。

（3）營運後控制

營運後控制包括成本考核、成本分析和糾正偏差，是將所揭示的西餐成本差異進行彙總和分析，查明差異產生的原因，確定責任歸屬，採取措施並及時糾正。其中，成本考核是指對西餐成本計劃執行的效果和各責任人履行的職責進行考核。當然，還作為評定部門或個人的業績內容之一，也為下一期成本控制提供參考。成本分析是指對實際成本發生的情況和原因進行分析；而糾正偏差即採取措施，糾正不正確的實際成本及錯誤的執行方法等。

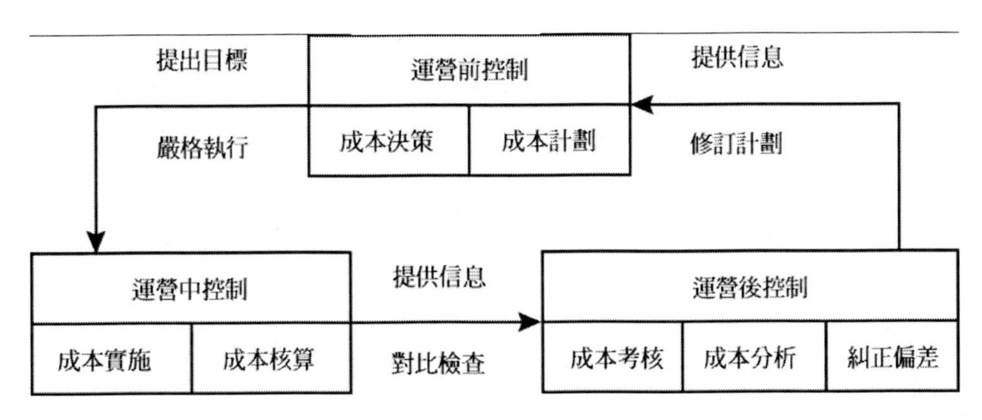

餐飲成本控制系統圖

6.控制方法

控制方法是指根據所要達到的西餐成本目標採用的手段和方法。根據西餐成本管理策略，不同的成本控制環節有不同的控制方法或手段。在原料採購階段，應透過比較供應商的信譽度、原料品質和價格等因素確定原料採購的種類和數量並以最理想的採購成本為基底。在原料儲存階段，建立最佳庫存量和儲存管理制度。在製作階段，制定標準食譜和酒單，根據食譜和酒單控制西餐製作成本。在服務階段，企業應及時獲取顧客滿意度的訊息，用理想的和較低的服務成本達到顧客期望的服務品質水準。

四、成本控制途徑

西餐成本控制是基於提高產品品質和顧客滿意度為前提，對西餐的功能和品質因素進行價值分析，以理想的成本實現企業產品品質指標和水準，提高飯店西

餐產品的競爭力和經濟效益。在提高產品價值的前提下，採用適宜的食品成本，改進餐點結構和製作技巧，合理地使用食品原料，提高邊角料利用率，合理地使用能源，加強食品原料採購、驗收、儲存和發放管理。從而，在較低的成本前提下，提高西餐的價值和功能。

1.食品成本控制

食品成本屬於變動成本，包括主料成本、配料成本和調料成本。食品成本通常由食品原料的採購成本和使用成本兩個因素決定。因此，食品成本控制包括食品原料採購控制和食品原料使用控制。食品原料採購控制是食品成本控制的首要環節。食品原料應達到飯店規定的餐點品質標準，物美價廉，應本著同價論質，同質論價，同價同質論採購費用的原則，合理選擇。嚴格控制因製作急需而購買高價食品原料，控制食品原料採購的運雜費。因此，食品採購員應就近取材，減少中間環節，優選運輸方式和運輸路線，提高裝載技術，避免不必要的包裝，降低食品原料採購運雜費，控制運輸途中的食品原料消耗。同時，飯店應規定食品原料運輸損耗率，嚴格控制食品原料的保管費用，健全食品原料入庫手續，科學地儲備食品原料的數量，防止積壓、損壞、霉爛和變質，避免或減少損失。

在食品成本控制中，食品原料的使用控制是食品成本控制的另一關鍵環節。首先廚房應根據食品原料的實際消耗品種和數量填寫領料單，廚師長應控制原料的使用情況，及時發現原材料超量或不合理使用情況。成本管理人員應及時分析食品原料超量使用的原因，採取有效的措施，予以糾正。為了掌握食品原料的使用情況，廚房應實施日報、月報和按照班次提報食品成本制度。

2.人工成本控制

人工成本控制是對工資總額、員工數量和工資率等的控制。所謂員工數量是指負責西餐經營的全體員工數量。做好用工數量控制在於儘量減少缺勤工時、停工工時、非製作（服務）工時等，提高員工出勤率、勞動製作率和工時利用率並嚴格執行職務（崗位）定額。工資率是指西餐經營的全體員工工資總額除以經營的工時總額。為了控製好人工成本，管理人員應控制西餐部全體員工的工資總額並逐日按照每人每班的工作情況，進行實際工作時間與標準工作時間的比較和分

析，做出總結和報告。現代酒店西餐管理從實際經營出發，充分挖掘員工的潛力，合理地進行定員編制，控制員工的業務素質、控制非製作和經營用工，防止人浮於事，以合理的定員為依據控制所有參與經營的員工總數，使工資總額穩定在合理的水準上。從而提高經營效益。此外，實施人本管理，建立良好的企業文化，制定合理的薪酬制度，正確處理經營效果與員工工資的關係，充分調動員工的積極性和創造性，加強員工的業務和技術培訓，提高其業務素質和技術水準並制定考評制度和員工激勵策略等都是提高工作效率的有效方法。

3.經營費用控制

在西餐經營中，除了食品成本和人工成本外，其他的成本稱為經營費用。包括能源費，設備折舊費、保養維修費，餐具、用具和低值易耗品費，排汙費、綠化費及因銷售發生的各項費用等。這些費用都是西餐經營必要的成本。當然，這些費用的控制方法主要依靠日常的嚴格管理才能實現。

第二節 西餐成本核算

一、西餐成本特點

西餐成本是指製作和銷售西餐所支出的各項費用。包括食品原料成本，管理人員、廚師與服務人員工資，固定資產折舊費，食品採購和保管費，餐具和用具等低值易耗品費，燃料和能源費及其他支出等。西餐成本構成可以總結為三個方面：食品原料成本、人工成本和其他經營費用。在西餐經營成本中，變動成本占有主要部分。例如，西餐食品成本率常占28%～45%以上。食品成本率的多和少決定於企業的級別和經營策略。通常，餐廳級別愈高，人工成本和各項經營費用愈高。相反，食品成本越低，而食品成本率越低的企業，市場競爭力就越差。在經營成本中，可控成本常占主要部分。例如，食品成本，臨時工作人員的工資，燃料與能源成本，餐具、用具與低值易耗品成本都是可控成本。

西餐成本＝食品原料成本＋人工成本＋其他經營費用

二、西餐成本分類

根據西餐成本的構成，其成本可分為食品成本、人工成本和經營費用。從西餐成本的特點分類，可將其分為固定成本和變動成本。從成本控制角度出發，可將西餐成本分為可控成本、不可控成本，標準成本和實際成本等。有些管理人員認為，在固定成本和變動成本之間，還應當有半變動成本。

1.食品成本

食品成本是指製作西餐的食品原料成本。它包括主料成本、配料成本和調料成本。主料成本常在食品成本中占較大的支出。例如，在沙朗牛排（Sirloin Steak）中，牛排成本最高。配料成本是餐點中各種配菜的成本。例如，沙朗牛排中的馬鈴薯和蔬菜成本。調料成本是指餐點中各種調料的成本或醬成本。例如，沙朗牛排常用的醬有波爾多醬（Bordelaise）或羅伯醬（Robert）等。

$$\text{食品成本率} = \frac{\text{食品成本}}{\text{營業收入}}$$

2.人工成本

人工成本是指參與西餐製作與銷售（服務）的所有工作人員的工資和費用。包括，餐廳經理和廚師長的工資，餐廳和廚房的業務主管、領班、廚師和服務生的工資，採購員、後勤人員和輔助人員的工資及所有支出。

$$\text{人工成本率} = \frac{\text{人工成本}}{\text{營業收入}}$$

3.其他經營費用

經營費用是指經營中，除食品原料和人工成本以外的那些成本。包括房屋租金、製作和服務設施與設備的折舊費、燃料和能源費、餐具和用具及其他低值易耗品費、採購費、綠化費、清潔費、廣告費、交際和公關費等。

$$\text{其他經營費用率} = \frac{\text{其他經營費用率}}{\text{營業收入}}$$

4.固定成本

固定成本是指在一定的經營範圍內，成本總量不隨餐點製作量或銷售量的增減而相應變動的成本。也就是說不論餐點的製作量和銷售量高或低，這種成本都將按計劃支出。包括管理人員和技術人員的工資與支出、設施與設備的折舊費和大修理費等。但是，固定成本並非絕對不變，當經營情況超出餐廳和廚房現有的經營能力時，就需要購置新設備，招聘新員工和管理人員。這時，固定成本會隨餐點的製作量的增加而增加。正因為固定成本在一定的經營範圍內，對銷售量的變化保持不變。因此，當銷售量增加時，單位餐點所負擔的固定成本會相對減少。

5.變動成本

變動成本是指隨餐點製作量或銷售量的變化而成正比例增減的那些成本。當餐點製作量和銷售量提高時，變動成本總量會提高。包括食品和飲料成本、臨時員工工資、能源與燃料費、餐具費、餐巾費和洗滌費等。這類成本總量隨著餐點製作量和銷售量的增加而增加。通常，變動成本總額增加時，單位餐點的變動成本保持不變。

6.半變動成本

許多西餐企業家認為，能源費和臨時員工的費用應屬於半變動成本。這些成本儘管隨著製作量和經營數量的變化而變化。但是，這些變化不一定與製作量成正比例，可以透過有效的管理降低部分成本。

7.可控成本

可控成本是指西餐經營人員在短期內可以改變或控制的那些成本。包括食品原料成本、燃料和能源成本、臨時工作人員成本、廣告與公關費等。通常，管理人員透過變換每份餐點的分量、配料和規格等改變餐點的成本。同時，加強對食

品原料採購、保管、製作和經營管理也會使一些經營費用發生變化。

8.不可控成本

不可控成本是指在短期內無法改變的那些成本。如房租、固定設備折舊費、大修理費、貸款利息及管理人員和技術人員的工資和支出等。因此，控制不可控成本，就必須做好經營，不斷開發受市場歡迎的新產品，減少單位餐點中不可控成本的比例，精簡人員，保養好設施。

9.標準成本

標準成本是根據企業過去的經營成本，結合當年的食品原料成本、人工成本、經營管理費用等的變化，制定出有競爭力的各種成本目標，稱為標準成本。它是西餐廳和廚房在一定時期內及正常的製作和經營情況下所應達到的成本目標，也是衡量和控制企業實際成本的一種預計成本。

10.實際成本

實際成本是根據企業報告期內實際發生的各項食品成本、人工成本和經營費用，是餐廳和廚房進行成本控制的基礎。

三、淨料率核算

食品淨料率是指食品原料經過一系列加工後得到的淨料重量與它在加工前的毛料重量比。如加工水果時需要去皮、切割。加工畜肉和家禽時需要剔骨、去皮和切割。加工魚類原料需要去內臟、去皮和去骨等。

在餐點製作中，正確的食品原料加工方法會增加原料的淨料率，提高餐點的出品率，減少食品原料的浪費。從而有效地控制食品成本。當然，合理的淨料率是在使用符合企業品質和標準的原料為基底。為了有效地控制食品成本，許多飯店和西餐企業都制定本企業的標準淨料率。例如，某餐廳制定的芹菜和捲心菜的淨料率是70%和80%，馬鈴薯和胡蘿蔔的淨料率是85%，蝦仁的淨料率是40%以上（不同大小的蝦，其淨料率不同）。豬腿肉精肉率在23%以上，一般豬肉精肉率約占54%，皮和脂肪約占23%等。淨料率計算公式：

$$淨料率 = \frac{淨料重量}{毛料重量} \times 100\%$$

$$折損率 = \frac{折損重量}{毛料重量} \times 100\%$$

$$淨料總成本 = 毛料總成本$$

$$單位淨料成本 = \frac{毛料總值}{淨料重量}$$

四、熟製率核算

餐點熟製率是指食品原料經烹調後得到的淨重量與它在烹調前的重量比。通常烹調時間愈長，原料的水分蒸發愈多，餐點熟製率愈低。此外，餐點在烹製中使用火候的大小也影響著餐點的熟製率。

許多飯店都制定了本企業的食品標準熟製率。例如，油炸蝦的熟製率約是65%，牛肉的熟製率約是55%等。控制餐點熟製率關鍵是加強對廚師的培訓，使他們熟練地掌握餐點的烹調技術並重視對熟製率的控制。餐點熟製率計算公式：

$$菜餚熟製率 = \frac{成熟後的菜餚重量}{加工前的原料重量} \times 100\%$$

$$食品原料折損率 = 1 - 食品原料熟製率$$

第三節 原料採購管理

食品原料採購是西餐成本控制的首要環節，它直接影響西餐經營效益，影響西餐成本的形成。所謂食品原料採購指根據製作和經營需求，採購員以理想的價格購得符合企業品質標準的食品原料。

一、採購員的職責與標準

西餐食品採購員是西餐企業負責採購食品原料的工作人員。在中國許多飯店都不設專職西餐採購員，而那些獨立經營的西餐廳和咖啡廳都有專職的西餐採購員。不論是專職還是兼職的西餐採購員都應在食品採購控制中擔當重要角色。合格的採購員應認識到原料採購目的是為了銷售。因此，所採購的原料應符合本企業的實際需要。採購員應熟悉採購業務，熟悉各類食品的名稱、規格、品質、產地和價格，重視食品原料價格和供應管道，善於市場調查和研究，關心各種原料儲存情況。具備良好的英語閱讀能力，能閱讀進口食品原料說明書。例如，各種起司、香料和烹調酒等。此外，採購員必須嚴守財經紀律，遵守職業道德，不以職務之便假公濟私及營私舞弊。

二、採購部門的確定

在西餐成本控制中，確定採購部門是非常重要的工作。不同等級、不同規模和不同管理模式的飯店和西餐企業，食品採購管理部門各不相同。

1.餐飲部或餐廳管理

在中小型飯店或獨立經營的西餐廳和咖啡廳，食品採購員常由餐飲部或西餐廳直接任命和管理。餐飲部負責西餐食品採購有利於採購員、保管員和廚師之間的溝通。同時，餐飲部工作人員熟悉西餐食品原料，方便原料購買，可以節省時間與費用。

2.餐飲部和財務部雙方管理

某些飯店的西餐採購員由餐飲部門選派（兼中餐食品採購），受財務部門管理。這種管理方法的優點是，財務部門負責食品採購易於成本監督和控制，而餐飲部選派採購員熟悉採購業務。

3.飯店採購部管理

一些大型飯店或餐飲集團食品原料採購由企業或集團採購部統一採購和管理。這種管理模式利於企業或集團管理人員控制食品成本，又可獲得優惠的價格。

三、食品品質和規格管理

食品原料品質指食品的新鮮度、成熟度、純度、質地和顏色等標準。食品原料規格是指原料的種類、等級、大小、重量、分量和包裝等。管理西餐食品原料的品質與規格首先應制定出本企業所需要的食品原料品質和規格，應詳細地寫出各種食品原料的名稱、品質與規格的標準。食品原料品質和規格常根據某一飯店或西餐企業菜單需要的品質與特色作出規定。由於西餐食品原料品種與規格繁多，其市場形態也各不相同（新鮮、罐裝、脫水、冷凍）。因此，企業必須按照自己經營範圍和策略，制定食品原料採購規格以達到預期的使用要求和作為供應單位供貨的依據。為了使制定的原料規格符合市場供應又能滿足企業需求，食品原料採購標準應寫明原料名稱、品質與規格標準，內容應具體。例如，寫明名稱、產地、品種、類型、樣式、等級、商標、大小、稠密度、比重、淨重、含水量、包裝物、容器、可食量、添加劑含量及成熟程度等標準，文字應簡明。

四、採購數量控制

原料的採購數量是西餐食品採購管理的重要環節。由於採購數量直接影響西餐成本構成和成本數額。因此，應根據企業經營策略制定合理的採購數量。通常食品原料採購數量受許多因素影響。這些因素包括餐點的銷售量、食品原料的特點、儲存條件、市場供應情況和企業的庫存量。當企業銷售量增加時，食品原料採購量必然增加。此外，各種食品原料都有自己的特點，儲存期也不相同。例如，新鮮的水果、蔬菜、蛋和奶製品儲存期很短，各種糧食和香料儲存期比較長。某些冷凍食品可以儲存數天至數月。同時，根據貨源情況決定各種採購量，旺季食品原料價格比淡季低，還容易購買。

1.新鮮原料採購量

許多飯店對新鮮原料的採購策略是，每天購進新鮮的奶製品、蔬菜、水果及海產。這樣，可保持食品的新鮮度，減少損耗。採購方法是根據實際原料的使用

量採購，要求採購員每日檢查庫存餘量或根據廚房及倉庫的訂單採購。每日庫存量的檢查可採用實物清點與觀察估計相結合的方法。對價高的原料要實際清點，對價低的原料只要估計數。為了方便採購，採購員將每日要採購的新鮮原料製成採購單。採購單上列出原料名稱、規格和採購量等。通常，寫上參考價格，交與供應商。在新鮮的原料中，消耗量比較穩定的品種不必要每天填寫採購單，可採用長期訂貨法，長期地每天供應。

新鮮原料採購量＝當日需要量-上日剩餘量

2.乾貨及冷凍原料採購量

乾貨原料屬於不容易變質的食品原料。它包括糧食、香料、調味品和罐頭食品等。冷凍原料包括各種肉類和海產。許多企業為減少採購成本，將乾貨原料採購量規定為每週或每個月的使用量，將冷凍原料的採購量規定為一至二週的使用量。乾貨原料和冷凍原料一次的採購數量和定期採購時間均以企業經營和採購策略而定。通常，採用最低儲存量採購法。最低儲存量採購法是將各種原料分別制定最低儲存量，採購員對達到或接近最低儲存量的原料進行採購。使用這種方法，要求倉庫管理員掌握每種食品原料的數量、單位、單價和金額。食品倉庫應制定一套有效的檢查制度，及時發現那些已經達到或接近最低儲存量的原料並發出採購通知單和確定採購數量。

最低儲存量＝日需要量×發貨天數＋保險儲存量

採購量＝標準儲存量-最低儲存量＋日需要量×送貨天數

標準儲存量＝日需要量×採購間隔天數＋保險儲存量

3.最低儲存量

根據經驗，西餐企業對乾貨和冷凍食品原料有一定的標準儲存量。當某種食品原料經使用後，它的數量降至重新採購，而又能夠維持至新原料到來時候的數量就是最低儲存量。

4.保險儲存量

保險儲存量是防止市場供貨問題和採購運輸問題預留的原料數量。對某種原料保險儲存量的確定要考慮市場供應情況和採購運輸的方便程度等而定。

5.日需要量

餐廳或廚房每天對某種食品原料需求的平均數。

五、採購程序管理

許多飯店和西餐企業都為採購工作規定了工作程序。從而，使採購員、採購部門及有關人員明確自己的工作責任。通常，不同的飯店和西餐企業採購程序不同。這主要根據企業的規模和管理模式而定。

1.大型飯店採購程序

在大型飯店，當保管員發現庫存的某種原料達到採購點（最低儲存量）時，他要立即填寫採購申請單交與採購員或者採購部門，採購員或者採購部門根據申請，填寫訂購單並向供應商訂貨。同時，將訂貨單中的一聯交於倉庫驗收員以備驗貨時使用。當驗收員接到貨物時，他要將貨物與訂貨單、發貨票一起進行核對經檢查合格後，將乾貨和冷凍原料送至倉庫儲存，將蔬菜和水果發送到廚房，並辦理出庫手續。驗收員在驗貨時要做好收貨記錄並在發貨票上蓋驗收章，將發貨票交採購員或採購部門。採購員或採購部門在發貨票上簽名與蓋章後交與財務部，經財務負責人審核並簽名後，向供應商付款。

2.中小企業採購程序

小型飯店或獨立經營的西餐廳及咖啡廳採購程序簡單。採購員僅根據廚師長的安排和計劃進行採購。

六、食品驗收管理

驗收管理是指食品原料驗收員根據飯店制定的食品原料驗收程序與食品品質標準檢驗供應商發送的或採購員購來的食品原料品質、數量、規格、單價和總額並將檢驗合格的各種原料送到倉庫或廚房，記錄檢驗結果。

1.選擇優秀的驗收員

食品原料驗收應由專職驗收員負責，驗收員既要懂得財務制度，有豐富的食品原料知識，又應是誠實、精明、細心、秉公辦事的人。在小型飯店或獨立經營的餐廳，驗收員可由倉庫保管員兼任。西餐廳經理和廚師長不適合做兼職的驗收員。

2.嚴格驗收程序

在原料驗收中，為了達到驗收效果，驗收員必須按照飯店制定的驗收程序進行。通常，驗收員根據訂購單核對供應商送來或採購員採購的貨物，防止接收飯店未訂購的貨物。驗收員應根據原料訂購單的品質標準接受供應商送來或採購員採購的貨物，防止接收品質或規格與訂購單不符的任何貨物。驗收員應認真對發貨票上的貨物名稱、數量、產地、規格、單價和總額與本企業訂購單及收到的原料進行核對，防止向供應商支付過高的貨款。在貨物包裝或肉類食品原料的標籤上註明收貨日期、重量和單價等有關數據以方便計算食品成本和執行先入庫先使用的原則。食品原料驗收合格後，驗收員應在發貨票上蓋驗收合格章並將驗收的內容和結果記錄在每日驗收報告單上，將驗收合格的貨物送至倉庫。

3.食品原料日報表

驗收員每日應填寫食品原料日報表，該表內容應包括發貨票號、供應商名稱、貨物名稱、貨物數量、貨物單價、貨物總金額、貨物接收部門、貨物儲存地點、合計、總計及驗收人等。

採購驗收表

驗收日期	____________
數量或重量核對	____________
價格核對	____________
總計核對	____________
批准付款	____________
批准付款日期	____________

食品原料驗收日報表

發票號碼	供應商	品名	數量	單價	金額	發送	貯存
日期＿＿＿＿ 驗收員＿＿＿＿							

第四節 食品儲存管理

一、食品儲存原則

食品原料儲存是指倉庫管理人員保持適當數量的食品原料以滿足廚房製作需要。它的主要管理工作是透過科學的管理方法，保證各種食品原料的數量和品質，減少自然損耗，防止食品流失，及時接收、儲存和發放各種食品原料並將有關數據送至財務部門以保證成本有效的控制。食品倉庫管理人員應制定有效的防火、防盜、防潮、防蟲害等措施。掌握各種食品原料日常使用和消耗的數量及動態，合理控制食品原料的庫存量，減少資金占用和加速資金周轉，建立完備的貨物驗收、領用、發放、清倉、盤點和清潔衛生制度。科學地存放各種原料，使其整齊清潔，井井有條，便於收發和盤點。西餐食品倉庫應設立貨物驗收臺以減少食品入庫和發放原料的時間。根據業務需要，食品倉庫常包括乾貨庫、冷藏庫和冷凍庫。乾貨庫存放各種罐頭食品、果乾、糧食、香料及其他乾性食品。冷藏庫存放蔬菜、水果、蛋、奶油、牛奶及那些需要保鮮及當天使用的畜肉、家禽和海鮮等原料。冷凍庫將近期使用的畜肉、禽肉和其他需要冷凍的食品，透過冷凍方式儲存起來。通常，各種食品倉庫應有照明和通風裝置，規定各自的溫度和濕度及其他管理規範等。

二、乾貨食品管理

乾貨食品不應接觸地面和庫內的牆面。非食物不可儲存在食品庫內。所有食品都應存放在有蓋子和有標記的容器內。貨架和地面應當整齊、乾淨；應標明各種貨物的入庫日期、按入庫的日期順序進行發放，執行「先入庫先發放」的原則。將廚房常用的原料存放在倉庫出口處較近的地方。將帶有包裝的或比較重的貨物放在貨架的下部。乾貨庫的溫度應保持在10℃～24℃，濕度保持在50%～60%之間以保持食品的營養、味道和質地。非工作時間要鎖門。

三、冷藏食品管理

熟製的食品應放在乾淨、有標記並帶蓋子的容器內，不要接觸水和冰。經常檢查冷藏庫的溫度。新鮮水果和蔬菜應保持在7℃；奶製品和畜肉應保持在4℃；魚類及各種海鮮應保持在零下1℃。冷藏庫要通風，將濕度控制在80%～90%範圍內；不要將食品原料接觸地面；經常打掃冷藏箱和冷藏設備。標明各種貨物的進貨日期，按進貨日期的順序發料，遵循「先入庫先使用」原則；每日記錄水果和蔬菜的損失情況。將氣味濃的食品原料單獨存放；經常保養和檢修冷藏設備。非工作時間應鎖門。

四、冷凍食品管理

冷凍食品原料應儲存在低於零下18℃；經常檢查冷凍庫的溫度；在各種食品容器上加蓋子。用保鮮紙將食物包裹好，密封冷凍庫，減少冷氣損失。根據需要設置備用的冷凍設備。標明各種貨物的進貨日期，按進貨日期的順序發放原料，遵循「先入庫先使用」原則。保持貨架與地面衛生，經常保養和檢修冷凍庫，非工作時間應鎖門。

五、食品儲存記錄

在食品儲存管理中除了保持食品品質和數量外，還應執行食品原料的儲存記錄製度。通常，當某一貨物入庫時，應記錄它的名稱、規格、單價、供應商名稱、進貨日期和訂購單編號。當某一原料被領用後，要記錄領用部門、原料名稱、領用數量和結存數量等。執行食品原料的儲存記錄可隨時瞭解存貨的數量和金額，瞭解貨架上的食品原料與記錄之間的差異情況。這樣，有助於「先入庫先使用」原則，也利於控制採購貨物的數量和品質。

六、食品定期盤存

食品原料定期盤存是企業按照一定的時間週期，如一個月或半個月，透過對各種原料的清點、稱重或其他計量方法來確定存貨數量。採用這種方法可定期瞭解餐廳的實際食品成本，掌握實際食品成本率並與飯店制定的標準成本率比較，找出成本差異及其原因並採取措施。從而，有效地控制食品成本。食品倉庫的定期盤存由飯店成本控制人員負責。他們與食品倉庫管理人員一起完成這項工作。盤存工作的關鍵是真實和精確。

七、庫存原料計價

由於食品原料的採購管道、時間及其他因素，某種相同原料的購入單價不一定完全相同。這樣，飯店在計算倉庫存貨總額時，需要採用不同的計價方式。為了提高工作效率，常選用和固定一種適合自己企業的計價方法計算庫存原料的總額以保證食品成本核算的精確性、一致性和可比性。常採用的計價方法有：

1.先入先出法

先入先出法是指先購買的食品原料先使用。由此，將每次購進的食品單價作為食品倉庫計價的依據。這種計價方法需要分別辨別是哪一批購進的食品原料，工作比較繁瑣。

2.平均單價法

平均單價法是在盤存週期，如一個月為一個週期，將同一類食品原料的不同單價進行平均。然後，將得到的平均單價作為計價基礎，再乘以總數量，計算出各類食品原料的儲存總額的方法。它的計算方法是：

$$\text{食品原料平均單價} = \frac{\text{本期結存金額} + \text{本期收入金額}}{\text{本期結存數量} + \text{本期收入數量}}$$

3.後入先出法

當食品價格呈增長趨勢時，企業把最後入庫的食品原料單價作為先發出至廚房使用的方法，而將前一批購進的、價格比較低的食品原料單價作為該類食品原

料在倉庫儲存總額的計價方法。當然，發送的實際原料並不是最後一批，仍然是最先購買的。使用這一計價方法可及時反映食品原料的價格變化，減少倉庫食品儲存總額並避免飯店的經濟損失。

八、原料發放管理

原料發放是食品原料儲存中的最後一項工作。它是指倉庫管理員按照廚師長簽發的領料單上的各種原料品種、數量和規格發放給廚房的過程。食品原料發放管理的關鍵是所發放的原料要根據領料單中的品名和數量等要求執行。通常，倉庫管理員使用兩種發放食品原料的方法：直接發放方法和儲藏後發放方法。

1.直接發放法

食品原料直接發放法是倉庫驗收員把剛驗收過的新鮮蔬菜、水果、牛奶、麵包和海產等原料直接發放給廚房，由廚師長驗收並簽名。由於西餐使用新鮮蔬菜和水果，而且這些原料是每天必須使用。因此，西餐企業每天將採購的新鮮食品以直接發放形式向廚房提供。

2.儲藏後發放法

乾貨和冷凍食品原料不需每天採購，可根據飯店經營策略一次購買數天的使用量並將它們儲存在倉庫中，待廚房需要時，根據領料單的品種和數量發放至廚房。西餐中的許多食品原料都來自食品倉庫。

3.食品領料單

廚房向倉庫領用任何食品原料都必須填寫領料單。領料單既是廚房與倉庫的溝通媒介，又是西餐成本控制的一項重要工具。通常，食品原料領料單一式三聯。廚師長根據廚房的製作需要填寫後，一聯交與倉庫作為發放原料憑證，一聯由廚房保存，用以核對領到的食品原料。第三聯交企業成本控制員。領料單的內容應包括領用部門、原料品種和數量、單價和總額、領料日期、領料人等。廚房領用各種食品原料必須經廚師長或領班在領料單上簽名才能生效，尤其是較為貴重的食品原料。領料單不僅作為領料憑證，還是食品成本控制的憑證。

第五節 廚房製作管理

製作管理，包括食品原料使用管理和能源使用管理，是西餐成本管理的關鍵環節。由於西餐製作環節多，因此管理人員對餐飲製作要細心組織，精心策劃，避免食品原料和能源的浪費，有效地控制製作成本。

一、廚房製作管理內容

廚房製作管理常採用的方法是，做好製作預測和計劃、控制食品原料折損率、做好餐點分量控制、編寫標準食譜，制定合理的使用能源制度等。首先，廚房領取食品原料時，應根據實際需要的品種和數量填寫領料單。同時，應控制原料的使用情況，採取措施糾正超量或不合理地使用原材料。為了掌握食品原料的使用情況和控制食品成本，廚房常實施日報和月報食品成本制度。此外，一些飯店還要求廚房按工作班次填報食品成本。透過這種形式對食品成本進行有效的控制。

二、製作預測和計劃

製作預測和計劃是指廚師長等管理人員參考過去一年或某一階段的餐點銷售記錄和近期的訂單，計劃當年或近期某一階段各類餐點製作量。由於廚房主要的浪費原因是產品過量製作。因此，預防餐點過量製作，可以控制無效的食品成本發生並有效地控制食品成本。廚房製作預測的目的就是要將餐點製作數字精確到接近實際銷售數字，避免剩餘。通常，飯店根據宴會記錄和單點餐廳的點餐單，記錄各種餐點的銷售情況。這樣，管理人員可透過數據，瞭解和預測顧客對各種西餐和點心的需求情況。然後，根據預測的數量計劃下一階段各類餐點的製作量。廚房的製作計劃常分為年度計劃、季度計劃、月計劃甚至每天的計劃等。餐點銷售量常受許多因素如天氣、節假日、人們口味等因素影響。當天氣炎熱時，清淡的餐點、冷食品、沙拉和冷湯的銷售量會增加。當天氣寒冷時，熱湯、熱菜的銷售量會增加。節日期間，多種餐點和甜點的銷售量會增加。社會經濟因素的變化也會影響產品的銷售量。因此，為了提高預測數字的準確性，過去的銷售量只能提供參考，管理人員必須考慮當時的經濟和市場情況及多種因素。

三、餐點分量控制

餐點分量是指每份餐點或每盤餐點的重量或數量標準，而餐點分量控制是企業根據顧客對餐點原料重量和企業成本的需求，制定出每份餐點各種原料的標準量並在製作中嚴格執行。此外，餐點分量控制還指科學地設計每個餐點中的主要原料、配料重量或數量以滿足不同顧客的營養和價格需求。通常，飯店制定標準食譜並規定每份餐點的標準重量及每份餐點各種原料的標準重量等。

四、廚房節能措施

當今，能源費占餐飲製作成本的比例愈來愈高。因此，廚房應制定合理的能源使用措施。通常這些措施包括：不要過早地預熱烹調設備，應在開餐前15分鐘至30分鐘進行。烹調爐、烤箱和燉鍋櫃等設備不工作時，應立即關閉，避免無故消耗能源。在烤製用錫箔紙包裹的馬鈴薯時，應在紙與馬鈴薯之間留有縫隙。這樣，可以加快馬鈴薯熟製時間，也節約了熱源。定時清除烤箱下變成深色的或破碎的石頭。油炸食品時，應先將食品外圍的冰霜或水分去掉以減少油溫下降的速度。油煎食品時，應使用一個重物按壓食品，使其接觸傳熱媒介。從而，加快烹調速度。帶有隔熱裝置的烹調設備，不僅對廚師健康有益，還節約了能源並提高食物的烹調效率。通常可節約25%的烹調時間。根據試驗，連續充分地使用烤箱可以節約熱源。烤食品時，應使被烤原料與烤箱的邊緣保持一定的距離，間隔通常在3釐米至5釐米，保持熱空氣的流通，加快餐點烹調速度。用煮的方法製作餐點時，不要放過多的液體或水。否則，浪費熱源。烤箱在工作時，每打開一秒鐘，其溫度會下降華氏1度。廚房中使用的各種烹調鍋都應當比西餐爐燃燒器的尺寸略大些。這樣，可充分利用熱源。向冷藏箱存放或拿取原料時，應集中時間以減少打開冷藏箱的次數。不需要冷熱水時，一定要將水龍頭關閉好。

本章小結

西餐成本控制指在西餐經營中，管理人員按照企業規定的成本標準，對西餐各成本因素進行監督和調節，及時點出錯誤、採取措施加以糾正，將西餐實際成

本控制在計劃範圍之內，保證實現企業成本目標。西餐成本控制貫穿於它形成的全過程，凡是在西餐成本形成的過程中影響成本的因素都是成本控制的內容。西餐成本構成可以總結為3個方面：食品原料成本、人工成本和其他經營費用。食品原料採購管理是西餐成本管理的首要環節，它直接影響西餐經營效益，影響西餐成本的形成。西餐製作管理，包括食品原料使用管理和能源使用管理，是西餐成本管理的關鍵環節。

思考與練習

1.名詞解釋題

固定成本、變動成本、可控成本、不可控成本、標準成本、實際成本。

2.思考題

（1）簡述西餐成本控制意義。

（2）簡述西餐成本分類。

（3）論述原料採購管理。

（4）論述食品儲存管理。

（5）論述廚房製作管理。

第3篇 西餐服務與營銷策略

第15章 菜單籌劃與設計

本章導讀

本章主要對西餐菜單籌劃與設計進行總結和闡述。透過本章學習，可掌握菜單種類與特點、菜單籌劃的原則和籌劃步驟；掌握菜單的定價原則和定價策略；瞭解西餐菜單封面與封底的設計、文字設計、紙張選擇、形狀設計、尺寸設計、頁數設計和顏色設計。

第一節 菜單種類與特點

一、菜單含義與作用

菜單是西餐企業為顧客提供的餐點和價格的説明書。因此，菜單籌劃與設計是西餐經營的核心和基礎。西餐經營的一切活動都圍繞著菜單運行。

一份合格的西餐菜單應反映西餐經營特色，襯托餐廳氣氛並為企業帶來利潤。同時，作為一種藝術品為顧客留下美好的印象。菜單是溝通顧客與餐廳的橋梁，是西餐企業的無聲的推銷員。因此，西餐經營管理人員必須掌握西餐菜單的籌劃和製作技術。美國餐飲管理協會理事可翰（Khan）博士在評論西餐菜單的重要性時説「餐飲經營成功與失敗的關鍵在菜單」。

1.顧客購買產品的工具

西餐廳的主要產品是餐點，餐點不宜儲存或久存。許多餐點在客人點餐之前，餐廳不能製作，顧客不能在點餐之前看到餐點，只有透過菜單瞭解產品的顏

色、味道和特色。因此，西餐菜單成為客人購買餐點的工具。

2.餐廳銷售產品的工具

西餐菜單是餐廳的主要的銷售工具。因為，餐廳透過菜單把自己的產品介紹給顧客，透過菜單與顧客溝通並透過菜單瞭解顧客對餐點的需求並及時改進餐點以滿足顧客需求。因此，菜單成為餐廳銷售餐點的主要工具。

3.企業經營管理的工具

西餐菜單在西餐經營管理中有著非常重要的作用。這是因為不論是西餐原料的採購、成本控制、製作和服務、廚師和服務人員的招聘還是餐廳和廚房設計與布局等都要根據菜單上的產品特色而定。因此，西餐菜單是西餐廳和咖啡廳的重要管理工具。

二、菜單種類與特點

菜單是西餐企業的產品說明書，是西餐企業的銷售工具。隨著餐飲市場的需求多樣化，中國國內外西餐企業為了擴大銷售，都採用了靈活的經營策略。他們根據西餐類型、製作特點、菜式並根據不同的銷售地點和銷售時間，籌劃和設計了各種各樣的菜單以促進銷售。這些菜單大致可從以下幾個方面分類。

1.根據顧客購買方式分類

（1）單點餐單（A La Carte Menu）

單點餐單是西餐經營最基本的菜單。「A La Carte」一詞來自法語，意思是「單點」。單點的含義是，根據餐點品種，以單個計價。因此，從單點餐單上顧客可根據需要，逐個點餐，組成自己完整的一餐。單點餐單上的餐點是單獨定價的，菜單上的產品排列以人們進餐的習慣和順序為基底。例如，開胃菜類、湯類、沙拉類、三明治類、主菜類和甜品等。

（2）套餐菜單（Table D hote Menu）

套餐是根據顧客的需求，將各種不同的營養成分，不同的食品原料，不同的製作方法，不同的菜式，不同的顏色、質地、味道及不同價格的餐點合理地搭配

在一起，設計成一套菜單並制定出每套菜單的價格。套餐菜單上的餐點品種、數量、價格全是固定的，顧客只能購買一套固定的餐點。套餐菜單的優點是節省了顧客的點餐時間，價格比單點餐單購買實惠。

（3）固定菜單（Static Menu）

許多西餐風味餐廳、咖啡廳和速食店都有自己的固定菜單。所謂固定菜單，顧名思義，是經常不變動的菜單。這種菜單上的餐點都是餐廳的代表餐點，是經過認真研製並在多年銷售實踐總結出的優秀而又有特色的產品。這些餐點深受顧客的歡迎且知名度很高。顧客到某一餐廳的主要目的就是為了購買這些有知名度的餐點。因此，這些產品一定要相對穩定，不能經常變換。否則，會使顧客失望。

（4）週期循環式菜單（Cyclical Menu）

咖啡廳和西餐廳常有週期循環式菜單。所謂週期循環式菜單是一套完整的菜單，而不是一張菜單，這些菜單按照一定的時間循環使用。過了一個完整的週期，又開始新的週期。一套週期為一個月的套餐菜單應當有31張菜單以供31天的循環。這些菜單上的內容可以是部分不相同或全部不相同，廚房每天根據當天的菜單內容進行製作。這些菜單尤其在咖啡廳很流行。一些西式燒烤屋的週期循環式菜單常包括365張菜單，每天使用一張，一年循環一次。週期循環式菜單的優點是滿足顧客對特色餐點的需求，使餐廳天天有新菜。但是，對每日剩餘的食品原料的處理帶來一定的困難。

（5）宴會菜單（Banquet Menu）

宴會菜單是西餐廳推銷產品的一種技術性菜單。通常宴會菜單體現飯店的經營特色，菜單上的餐點都是比較有名的美味佳餚。同時，還根據不同的季節安排一些時令餐點。宴會菜單也經常根據宴請對象、宴請特點、宴請標準或宴請者的意見隨時制定。此外，宴會菜單還可以推銷企業庫存的食品原料。根據宴會的形式，宴會菜單又可分為傳統式宴會菜單、雞尾酒會菜單和自助式宴會菜單。

（6）每日特別菜單（Daily Special Menu）

每日特別菜單是為了彌補固定菜單上的餐點品種而設計。每日特別菜單常在一張紙上設計幾個有特色的餐點。它的特點是強調菜單使用的時間，只限某一日使用。這種菜單的餐點常帶有季節性、民族性和地區性等特點。該菜單的功能是為了強調銷售並及時推銷新鮮的、季節的和新穎的餐點，使顧客每天都能享用新的餐點。

（7）其他菜單

許多飯店緊跟市場需求，籌劃了節日菜單（Holiday Menu）、部分選擇式菜單（Partially Selective Menu）和兒童菜單等。節日菜單是根據地區和民族節日籌劃的傳統餐點。部分選擇式菜單是在套餐菜單的基礎上，增加了某道餐點的選擇性。這種菜單集中了單點餐單和套餐菜單的共同優點。其特點是在套餐的基礎上加入了一些靈活性。例如，一個套餐規定了三道菜，第一道是沙拉，第二道是主菜，第三道是甜點。那麼，其中主菜或者其中的兩道菜中可以有數個可選擇的品種並將這些品種限制在顧客最受歡迎的那些品種上，價格固定。因此，套餐菜單很受歐美人的歡迎。它既方便顧客也有益於產品的銷售。

2.根據用餐習慣分類

（1）早餐菜單（Breakfast Menu）

早上是一天的開始，早餐是一天的第一餐。由於現代人的生活節奏快，不希望在早餐上花費許多時間。因此，早餐菜單既要品種豐富又要集中，還要服務速度快。通常，咖啡廳早餐單點餐單約有30個品種：各式麵包、奶油、果醬、蛋、穀類食品、火腿、香腸、優格、咖啡、紅茶、水果及果汁等。早餐菜單還可以有套餐菜單和自助餐菜單。早餐套餐可分為：常規式早餐（Continental Breakfast）和美式早餐（American Breakfast）。

①常規式套餐，即清淡的早餐。包括各式麵包、奶油、果醬、水果、果汁、咖啡或茶。

②美式套餐，即比較豐富的早餐。包括各式麵包、奶油、果醬、蛋、火腿或香腸、水果、果汁、咖啡或茶。

例，早餐菜單：

大陸式早餐(THE CONTINENTAL BREAKFAST)	69.00
自選橙汁、葡萄柚汁、鳳梨汁、番茄汁	
(Your choice of Orange juice, Grapefruit Juice, Pineapple juice or Tomato Juice)	
麵包自選(Baker's Choice)	
牛角包、甜麵包、吐司或丹麥麵包	
(Croissant, Sweet Roll, Toast or Danish Pastry)	
奶油、橘子醬和果醬	
(Butter, Marmalade and Jam)	
茶、牛奶或巧克力奶	
(Coffee, Tea or Chocolate)	
美式早餐(THE AMERICAN BREAKFAST)	88.00
自選橙汁、葡萄柚汁、鳳梨汁、番茄汁	
(Your choice of Orange juice, Grapefruit Juice, Pineapple juice or Tomato Juice)	
玉米片、大米片或粥	
(Corn Flakes, Rice Crispy or Porridge)	
帶有培根、火腿肉或香腸的兩個雞蛋	
(2 Eggs any style with Bacon, Ham or Sausages)	
自選牛角包、甜麵包、吐司或丹麥麵包	
(Baker's Choice: Croissant, Sweet Roll, Toast or Danish Pastry)	
奶油、橘子醬和果醬	
(Butter, Marmalade and Jam)	
茶、牛奶或巧克力奶	
(Coffee, Tea or Chocolate)	
特別菜餚(SOMETHING SPECIAL)	
早餐牛排帶雞蛋(Breakfast Steak with Egg)	88.00
早餐牛排(Breakfast Steak)	80.50
煙燻魚(Grilled Smoked Kipper)	80.00
1份香腸 (1 Portion Sausage)	45.50
1份火腿肉 (1 Portion Ham)	45.50
1份培根 (1 Portion Bacon)	45.50
粥類(PORRIDGES)	
雞肉粥(Chicken Porridge)	28.50
魚肉粥(Fish Porridge)	28.50
豬肉粥(Pork Porridge)	28.50

果汁(JUICES)	
橙汁 (Orange)	22.00
鳳梨汁 (Pineapple)	22.00
葡萄柚汁(Grapefruit)	22.00
番茄汁 (Tomato)	22.00
新鮮水果(FRESH FRUITS)	
鳳梨、木瓜或葡萄柚(Pineapple,Papaya or Grapefruit)	22.00
燉水果(STEWED FRUITS)	
李子、桃、梨(Prunes,Peaches or Pears)	22.00
木瓜與奶酪 (Mixed Fruit Yogurt with Papaya)	25.00
奶酪 (Plain Yogurt)	45.00
穀類(CEREALS)	
玉米片(Corn Flakes)	22.00
大米片(Rice Crispies)	22.00
粥(Porridge)	22.00
麵點(FROM THE BAKERY)	
藍莓冰淇淋鬆餅 (Blueberry Pancake with Ice Cream)	28.00
土司麵包 (Toast)	20.50
牛角麵包2個(Croissants two)	20.50
甜麵包2個 (Sweet Rolls two)	20.50
丹麥麵包2個 (Danish Pastries two)	20.50
帶奶油、果醬和橘子醬(Served with butter,Jam and Marmalade)	
雞蛋(EGGS)	
奶酪、蘑菇或火腿肉、雞蛋捲 (Ham,Cheese or Mushroom Omelette)	45.00
煎雞蛋捲(Plain Omelette)	32.00
2個雞蛋可帶培根、火腿肉或香腸 (2 Eggs any style With Bacon,Ham or Sausages)	38.00
飲料(BEVERAGES)	
茶(Tea)	30.00
咖啡(Coffee)	30.00
巧克力奶或美祿 (Chocolate or Milo)	30.00
殺菌鮮乳 (Pasteurised)	30.00

（2）午餐菜單（Lunch Menu）

午餐在一天的中部，它是維持人們正常工作和學習所需熱量的一餐。午餐的主要銷售對象是購物或旅遊途中的客人或午休中的員工。因此，午餐菜單應具有價格適中、上菜速度快、餐點實惠等特點。午餐菜單常包括開胃菜、湯、沙拉、三明治、義大利麵條、海鮮（Sea Food）、禽肉、畜肉和甜點。一些午餐菜單包括簡單實惠的開胃菜、湯和義大利麵條。

（3）正餐菜單（Dinner Menu）

人們習慣將晚餐稱為正餐。因為晚餐是一天最主要的一餐，歐美人非常重視晚餐。通常人們在一天的緊張工作和學習之後需要享用一頓豐盛的晚餐。因此，大多數宴請活動都在晚餐中進行。由於顧客晚餐時間寬裕，有消費心理準備。所以，飯店都為晚餐提供了豐富的餐點。晚餐餐點製作工藝較複雜，製作和服務時間較長，價格也比較高。傳統的西餐正餐菜單包括以下內容：

①開胃菜，包括各種開胃小點、雞尾杯、燻魚、香腸、醃魚子、生蠔、蝸牛、蝦、蝦仁和鵝肝製作的冷菜。

②湯，包括各種清湯、奶油湯、蔬菜濃湯、海鮮湯和風味湯等。

③沙拉，包括各種蔬菜、熟肉或海鮮製作的冷菜。

④海鮮，包括由嫩煎、炸、烤、焗和水煮等方法製成的魚、蝦、龍蝦和蟹肉餐點並帶有醬、蔬菜、米飯或義大利麵條。

⑤烤肉（Roast And Grill），包括以烤和烤的方法烹調的畜肉、家禽並配有各種醬、蔬菜和澱粉原料。

⑥甜點，包括各種蛋糕、派、布丁、舒芙蕾（Souffle）、冷凍雪糕、水果冰淇淋和慕斯等。

⑦各種起司，包括常用的品種有 Chedder、 Colboy、 Edam、 Gouda、Swiss、 Blue、Roguefort等。

（4）宵夜菜單（Night Snack Menu）

通常，晚10點後銷售的餐食稱為宵夜。宵夜菜單銷售清淡和分量小的餐點並以風味小吃為主。宵夜餐點常有開胃菜、沙拉、三明治、製作簡單的主菜、當地小吃和甜點等5至6個類別。每個類別安排4至6個品種。

（5）其他菜單

許多咖啡廳還籌劃了早午餐菜單（Brunch Menu）和下午茶菜單（Afternoon Tea Menu）。早午餐在上午10點至12點進行。早午餐菜單常有早餐和午餐共同的特點。許多人在下午3點有喝下午茶的習慣，通常人們會吃一些甜點和水果。因此，下午茶菜單常突出甜點和飲料的特色。此外，還有一些專門推銷某一類餐點的菜單。例如，冰淇淋菜單。

3.根據銷售地點分類

由於用餐目的、消費習慣和價格需求等原因，不同的地點對西餐需求不同。咖啡廳菜單需要大眾化，西式燒烤屋菜單需要精細和有特色，宴會菜單講究餐點的道數，客房用餐菜單需要清淡。因此，按照銷售地點，西餐菜單常分為咖啡廳菜單（Coffee Shop Menu）、西式燒烤屋菜單（Grill Room Menu）、速食店菜單（Fast Food Menu）和客房送餐菜單（Room Service Menu）。

4.根據服務方式分類

西餐菜單還可以按照服務方式分類。包括傳統式服務菜單（Traditional Service Menu）和自助餐菜單（Buffet Menu）。

第二節 菜單籌劃與分析

菜單籌劃絕非簡單地把一些菜名寫在幾張紙上，而是經營管理人員和廚師根據市場需求集思廣益而開發和設計的最受顧客歡迎的產品。因此，籌劃菜單應將餐廳所有的餐點訊息，包括餐點原料、製作方法、風味特點、重量和數量、營養成分和價格及飯店有關的其他餐飲訊息等顯示在菜單上以方便顧客購買。

一、菜單籌劃原則

傳統上，飯店籌劃菜單，都儘量擴大產品範圍以吸引不同類型的顧客。現代西餐經營中，為了避免食品和人工成本的浪費，降低經營管理費用，企業把菜單的內容限制在一定的範圍內。這樣，可最大限度地滿足目標客人的需求。現代西餐餐點口味清淡、製作程序簡化、富有營養。當今菜單籌劃已經成為顯示廚師才華的重要領域。因此，籌劃菜單是一項既複雜又細緻的工作，它對餐飲產品的推銷有著關鍵作用。菜單籌劃人員在菜單籌劃前，一定要瞭解目標顧客的需求，瞭解飯店的設備和技術，設計出容易被顧客接受而又為企業獲得理想利潤的菜單。菜單籌劃的三大原則是：

（1）菜單必須適應市場需求。

（2）菜單必須反映飯店形象和特色。

（3）菜單必須為企業帶來最佳經濟效益。

二、菜單籌劃步驟

為了保證菜單的籌劃品質，菜單籌劃人員應制定一個合理的籌劃步驟並嚴格按照既定的程序籌劃菜單。通常菜單的籌劃步驟包括以下內容：

（1）明確飯店經營策略、經營方針和經營方式。明確菜單的品種、數量、品質標準及風味特點，明確食品原料品種和規格，明確製作設施、製作設備和製作時間等要求。

（2）掌握食品原料和燃料的價格及一切經營費用，計算出餐點的成本。

（3）根據市場需求、企業的經營策略、食品原料和設施、餐點成本和標準及顧客對價格的承受能力，設計出菜單。

（4）依照餐點的銷售記錄、食品成本及企業獲得的利潤對菜單進行評估和改進。徵求顧客和員工對菜單的意見。然後，進行修改。

三、菜單籌劃內容

菜單籌劃的內容包括餐點種類、餐點名稱、食品原料結構、餐點味道、餐點價格及其他訊息。一個優秀的菜單，它的餐點種類應緊跟市場需求，餐點名稱是

人們喜愛的，餐點原料結構符合顧客營養需求，餐點味道有特色並容易被接受，餐點價格符合目標顧客消費需求。因此，菜單籌劃的內容必須包括餐廳名稱、餐點種類、餐點名稱、餐點解釋、餐點價格、服務費用、飯店名稱和其他經營訊息。

四、菜單籌劃人

菜單籌劃工作關係到企業的聲譽、營業收入和企業的發展。因此，很重要。通常，由總廚師長或有能力的餐廳經理及廚師擔任。菜單籌劃人必須具備廣泛的西餐原料知識，熟悉原料品種、規格、品質、出產地、上市季節及價格等，有深厚的西餐烹調知識和較長的工作經歷，熟悉西餐製作技巧、時間和設備，掌握產品的色、香、味、形、質地、品質、規格、裝飾、包裝和營養成分。同時，必須瞭解本企業製作與服務設施、工作人員的業務水準，瞭解顧客需求、西餐發展趨勢，善於結合傳統餐點的優點和現代人的餐飲習慣，有創新意識和構思技巧，有一定美學和藝術修養，擅長調配餐點的顏色和稠度，擅長餐點的造型。此外，應善於溝通和集體工作，虛心聽取有關人員的建議。

五、菜單分析

菜單分析是指飯店定期對菜單中的餐點銷售情況進行分析和評估。菜單分析矩陣是菜單分析常用的工具。分析菜單時，應先將菜單中的餐點按不同類別進行分類。例如，開胃菜、湯、主菜和甜點等。然後，使用餐點分析矩陣對各餐點的營業收入水準和顧客滿意程度2個分類進行分析和評價。在菜單分析矩陣中，橫軸表示顧客對某餐點的滿意程度；縱軸表示餐點的營業收入；4 個方框分別代表餐點的銷售情況和市場潛力。包括明星類產品、耕牛類產品、問題類產品和瘦狗類產品。

（1）明星類產品是可為企業帶來高的營業收入和利潤、顧客滿意程度高的餐點。這類產品具有特色，市場發展潛力大，對顧客有較高的吸引力，是菜單籌劃中最成功的餐點。

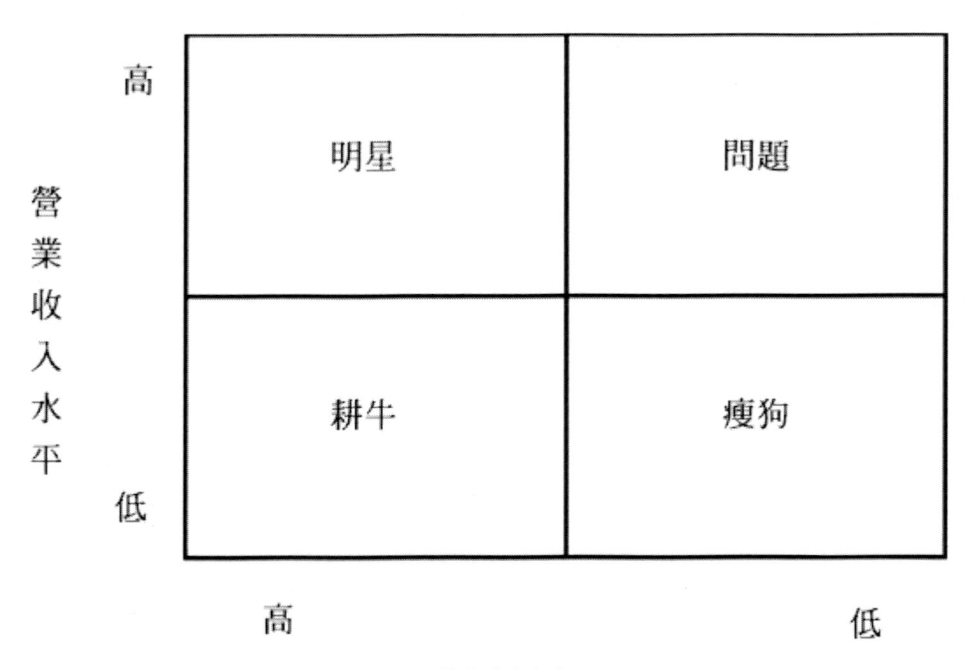

顧客滿意程度

（2）耕牛類產品是具有特色的餐點，顧客滿意程度高。由於其價格較低，所以為企業帶來的營業收入和利潤有限。然而，保留這類產品可吸引較多的客源並帶來大量的其他餐飲產品的銷售額和利潤。

（3）問題類產品是品質高的精品餐點，可為企業帶來較高的營業收入和利潤。然而，由於這類餐點價格高，需求量不高。這類餐點可為企業帶來一定的知名度，保留這類餐點可吸引高消費的顧客。

（4）瘦狗類產品的特色不突出，不受顧客歡迎，也不能為企業帶來收入和利潤。這類產品幾乎沒有市場發展潛力，應該從菜單上淘汰並換成可為企業帶來利潤且受顧客歡迎的產品。

第三節 菜單定價原理

菜單定價是指制定餐點價格的過程。菜單定價是菜單籌劃的重要環節，菜單的價格不論對顧客選擇餐廳或飯店，還是對餐廳的經營效果都是十分重要的。菜

單價格過高顧客不接受，不能為企業帶來利潤；菜單價格過低，企業得不到應有的營業收入和利潤，造成企業虧損。

一、菜單定價原則

1.反映餐點價值

菜單中的任何餐點價格都應以食品成本為中心，高價格餐點必須反映高規格的食品原料和精細的製作技巧，否則，菜單將不會被顧客信任。一些高星級飯店菜單的價格參照了聲望定價法和心理定價法，將菜單的價格上調一部分。然而，如果這種定價方法偏離食品成本的程度較大，將失去它應有的營銷作用。

2.突出餐廳級別

菜單價格必須突出餐廳的級別，咖啡廳屬於大眾餐廳，菜單價格必須是大眾可接受的。西式燒烤屋屬於風味餐廳或傳統餐廳，餐點要經過精心製作，原料採用較高的規格。因此，西式燒烤屋菜單價格可以高一些，這樣顧客更樂於接受。

3.適應市場需求

菜單的價格除了以食品成本為主導以外，還要考慮市場對價格的接受能力。一些西式燒烤屋經營不善，其原因是價格超過顧客的接受能力。經過市場調查，飯店的管理者發現許多光臨過西式燒烤屋的顧客認為，一些西式燒烤屋餐點的價格嚴重地脫離了食品成本和市場接受能力。

4.保持穩定性

菜單價格應保持一定的穩定性，不要隨意調價。否則，該菜單將不被顧客信任。當食品原料價格上調時，菜單價格可以上調。但是，根據企業對顧客的調查，餐點價格上調的幅度最好不要超過10%。因此，應盡力挖掘人力成本和其他經營費用的潛力，減少價格上調的幅度或不上調，保持菜單價格的穩定性。

二、菜單定價策略

根據市場營銷理念，許多飯店在制定菜單價格時都採取了靈活和實用的價格策略。

1.薄利多銷策略

以相對低的價格刺激需求，使企業實現長時期的最大利潤。

2.滲透價格策略

制定較低的價格吸引更多的顧客。透過這種方法打開菜單的銷路，使自己的產品滲入市場。

3.數量折扣策略

根據顧客消費數量，給予不同的折扣。例如，在美國的必勝客餐廳（Pizza Hut Restaurant）對顧客採用數量折扣策略。當顧客買了第二個披薩餅時，其價格比第一個餅優惠10美元，大約是第一個餅價格的1／3。

4.尾數定價策略

美國餐廳在制定菜單價格時，以非整數為餐點的價格。心理學家的研究表明，顧客在購物時，更樂於接受尾數是非整數並小於一個整數的價格。一個14.85美元的披薩餅比一個價格為15美元的披薩餅顯得便宜。

5.聲望定價策略

一些顧客把價格看做是產品的品質標誌。少數的高級別餐廳為滿足顧客的求名心理，制定較高的價格，這種定價策略稱為聲望定價法。但是，這種定價策略不適於三星級以下的飯店和大眾消費水準的西餐企業，只適於某些高星級飯店。

三、菜單定價程序

通常，飯店透過6個步驟制定菜單的價格以使菜單更有營銷力度。它們是，預測價格需求、確定價格目標、確定成本與利潤、分析競爭者的反映、選擇定價方法和確定最終價格等。

1.預測價格需求

不同地區、不同時期、不同消費目的及不同消費習慣的顧客群體對菜單的價格需求不同。飯店在制定菜單價格前，一定要明確定價因素，制定切實可行的菜單價格。因此，管理人員調查和評價消費者對餐飲價格的需求和理解價格與需求

的關係是餐飲經營成功的基礎。通常，管理人員使用價格彈性來衡量顧客對餐飲價格變化的敏感程度。價格彈性是指在其他因素不變的前提下，價格的變動對需求數量的作用，即需求對價格的敏感程度。在餐飲經營中，價格與需求常為反比關係，即價格上升，需求量下降；價格下降，需求量上升。然而，價格變化對各種餐飲產品需求量的影響程度不同。

當價格彈性大於1時，說明需求富有價格彈性，顧客會透過購買更多的餐飲產品對價格下降做出反應。根據銷售統計，高消費的餐飲產品具有較高的價格彈性。因此，對於這一類餐飲產品可透過降價提高銷售額。當價格彈性小於1時，說明需求缺乏價格彈性。根據調查，日常的早餐和大眾化的餐飲產品價格變動對需求量的影響較小。因此，這一類餐飲產品僅透過降低價格策略不會提高其在菜單中的銷售率，也不可能提高其銷售總額。然而，透過提高品質和增加特色可提高其銷售率和銷售總額。當價格彈性等於1 時，說明價格與需求是等量變化。對於這一類餐飲產品可實施市場通行的價格。

$$\text{需求的價格彈性}=\frac{\text{需求量變化的百分比}}{\text{價格變化的百分比}}=\left|\frac{(Q2-Q1)/Q1}{(P2-P1)/P1}\right|$$

公式中，Q1表示原需求量，Q2價格變動後的需求量

P1表示原價格，P2表示變動後的價格

例如，某飯店沙朗牛排的價格從116元下降到98元，需求量從每天平均銷售72份增加至113份，沙朗牛排需求的價格彈性為3.1，說明其需求是富有彈性的。相反，蔬菜沙拉的價格從20元下降到18元，銷售量從平均每天71份增加至75份，需求的價格彈性僅為0.53，說明其需求缺乏彈性。

$$\text{沙朗牛排需求的價格彈性}=\left|\frac{(113-72)/72}{(98-116)/116}\right|=\frac{56.94\%}{15.52\%}\approx 3.67$$

$$\text{蔬菜沙拉需求的價格彈性}=\left|\frac{(75-71)/71}{(18-20)/20}\right|=\frac{5.63\%}{10\%}=0.563$$

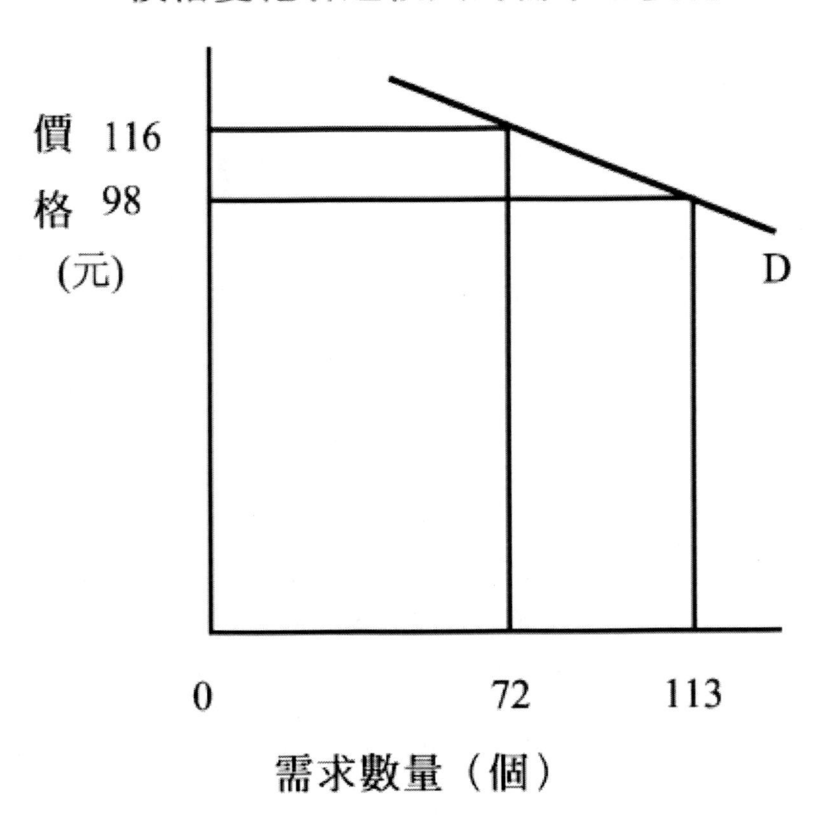

沙朗牛排需求的價格彈性

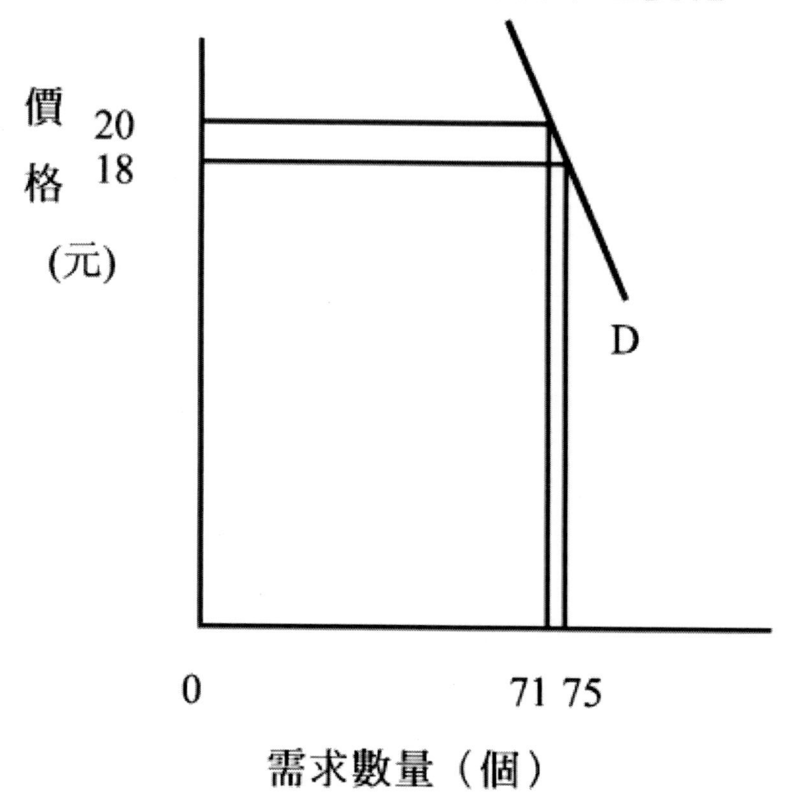

蔬菜沙拉需求的價格彈性

2.確定價格目標

價格目標是指菜單價格應達到的企業經營目標。長期以來，飯店的餐飲價格受到餐飲成本和目標市場承受力兩個基本條件限制。因此，飯店的餐飲產品價格範圍必須限制在兩條邊界內。在確定餐飲價格時，成本是飯店定價的最低限，而目標市場價格承受力是飯店價格的最高限。不同級別的飯店有不同的目標市場和餐飲定價目標。同一飯店在不同的經營時段，也可能有不同的營利目標，企業應權衡利弊後加以選擇。餐飲價格目標不應僅限於銷售額目標或市場占有率目標。價格目標還應支持飯店的可持續發展。

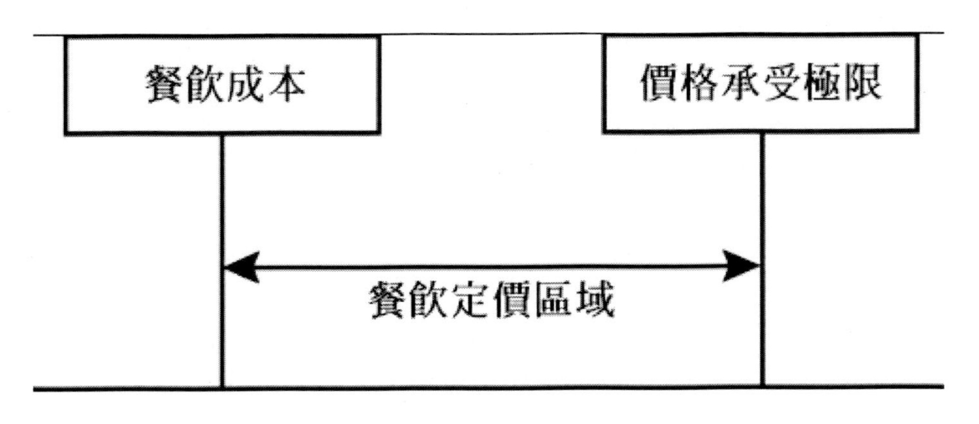

餐飲定價區域

3.確定成本與利潤

產品的成本與企業的利潤是菜單定價的兩大因素。其中，成本是基礎，利潤是目標。菜單的銷售取決於菜單的需求，而菜單的需求又受菜單的價格制約。因此，制定菜單價格時，一定要分析成本，確定成本、利潤、價格和需求之間的關係。

4.分析競爭者的反映

菜單價格不僅取決於市場需求和產品的成本，還取決於同行業的價格水準，即競爭者的價格水準。通常，競爭對手對菜單的定價對本企業有極大的影響。因此，管理人員在制定價格時，要深入瞭解競爭對手的情況，知己知彼才能百戰百勝。

5.選擇定價方法

菜單的價格主要受3個方面影響：成本因素、需求因素和競爭因素。因此，定價方法主要有，以成本為中心的定價方法，以需求為中心的定價方法和以競爭為中心的定價方法。管理人員在不同的地點和不同的時段應選擇不同的定價方法。當然，以成本為中心的定價方法是這3種定價方法的基礎。

6.確定最終價格

透過分析和確定以上5個環節後，企業管理人員最後要確定菜單的價格。在

價格制定後，還要根據菜單的經營情況對菜單的價格進行評估和調整。

四、菜單定價方法

菜單定價主要遵循3種方法：以成本為中心的定價方法、以需求為中心的定價方法和以競爭為中心的定價方法。

1.以成本為中心

任何菜單都要以食品成本為中心制定餐點價格。否則因價物不符，不被顧客信任而導致經營失敗。目前，以成本為中心的定價方法中，係數定價法是常用的方法。這種方法簡便易行。

餐點銷售價格＝食品原料成本×餐點定價係數

●確定餐點的標準食品成本率。例如，35%或45%等。

●將餐點的價格係數定為100%。

●確定餐點定價係數，計算方法是將餐點的價格（100%）除以餐點的標準食品成本率。

$$\text{菜餚定價係數} = \frac{100\%}{\text{標準食品成本率}}$$

●計算餐點價格時，將食品原料成本乘以餐點定價係數。

●餐點的食品成本計算

餐點食品成本＝主料成本＋配料成本＋調料成本

●許多飯店對不同的餐點實行不同的食品成本率。高價格的餐點食品成本率可以高些（如45%），毛利率可低些（如55%）；湯、甜點和低價格餐點的食品成本率可以低些（如35%），它們的毛利率可以高些（65%）。這樣，有利於銷售。

西餐餐點定價係數表

系數	食品成本率%	系數	食品成本率%
3. 33	30	2. 63	38
3. 23	31	2. 56	39
3. 13	32	2. 50	40
3. 03	33	2. 44	41
2. 94	34	2. 38	42
2. 86	35	2. 33	43
2. 78	36	2. 27	44
2. 70	37	2. 22	45

2.以需求為中心

制定菜單價格時，首先進行市場調查和市場分析，根據市場對價格的需求制定菜單的價格。脫離市場價格的菜單沒有推銷功能，只會失去市場和企業的競爭力。

3.以競爭為中心

參考同行業的菜單價格，使用低於市場價格的方法定價稱為以價格競爭為中心的定價方法。參考同行業的菜單價格時，必須注意餐廳的類型、級別、地點和時間等因素。忽視飯店和企業的類型、級別、坐落地點和不同的經營時段等因素制定價格會導致經營失敗。

第四節 菜單設計與製作

菜單設計是西餐管理人員、西餐廚師長和飯店美工部等專業管理人員對菜單的形狀、大小、風格、頁數、字體、色彩、圖案及菜單的封底與封面的構思與設計。實際上，菜單設計是菜單的製作過程。由於西餐菜單是溝通西餐廳與顧客的媒介。因此，它的外觀必須整齊，色彩應豐富。此外，還應潔淨無瑕，引人入勝。

一、封面與封底設計

菜單的封面和封底是菜單的外觀和包裝，它們常作為西餐廳的醒目標誌，必

須精心設計。菜單封面有著非常重要的作用，它代表餐廳的形象，因此必須反映西餐廳或咖啡廳的經營特色、風格和等級，反映不同時代的餐點特徵。菜單封面的顏色應當與餐廳內部環境的顏色相協調，使餐廳內部環境的色調更加和諧，或與餐廳的牆壁和地毯的顏色形成反差。這樣，當顧客點餐時，菜單可以作為餐廳的點綴品。菜單封面必須印有餐廳的名稱。餐廳的名稱是餐點的商標，又是餐點製作廠家的名稱。因此，餐廳的名稱一定要設計在菜單的封面上並且要有特色，筆畫要簡單。同時，餐廳的名稱必須容易讀，容易記憶以增加餐廳的知名度。菜單封底應當印有餐廳的地址、電話號碼、營業時間及本飯店其他餐廳的經營特色和其他的營業訊息等。這樣，可推銷其他餐廳的產品。

二、文字設計

菜單是透過文字和圖片向顧客提供產品和其他經營訊息的。因此，文字在菜單設計中有著舉足輕重的作用。文字表達的內容一定要清楚和真實，避免使顧客對餐點產生誤解。例如，把菜名張冠李戴，對餐點的解釋泛泛描述或誇大。甚至出現外語單詞的拼寫錯誤等問題。這樣，都會使顧客對菜單產生不信任感。菜單應選擇適合不同需求的字體。其中包括字的大小、字體的形狀。例如，中文的仿宋體容易閱讀，適合作為西餐餐點的名稱和餐點的介紹；而行書體或草寫體有自己的風格，但是它在西餐菜單上用途不大。英語字體包括印刷體和手寫體。印刷體比較正規，容易閱讀，通常在餐點的名稱和餐點的解釋中使用。手寫體流暢自如。並有自己的風格，但是，不容易被顧客識別，偶爾將它們用上幾處會為菜單增加特色。英文字母有大寫和小寫，大寫字母莊重，有氣勢，適用於標題和名稱。小寫字母容易閱讀，適用於餐點的解釋。此外，字的大小也非常重要，應當選擇易於顧客閱讀的字，字太大浪費菜單的空間，使菜單內容單調。字太小，不易閱讀，不利於餐點的推銷。菜單文字排列不要過密，通常文字與空白處應各占每頁菜單的50%空間。文字排列過密，使顧客眼花繚亂。菜單中空白過多，給顧客留下產品種類少的印象。不論是西餐廳菜單還是咖啡廳菜單，餐點名稱都應當用中文和英文兩種文字對照的方法。法國餐廳和義大利餐廳的菜單還應當有法文或義大利文以突出餐點的真實性。並方便顧客點餐。當然，西餐菜單的文字種類不要太多，否則給顧客造成繁瑣的印象，最多不要超過3種。菜單的字體應端正，餐點名稱字體與餐點解釋字體應當有區別，餐點的名稱可選用較大的字，而餐點解釋可選用較小的字。為了加強菜單的易讀性，菜單的文字應採用黑色，而紙張應採用淺色。

三、紙張選擇

菜單品質的優劣與菜單所選用的紙張有很大的關係，由於菜單代表了餐廳的形象，是餐廳的推銷工具和餐廳的點綴品。因此菜單的光潔度和紙張的質地與菜單的推銷功能有一定的聯繫，而且菜單紙張的成本在菜單總成本中占有一定的比例。因此，在菜單設計中，紙張的選擇應認真考慮。管理人員應從兩個方面選擇紙張。例如，一些咖啡廳的早餐菜單只是一張紙。設餐時，擺放在餐桌上，既作為菜單，又可作為盤墊使用。諸如此類的一次性菜單應選用價格較便宜的紙張，只要它的光潔度和質地達到菜單的標準就可以，不必考慮它的耐用性。對於較長時間使用的菜單，如固定菜單和單點餐單等除了考慮它的光潔度和質地以外，還要考慮它的耐用性。因此，應當選用耐用性能好的紙張或經過塑料壓膜處理過的紙張。

四、形狀設計

西餐菜單有多種形狀。但是，菜單的形狀是以長方形為主。兒童菜單和節日菜單常有各種樣式以吸引兒童和各種類型的顧客購買。

五、尺寸設計

西餐菜單有各種尺寸。每日特別菜單和循環式菜單的尺寸較小，最小的每日特別菜單的尺寸是9釐米寬，12釐米長。這樣，可以將它插入到單點餐單中的紙夾上。一些咖啡廳的單點餐單，在第一頁的下半部裝有紙夾以方便每天更換每日特別菜單。通常，單點餐單和固定菜單的尺寸較大，寬度常是15釐米至23釐米，長度是30釐米至32釐米。菜單的尺寸太大，顧客點餐不方便。菜單尺寸太小，不利於顧客閱讀。咖啡廳單點餐單常是一張紙並一次性使用，在服務生設餐時將它擺在餐桌上。這種菜單的大小約為26釐米寬，38釐米長。在單點餐單中，早餐的單點餐單、宵夜單點餐單的尺寸較小，常見的尺寸約是15釐米×30釐米；午餐和正餐的單點餐單的尺寸較大，常見的尺寸是23釐米×32釐米。

六、頁數設計

菜單的頁數一般在1至6頁範圍內。宴會菜單、每日特別菜單、循環式菜單、季節菜單、兒童菜單、速食店菜單和某些咖啡廳一次性使用的單點餐單通常都是一頁。西餐廳和咖啡廳的固定菜單和單點餐單通常是4至6頁紙。包括菜單的封面和封底。菜單是餐廳的銷售工具，它的頁數與它的銷售功能有一定的聯繫。菜單的內容太多，頁數必然多，造成菜單的主題和特色不突出，延長了顧客點餐的時間。從而，造成餐廳和顧客的時間浪費。菜單頁數太少，使菜單一般化，不利於餐廳的推銷。

七、顏色設計

顏色能增加菜單的促銷作用，使菜單有趣味，動人，更具吸引力。鮮豔的色彩能夠反映餐廳的經營特色，而柔和清淡的色彩使菜單顯得典雅。目前，在菜單上使用顏色是西餐廳和咖啡廳營銷手段的潮流，呆板和單調的顏色不適應現代人的生活。但是，菜單上的顏色最好不要超過4種，除了帶有圖片的菜單外。菜單的顏色太多會給顧客華而不實的感覺，不利於菜單的營銷。

本章小結

菜單是飯店為顧客提供餐點目錄和價格的說明書。菜單籌劃與設計是西餐經營的關鍵和基礎。籌劃菜單應將企業所有的餐點訊息，包括餐點原料、製作方法、風味特點、重量和數量、營養成分和價格及企業有關的其他餐飲訊息顯示在菜單上。菜單定價是指制定餐點價格的過程，是菜單籌劃的重要環節。菜單價格不論對顧客選擇企業，還是對企業的經營效果都是十分重要的。西餐菜單設計是管理人員、廚師長和專業美工人員對菜單的形狀、大小、風格、頁數、字體、色彩、圖案及菜單的封底與封面的構思與設計。

思考與練習

1.名詞解釋題

單點餐單（A La Carte Menu）、套餐菜單（Table D hote Menu）、固定菜單（Static Menu）、週期循環式菜單（Cyclical Menu）、宴會菜單（Banquet Menu）、每日特別菜單（Daily Special Menu）。

2.思考題

（1）簡述菜單的種類與特點。

（2）簡述菜單的含義與作用。

（3）簡述菜單籌劃的原則、步驟及內容。

（4）簡述菜單的定價原則和方法。

（5）論述西餐菜單的籌劃工作。

（6）論述西餐菜單設計。

第16章 餐廳服務管理

本章導讀

本章主要對西餐服務管理進行總結和闡述。透過學習本章，可瞭解高級西餐廳、大眾西餐廳、傳統西餐廳、西餐自助餐廳、西餐速食店、西式燒烤屋和咖啡廳經營的特點；掌握法式服務、俄式服務、美式服務、英式服務、綜合式服務和自助式服務的程序設計。掌握西餐服務組織設計原則和各崗位的職責。

第一節 餐廳種類與特點

一、高級餐廳（Up-scale Restaurant）

提供傳統並帶有特色的西餐的餐廳。該種餐廳有雅緻的空間、豪華的裝飾、柔和的色調和照明、優雅的用餐環境。此外，還提供周到和細緻的餐飲服務。餐廳講究設餐，使用銀器和水晶杯，常有高雅的現場音樂或文藝表演，用餐費用較高。例如，西式燒烤屋（Grill Room）。

二、大眾西餐廳（Mid-priced Restaurant）

提供大眾化西餐的餐廳。該種餐廳有實用的空間、典雅的裝飾、明快的色調和照明，有傳統音樂或現代音樂等。有良好的用餐環境，提供周到的餐飲服務，講究餐具和設餐並強調實用性。有小提琴演奏或鋼琴演奏等，用餐費用適合大眾。例如，咖啡廳。

三、傳統餐廳（Traditional Restaurant）

將餐點和酒水服務上桌的餐廳，包括海鮮餐廳、西式燒烤屋和咖啡餐廳等。

四、自助餐廳（Cafeteria Restaurant）

自助餐廳是顧客到餐檯拿取自己需要的餐點和酒水。然後經櫃檯付款等服務程序的餐廳。這種餐廳根據顧客的用餐習慣和程序，將餐點和酒水分作幾個餐檯，每個餐檯陳列各種餐點。大多數自助餐廳不在餐桌上設餐或只擺部分餐具，顧客自己在取菜臺拿取餐具。

五、速食店（Fast Food Restaurant）

速食店是銷售速食的西餐廳。它的餐點品種有限，原料都是預先加工的，可以快速煮熟並快速服務。餐廳裝飾常採用暖色調，布局顯示明亮和爽快，餐點大眾化。

六、西式燒烤屋（Grill Room）

西式燒烤屋是指銷售以燒烤餐點為特色的餐廳。這種餐廳常是高級餐廳，經營法國風味、義大利風味或美國風味餐點等。西式燒烤屋講究餐點的特色、服務周到、餐具齊全、環境高雅。

七、咖啡廳（Coffee Shop）

咖啡廳是銷售大眾化的西餐和各國小吃的餐廳。在非用餐時間還銷售咖啡和飲料，供人們聚會和休閒。咖啡廳營業時間和銷售品種常根據顧客的需求而定。許多咖啡廳營業時間從早上6點至午夜1點，甚至24小時營業。咖啡廳有時稱為咖啡花園。這是因為咖啡廳的環境設計和布局像花園，裡面有鮮花、草地、人工山和人工瀑布等。一些咖啡廳的規模較小，裝飾很雅緻，稱為咖啡室。

八、多功能廳（Function Room）

用於舉行各種宴會、酒會、自助餐和其他各種會議的活動場所，空間大，服務設施齊全。根據需要，可分割成幾個不同規模的餐廳。

第二節 服務方法與特點

西餐服務是西餐單點服務（散客服務）和西餐宴會服務的總稱。西餐服務有多種方法和模式，以顧客滿意為目標，誠心誠意和高效率。西餐服務經多年發展，各國和各地區已形成了自己的特色。目前，西餐服務的主要方法有法式服務、俄式服務、美式服務、英式服務、綜合式服務和自助式服務等。

一、法式服務

法式服務是西餐服務中最周到的一種服務模式，多用於傳統餐廳或西式燒烤屋。餐廳裝飾豪華、高雅，常以歐洲宮殿式為主要布局方法，採用高品質的瓷器、銀器和水晶杯。服務生採用手推車服務，在現場為顧客提供加熱、調味、切割餐點等服務。在法式服務中，服務臺的準備工作尤其重要。通常在營業前做好服務臺的準備。包括清潔、餐具和服務用具的準備。服務生必須接受過專業培訓，注重禮節禮貌和服務表演，能吸引客人的注意力，服務周到，使每位顧客都能得到充分照顧。法式服務節奏慢，需要較多的人力，用餐費用高。餐廳空間利用率和餐位周轉率都比較低。

傳統的法式服務是最周到的服務方式，由兩名服務生一組為一桌顧客服務。其中一名為經驗豐富的正服務生，另一名是助理服務生，也可稱為服務生助手。服務生請顧客入座，接受顧客點餐，為顧客斟酒和上飲料，在顧客面前烹製餐點，為餐點調味，分割，裝盤和遞送帳單等。服務生助手將菜單送入廚房，將手推車推到顧客的餐桌旁，幫助服務生現場烹調，把裝好餐點的餐盤送到客人面前，撤掉用過的餐具和收拾座位等。法式服務中，服務生在客人面前做一些簡單的餐點烹製表演或切割餐點及裝盤服務，而助手用右手從客人右側送上每一道

菜。通常，麵包、奶油和配菜從客人左側送上，因為它們不屬於一道單獨的餐點。從客人右側用右手斟酒或上飲料，從客人右側撤出空盤。在傳統的法式服務中，客人點湯後，助理服務生將裝有湯的銀盆送入餐廳，然後把湯置於火爐上加熱。為顧客分湯後，剩餘的湯還要送回廚房。主菜服務程序與湯的服務大致相同，正服務生將烹調好的餐點切割後，分別盛入每一顧客的餐盤，然後由助理服務生服務到桌。

例1，切水波魚服務（Poached Brill In Saffron Sauce）

服務用具：切魚刀1把、主菜叉1個、主菜匙1個、雜物盤1個、主菜盤（切魚的盤子）1個，餐盤1個，番紅花醬少許。

餐點：廚房煮熟的熱魚1塊（放在帶有蓋子的魚盤內），製作好的番紅花醬適量（放在船形醬容器內）。

服務程序：①將魚放在帶有餐巾紙的主菜盤內，將魚肉水分吸乾。

②左手持叉，右手持刀，用魚刀和魚叉剝去魚的皮。

③將魚刀插在魚脊背與魚肉之間，取出魚肉，將剩下的部分翻轉過來。去掉皮，去掉邊緣的魚肉。

④在魚脊骨處取出魚肉後，將兩塊魚肉並列放在餐盤內，上面澆上番紅花醬。

例2，T骨牛排切配服務（Pan-fried Rib Of Beef）

服務用具：切肉刀1把，主菜匙1個，切肉板1塊，雜物盤1個，餐盤1個。

餐點：烤好的T骨牛排1塊。

服務程序：①左手持叉，右手持刀，將牛排放在木板上，將叉按壓牛排的骨頭，使其牢固。

②右手用切肉刀去掉肥肉和骨頭，再將牛排切成1.5釐米厚的片，放在餐盤上。

例3，法式火焰薄餅（Crepes Suzette）（2份）

服務用具：酒精爐1個，熱碟器1個，平底鍋1個，服務匙1個，服務叉1個，餐盤1個。

食品原料：4 個脆煎餅，白砂糖30 克，奶油20 克，橘子汁100 毫升，橘子利口酒、白蘭地酒各少許，橘子皮絲與橘子瓣適量。

服務程序：①將平底鍋放在酒精爐上稍加熱，將白砂糖放入平底鍋製成至金黃色，加奶油使它充分溶解，加少量橘子汁攪拌，再加少量檸檬汁，煮幾分鐘後，倒入適量橘子利口酒。

②用服務匙將脆煎餅挑起，旋轉，使其裹在服務叉上。將薄餅攤開，放在平底鍋鍋內，使薄餅與鍋中的調味汁充分接觸，裹勻糖汁後將其對折並將其移至鍋內的一邊。將其餘的3張薄餅依次按照這個方法完成，整齊地擺在平底鍋內。

③將橘子皮絲撒在薄餅表面，將橘子瓣擺放在薄餅表面。

④在鍋內倒入適量的白蘭地酒，使白蘭地酒在鍋內微微起火。將2個薄餅擺放一個餐盤中，將鍋中的糖汁澆在薄餅表面上。

例4，魚子醬

製作用具：小茶匙2個。

食品原料：魚子醬，烤麵包片，檸檬（切成角），青菜末，洋蔥末，優格片各適量。

服務程序：用小匙取出魚子醬放在盤內，堆成一堆，盤內的另一邊放兩片烤麵包和1塊檸檬。根據需要放調味品。魚子醬的其他服務方法是，將魚子醬放入一個小容器內，將該容器放在裝有碎冰塊的專用盤子中，下面則放一個墊盤，麵包與調味品放在其他容器中。

二、俄式服務

俄式服務是西餐服務普遍採用的一種方法，餐桌設餐與法式餐桌設餐相近。每一個餐桌只需要一個服務生，服務方式簡單快速，不需要較大的空間。服務效率和餐廳空間利用率比較高。俄式服務使用大量銀器，服務生將餐點分給每一位

顧客，使每一位顧客都能得到尊重和周到的服務。因此，增添了餐廳的氣氛。俄式服務是在大淺盤裡分菜。所以，可以將剩下的和沒分完的餐點送回廚房，減少不必要的浪費。俄式服務的銀器投資很大，如果使用或保管不當會影響企業效益。俄式服務的程序是，服務生先用右手從顧客的右側送上空餐盤，待餐點全部煮熟，每一道菜放在一個大淺盤中，服務生從廚房中將裝好餐點的大淺盤用肩上托的方法送到餐廳，熱菜需要蓋上蓋子。然後，服務生用左手在胸前托盤，用右手持服務叉和服務匙從客人的左側為顧客分菜。

三、美式服務

美式服務是簡單和快捷的服務方式，一個服務生可以為多個顧客服務。美式服務的餐具和人工成本都比較低，空間利用率及餐位周轉率比較高。美式服務是西餐單點和宴會理想的服務方式，廣泛用於咖啡廳和宴會廳。美式服務的特色是，餐桌先鋪上海綿桌墊，再鋪上桌布。桌布四周至少要垂下30.5釐米，桌巾不可太長，否則影響顧客入席。一些咖啡廳的桌巾上鋪著小方形裝飾桌巾。

美式服務中，餐點在廚房中烹製好，裝好盤。餐廳服務生用托盤將餐點從廚房運送到餐廳的服務桌上。熱菜要蓋上蓋子，在顧客面前打開餐盤蓋。傳統的美式服務，服務生應在客人左側，用左手從客人左邊送上餐點，從客人右側撤掉用過的餐具，從顧客的右側斟倒酒水。目前，一些餐廳服務生仍然從顧客的右邊上菜。

四、英式服務

英式服務又稱為家庭式服務。服務生從廚房將烹製好的餐點傳送到餐廳，由顧客中的主人親自動手切肉，裝盤，配上蔬菜。服務生把裝盤的餐點依次送給每一位客人。調味品、醬和配菜都擺放在餐桌上，由顧客自取或相互傳遞。英式服務的家庭氣氛很濃，許多服務工作由客人自己動手，用餐節奏緩慢。這種西餐服務在英國和美國很流行。

五、綜合式服務

綜合式服務是融合了法式服務、俄式服務和美式服務的綜合服務方式。許多

西餐宴會採用這種服務方式。一些宴會以美式服務上開胃品和沙拉；用俄式服務上湯或主菜；用法式服務上主菜或甜點。不同餐廳或宴會每次選用的服務組合也不同，這與餐廳的種類和特色、顧客的消費水準、餐廳的銷售方式有著緊密的聯繫。

六、自助式服務

自助式服務是事先準備好餐點，擺在餐檯上。客人進餐廳後自己動手選擇菜點，然後拿到餐桌上用餐。這種用餐方式稱為自助餐。餐廳服務生的主要工作是餐前布置、餐中撤掉用過的餐具和酒杯、補充餐檯上的餐點等。

第三節 服務程序管理

西餐的服務程序可分為準備工作、迎賓、點餐餚和酒水、斟酒水、上菜、餐中服務和結帳與送客等。在開餐前，餐廳應做好一切服務的準備工作。通常，準備工作包括環境的清潔、吸塵、打掃餐桌和餐椅、擦拭餐具和酒具，準備好餐具和服務用具，準備好餐點的調料，召開餐前會，檢查服務生的儀表儀容。

一、迎賓

當顧客進入咖啡廳和西式燒烤屋時，迎賓人員應面帶微笑，真誠地問候顧客，為顧客留下好印象，體現餐廳的好客精神。

二、點餐

為顧客點餐是餐廳推銷的好時刻。服務生應先問候顧客：「您好，歡迎光臨，請問您現在需要點餐嗎？」當得到顧客的同意後，服務生從顧客的右邊遞上菜單。同時，在介紹餐點時應說明餐點的製法、特點、配料與所需要的時間並複述一遍。在保證顧客沒有聽錯和筆誤後，將點餐單的內容輸入電腦。

三、上菜

西餐服務講究禮貌禮節，講究上菜順序。西餐服務程序是先上開胃菜，然後上主菜、最後上甜點。上菜前先上酒水。先女士、後男士，先長者。熱菜必須是

熱的，餐盤是熱的；冷菜必須是涼爽的，餐盤是冷的。

四、斟酒水

酒水服務是西餐服務的重要組成部分。在咖啡廳，酒水服務由餐廳服務生負責。在西式燒烤屋，酒水服務由專職酒水服務生負責。通常，服務生在顧客的右邊為顧客斟倒酒水，先女士，後男士，圍繞餐桌並順著逆時針方向服務。

五、收拾餐桌

當顧客每用完一道餐點，服務生應及時收拾座位上用過的餐具並添加酒水。在顧客用餐接近尾聲時，餐廳的經理應向顧客問好並徵求顧客對餐點和服務的意見及評價。

六、結帳

一個完美的西餐服務，不僅應有良好的開端、專業化的服務規範，而且應有完美的結束服務。當顧客將要結束用餐時，服務生應認真為顧客結帳，要求迅速並準確。當顧客準備離開餐廳時，服務生應幫助顧客拉椅，感謝顧客的光臨。

案例1 咖啡廳早餐服務程序（用於高星級飯店）

1.迎賓

迎賓人員站在餐廳門口，面帶笑容，等待顧客的光臨。見到顧客時應說，「Good Morning! Miss或Sir?」「How many persons, please?」然後帶領顧客到餐桌並說，「This way please.」做一個客人起步的動作並在顧客前方約50釐米處，引導顧客入座。

2.引座

走到餐桌時，迎賓人員可以徵求顧客意見，「Is this table all right?」徵得顧客同意後，迎賓人員和服務生一起為顧客拉椅，讓座，打開餐巾。服務生可詢問客人，「Good morning! Miss/Sir. Would you like some coffee or tea?」如果顧客需要咖啡，服務生應迅速擺上鮮牛奶或奶油，手持咖啡壺，在顧客的右邊斟倒咖啡，不要倒得太滿，八成滿即可。倒完咖啡後，待顧客稍加休息後為顧客點餐。

可以對顧客說，「I'll be right back to take your order.」

3.點餐

服務生首先微笑著詢問，「May I take your order now?」服務生應站在顧客的右邊，細心聽，記下顧客所點的餐點。點餐完畢後，服務生需要向顧客重複一遍，避免錯漏。然後，迅速將顧客點的餐點寫在點餐單上，透過收銀員蓋章後，將點餐單送往廚房。

西式燒烤屋正餐設餐

4.上菜

服務生根據點餐單的餐點上菜。上菜注意節奏，不能太快或太慢。上菜後應對顧客說：「Enjoy your breakfast.」檢查臺面是否需要收拾餐具、添咖啡等。顧客用餐後，服務生應立即上前詢問顧客是否可以收餐具：「May I take this away?

」如果顧客表示同意，應從顧客的右邊，用右手將餐具撤走。在撤餐具的過程中，應注意安全，操作要輕，檢查餐桌的煙灰缸，添加咖啡。

5.結帳

待顧客準備結帳時，用帳單夾將帳單夾好，並把帳單夾放在顧客的右邊。結帳時，要告知顧客的錢數並感謝顧客。顧客結帳後，服務生應留意顧客是否要離座。顧客離座時，服務生要上前拉椅，檢查顧客是否遺留物品，及時送還顧客的物品並表示感謝：「Thank you!」

案例2 咖啡廳午餐和晚餐服務程序（用於高星級飯店）

1.當顧客進入餐廳時，迎賓人員應面帶笑容與顧客打招呼、問好並詢問顧客人數。待顧客告知後，迎賓人員應在顧客的前方引領顧客入座。

2.迎賓人員在引座過程中，要按照顧客的要求，帶他們到喜歡的座位上。服務生應隨時留意自己服務區域是否有顧客光臨並做出快速反應。當迎賓人員將顧客帶到某一區域時，該區的服務生要立刻上前，拉椅，讓座，打開餐巾。

3.點餐時，先女士、後男士，先年長、後年輕，先客人、後主人並按照順時針的方向進行。注意積極推銷，耐心介紹，腰微彎，對顧客表示尊敬。點餐後，向顧客複述一遍，避免錯漏，將顧客所點的食品輸入電腦。根據顧客所點的餐點調整餐具，檢查餐具是否完整、乾淨並按規定擺放在適當的位置上。

4.通常，上菜順序是，麵包、開胃菜、湯、沙拉、主菜、甜點、咖啡或茶。從顧客的右邊上菜，先檢查臺面是否擺好餐具，配料或調味料是否準備好。

5.顧客用餐後，服務生撤盤，準備帳單。結帳時，服務生應檢查座位號碼、用餐費用是否準確，用帳單夾呈上帳單。在送帳單時應說：「謝謝。」如果顧客付現金，餘款和單據應放在帳單夾中，送到顧客面前。顧客結帳後，離座時，服務生應上前協助拉椅，提醒顧客攜帶隨身物品並感謝顧客的光臨。

案例3 西式燒烤屋服務程序

1.接受預訂

三次電話鈴響內，接線員必須接聽電話。首先用英文問好，「Good evening! This is the××Grill Room. May I help you, Miss/Sir?」如對方無反應，即用中文問好：「您好，××燒烤屋，請問您要訂餐嗎？」在接受訂座時，必須問清楚顧客的姓名、訂餐人數、就餐時間等。如顧客對餐桌的位置、菜式和蛋糕等有要求，必須記錄清楚。

2.迎賓服務

迎賓人員站在餐廳門口處，見到顧客說，「Good evening. Welcome to the grill room. Have you made a reservation？」如顧客提前已經預訂，迎賓人員應熱情地為顧客引座。如果顧客沒有訂座，而餐廳已滿座或座位還沒有收拾好的時候，迎賓人員應主動地將顧客帶到燒烤屋的酒吧中稍等並推銷飲品。「Would you like to have a drink in our bar? I'll call you as soon as the table is ready.」迎賓人員帶領顧客入座時應與餐廳服務生合作，幫助顧客拉椅，打開餐巾，點蠟燭等。迎賓人員離開時，向顧客說：「Enjoy your dinner!」

3.點餐服務

服務生為顧客點餐時應當先詢問顧客是否喝些飲料，「Would you like some drinks before your dinner? Beer、cocktail or fruit juice? We have...」並根據顧客所點的飲料，服務生上前在顧客的右邊送上飲品並說出飲品的名稱。然後，服務生從顧客的左邊送上奶油和麵包。領班從顧客的右邊遞送菜單並介紹當日的特色餐點。「Good evening! I would like to introduce our chef's recommendations. I think you'll enjoy them.」然後說：「Please take your time. I'll be back to take your order.」數分鐘後，領班主動上前，從顧客的右邊為顧客點餐，先女士，順時針方向進行。為顧客點餐時，領班應先得到顧客的允許並說：「May I take your order?」點餐時，領班應重複餐點的名稱。同時，根據顧客所點的餐點（如果顧客點了牛排等餐點），為顧客介紹白葡萄酒和紅葡萄酒等。「Here is our wine list, would you like to order a bottle of red wine to go with your steaks? What about a bottle of white wine to go with your seafood?」此時，服務生應根據菜單上的餐點調整座位上的餐具。如果需要，服務生應準備好烹調車、服務用具和調

味品等。離開餐桌前，領班應感謝顧客並說：「Thank you!」

4.酒水服務

從顧客的右邊上酒水。紅葡萄酒放在酒架內，白葡萄酒放在酒桶裡並冷藏。服務時，用餐巾將酒瓶擦乾淨後，雙手持瓶將葡萄酒的標籤出示給顧客，待顧客認可後，打開葡萄酒蓋子並用餐巾將瓶口抹乾淨，將酒塞遞送給顧客，請顧客鑒賞酒的氣味，斟少許葡萄酒給主人品嚐，待主人認可後，再為顧客斟酒。斟酒時，酒液不得超過酒杯的三分之二。常用逆時針方向斟酒水，先女士後男士。斟酒完畢時，離開餐桌並說：「Enjoy your dinner.」

5.上菜服務

上菜的順序是，開胃菜、湯、沙拉、主菜和甜點。上菜時，重複顧客所點的餐點。上主菜時，應將所有的主菜盤一起掀開並說：「Enjoy your dinner, please.」

6.巡臺服務

服務生應勤巡場，添酒。酒杯裡的酒不可少於三分之一。如果酒瓶已空，要出示給顧客並主動推銷第二瓶酒。待主人認可後，方可將空酒瓶拿走。添冰水，水杯裡的水不應少於三分之一。如果顧客還在吃麵包，奶油盅的奶油已少於三分之一時，應當添奶油。如果顧客需要麵包，應當添麵包。服務生應當隨時更換菸灰缸。菸灰缸內不應超過兩個菸頭或菸灰缸內已有許多雜物時必須立即撤換（目前，餐廳基本不允許吸菸）。撤空杯並建議推銷其他飲品。當顧客用餐的時間接近三分之一時，餐廳領班應主動上前詢問餐點和服務品質。

7.甜點服務

顧客用完主菜時，從顧客的右邊收拾餐具。除飲料杯、煙灰缸、花瓶和蠟燭外，所有其他餐具都要撤走。在顧客的左邊或右邊清掃麵包渣等。領班在顧客的右邊為顧客推銷甜點、水果、起司、餐後酒、特式咖啡或茶等。服務生應根據顧客對甜點的需求，擺放配套的餐具。上甜品、咖啡或茶等。

8.結帳服務

帳單放在帳單夾內，從主人的右邊遞上並說：「Here is your check, thank you!」待顧客結帳後，幫助顧客拉椅並說：「Thank you! Please come again.」顧客離開後，收拾餐檯，將餐椅擺放整齊，更換桌巾、重新設餐。

第四節 服務組織管理

一、西餐服務組織特點

西餐服務組織結構受餐廳營業規模、營業時間、營業額等因素影響。通常，餐廳規模愈大，其組織層次愈多。營業額愈大，營業時間愈長，其組織層次愈多。當然，層次多的服務組織通常需要的服務生和管理人員愈多。

二、西餐服務組織設計原則

1.經營任務與目標原則

西餐企業的目標是實現經營效果。因此，服務組織設計的層次、幅度、任務、責任和權力等都要以經營目標為基底。

2.分工與協作原則

現代餐飲企業經營專業性強，服務組織應根據專業性質、工作類型設置崗位，做到合理分工。此外，所有工作崗位應加強協作和配合，崗位設置應利於橫向協作和縱向分工的管理。

3.統一指揮原則

服務組織必須保證統一指揮的效果，可以實行領班和業務主管負責制以避免多頭領導和無人負責現象，實行一級管理一級，避免越權指揮。餐廳服務生只接受本部門的領班或主管人員指揮，其他管理人員只有透過該領班或主管人員才能對餐廳服務生進行協調管理。

4.有效的管理幅度原則

由於餐飲服務人員的業務知識、工作經驗都有一定的侷限性。因此，組織分

工應注意管理幅度。通常，按照具體工作時間、工作位置和專業特點進行分工。

5.責權一致的原則

科學的服務組織應明確層次、崗位責任及他們的權力以保證工作有序，賦予不同崗位人員的責任和權力。責任制的落實必須與相應的經濟利益掛鉤，使服務人員盡職盡責。

6.穩定性和適應性原則

服務組織的人數、層次應根據營業時間、淡季或旺季、不同的餐次等特點安排。各崗位都應隨著市場變化和企業經營策略而變化。

7.精簡和專業的原則

服務組織的設計與工作崗位的安排應力求精幹和專業的原則。組織形式和組織結構應有利於工作效率，利於服務品質，利於降低人工成本，利於企業競爭。

三、西餐廳崗位職責

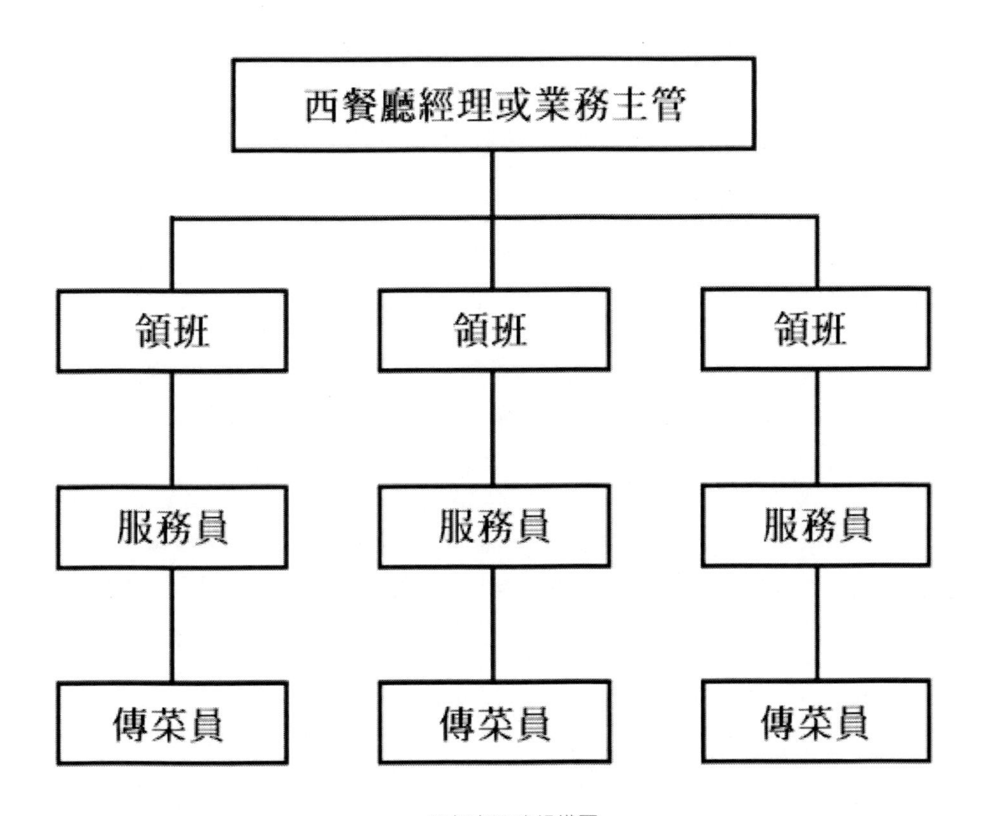

西餐廳服務組織圖

1.餐廳經理崗位職責

飯店管理或餐飲管理等大學畢業，至少有3年以上工作經驗。熟悉西餐服務的方法、程序和標準。熟知西餐菜單和酒單，具有西餐客前表演能力。熟悉餐廳財務管理、主要國家的貨幣。善於溝通，有較強的語言能力。至少掌握英語閱讀和會話能力，善於使用英語推銷。具有處理顧客投訴和解決實際問題的能力。

指導和監督餐廳每天的業務活動，保證服務品質。巡視和檢查營業區域，確保服務高效率。檢查餐廳的物品、設餐和衛生狀況。組織安排所有的工作人員，監督和制定服務派班表，選擇新員工，培訓員工，評估員工的業績。執行飯店和餐廳的各項規章制度。發展良好的客際關係，安排顧客預訂的宴會和便餐，歡迎顧客，為顧客引座。需要時，向顧客介紹餐廳的產品。與廚房密切合作，共同提供優質的西餐餐點，及時處理顧客的投訴。安排餐廳的預訂業務，研究和統計菜

單的銷售情況，保管好每天服務記錄，編制餐廳服務程序。根據顧客預訂及顧客人數制訂出一週的工作計劃。簽發設備維修單，填寫服務用品和餐具申請單，觀察與記錄員工的服務情況，提出員工升職、降職和辭退的建議。

（1）營業前，檢查餐廳的溫度、燈飾、布局、設餐、瓷器、玻璃、器皿、清潔衛生。熟悉菜單，選用音樂，與服務人員講清楚特別注意的事項，安排座位，檢查服務生儀表儀容，檢查服務生工作。

（2）營業中，迎接顧客，引座，推薦餐點和酒水，控制餐廳服務品質。及時處理顧客投訴。妥善處理醉酒者，照顧殘疾顧客，及時發現顧客的欺騙行為和不誠實的服務生。保持餐廳的愉快氣氛。保管好餐廳預訂的業務資料。

（3）營業後，應檢查餐廳的安全，預防火災。關燈，關空調，鎖門，用書面形式為下一班留下訊息。按工作程序處理現金與單據，提出需要維修的設施和家具報告，查看下一天的業務計劃和菜單，把顧客的批評和建議轉告上級管理部門。

2.領班崗位職責

飯店管理或相關專業大專以上文化程度，有在餐廳工作至少3年以上經驗。熟悉西餐服務的方法、程序和標準。熟知菜單和酒單，具有西餐客前服務表演能力。熟悉財務知識、結帳程序、使用各種票據和各國貨幣等。善於溝通，有較強的語言能力，具有使用英語服務的能力並處理顧客投訴和解決服務中出現的問題能力。善於服務推銷和服務管理。

餐廳領班應作服務生的表率，認真完成餐廳規定的各項服務工作。檢查員工的儀表儀容，保證服務規範。對所負責的服務區域保證服務品質，正確使用訂單，按餐廳規定的標準布置餐廳和座位。瞭解當日業務情況，必要時向服務生詳細布置當班工作。檢查服務櫃中的用品和調味品準備情況。開餐時，監督和親自參加餐飲服務，與廚房協調，保證按時上菜。接受顧客投訴，並向餐廳經理彙報。為顧客點餐，推銷餐廳的特色產品，親自為重要顧客服務。下班前為下一班布置好座位。核對帳單，保證在客人簽名之前帳目無誤。負責培訓新員工與實習生。當班結束後填寫領班記錄。

（1）營業前，檢查餐桌的設餐，確保花瓶中的花新鮮，水新鮮、乾淨，燈罩乾淨，桌巾、餐巾、餐具、玻璃杯、調味品、蠟燭、地毯等的清潔衛生。保證服務區域存有足夠的餐具、用品和調料。保證菜單的清潔和完整。檢查桌椅是否有鬆動並及時處理。召開餐前會，傳達服務生當班的一些事情，如當天的特色餐點、菜單的變化、服務遇到的問題及需要修改的事宜等。

（2）營業中，協助餐廳經理或主管迎接顧客，給顧客安排合適的桌椅，遞送菜單，接受點餐並介紹菜單與風味。督促服務生為客人上菜、添酒水，協助服務生服務，注意服務區域的安全與衛生。及時處理客人投訴。

（3）營業後，監督服務生收尾工作，為下一餐設餐，清理與裝滿調味品，撤換用過的桌布，檢查服務生的工作臺衛生和重新裝滿各種物品，檢查廢物堆中是否有未熄滅的菸頭，關燈，關空調，關電器，鎖門等。

3.服務生崗位職責

（1）優秀的餐飲服務生必須身體健康。在一個封閉的環境中連續的，並且高效率的工作幾個小時，而且還要表現得輕鬆優雅，不讓顧客看出疲倦和不耐煩，這並非只有工作熱情就可以承受得了。因此，餐飲服務生必須具有健康的身體。

（2）熱愛本職工作，性格開朗，樂於助人，能夠給顧客帶來喜悅。自己從服務中可以感受到樂趣的人才可能勝任服務工作。相反，憂鬱沉悶的性格和面容會影響顧客的情緒。必須培養出主動為顧客服務，並且能夠從顧客的愉快中使自己也享受到愉快的心理素質。

（3）善於克制自己的情緒，始終保持禮貌和冷靜，儘量緩和矛盾，使自己的情緒少受影響，以飽滿的熱情接待顧客。善於調整自己的情緒，克制個人的不快，在崗位上總以飽滿、熱情的態度出現。永遠保持整潔的儀表和儀容。

（4）具有中等飯店服務專業學歷，熟悉菜單與酒單，掌握西餐服務的各種方法和程序。具有大方、禮貌、得體地為顧客服務的能力，在餐廳服務中能夠使用英語。有堅持微笑服務，不受個人情緒影響的能力。

守時，有禮貌，服從領班的指導。負責擦淨餐具、服務用具和保持餐廳衛生。負責餐廳棉織品送洗、點數、記錄工作。負責餐桌設餐，保證餐具和玻璃器皿的清潔，負責裝滿調味盅和補充工作臺餐具和服務用品。按餐廳規定的服務程序和標準為客人提供盡善盡美的服務。將用過的餐具送到洗滌間分類擺放，及時補充應有的餐具並做好翻臺工作、做好餐廳營業結束工作。餐廳服務生的具體工作有時很難確定，主要根據企業的經營目標、管理模式而定。許多餐廳使用實習生或服務生助手協助服務生工作。如為服務臺裝滿用具、飲料、調味品等，擺桌椅，設餐，準備冰桶，準備冰塊，清理餐桌等。

4.迎賓人員崗位職責

具有中等飯店服務專業學歷。熟悉菜單和酒單的全部內容，熟悉西餐服務的程序和標準。具有較好的語言能力和英語會話能力及溝通能力。具有微笑服務、禮貌服務和交際能力。接受顧客電話預訂，安排顧客座位，保證提供顧客喜歡的座位。歡迎顧客到本餐廳，為顧客引座，拉椅，打開餐巾。向顧客介紹餐點、飲品和特色菜，吸引顧客來餐廳就餐。顧客用餐後主動與顧客道別，徵求顧客的意見，歡迎顧客再次光臨。為了表示對第二次來用餐顧客的尊重，儘量稱呼他們的姓名。記錄顧客的預訂應準確無誤。

本章小結

本章學習了各種經營方式不同的西餐廳。包括高級餐廳、大眾西餐廳、傳統餐廳、自助餐廳、速食店、西式燒烤屋、咖啡廳和多功能廳等。不同經營特色的餐廳，服務程序不同。但是服務程序基本包括準備工作、迎賓、推銷餐點和酒水、斟酒水、上菜、餐中服務、結帳與送客。西餐服務組織受餐廳營業規模、營業時間、營業額等影響。通常餐廳規模愈大，組織層次愈多；營業額愈大，營業時間愈長，組織層次愈多，需要的服務和管理人員也愈多。

思考與練習

1.名詞解釋題

高級餐廳（Up-scale Restaurant）、大眾西餐廳（Mid-priced Restaurant）、傳統餐廳（Traditional Restaurant）、自助餐廳（Cafeteria Restaurant）、速食店（Fast Food Restaurant）、西式燒烤屋（Grill Room）、咖啡廳（Coffee Shop）和多功能廳（Function Room）、法式服務、俄式服務、美式服務、英式服務。

2.思考題

（1）簡述服務程序設計原則。

（2）簡述咖啡廳早餐服務設計。

（3）簡述咖啡廳午餐和晚餐服務設計。

（4）簡述西式燒烤屋服務程序設計。

（5）論述餐飲服務組織管理。

第17章 西餐營銷策略

本章導讀

西餐營銷指西餐企業為滿足顧客需求，實現經營目標的一系列商務活動。包括市場調研，選擇目標市場，開發餐點和酒水，為餐飲產品定價，選擇銷售管道及促銷等。本章主要對西餐營銷策略進行總結和闡述，包括西餐營銷原理、西餐市場競爭、西餐營銷策略等。透過本章學習，可瞭解西餐營銷理念發展、西餐企業營銷原則、西餐市場細分、西餐市場定位，以及西餐市場在價格、價值、品種、服務、技術、決策、應市時間、廣告、信譽、訊息、人才等方面競爭，同時掌握各種營銷策略。

第一節 西餐營銷原理

一、營銷理念的發展

1.傳統製作理念

在西餐經營的早期市場，西餐產品品種較少，飯店或西餐企業處於市場主導地位。那時企業只要擴大銷售，增加營業面積就會增加銷售，獲得利潤。因此，以擴大經營為中心的西餐營銷觀稱為傳統製作理念。

2.傳統品質理念

管理人員僅強調餐點、酒水和服務品質的經營觀。這種營銷理念忽視了市場和顧客需求，僅以質和量取勝。

3.傳統推銷觀念

隨著飯店業和西餐企業的擴大和發展，各種經營模式的企業迅速增加，企業更加重視推銷技術，強調加強推銷使顧客購買產品的營銷理念。

4.現代營銷理念

由於西餐更新換代的週期不斷縮短，消費者購買力大幅度提高，顧客對各種西餐、酒水和服務的需求不斷發展與變化。顧客對產品有了很大的選擇性，企業之間的競爭不斷加劇，顧客占主導地位。飯店在充分瞭解市場需求的情況下，根據顧客需求確定西餐餐點和酒水的營銷觀念。

二、西餐營銷原則

現代西餐營銷原則主要包括扭轉性營銷、刺激性營銷、開發性營銷、恢復性營銷、同步性營銷、維護性營銷和限制性營銷等。

1.扭轉性營銷

當大部分潛在顧客討厭或不需要某種西餐、酒水或服務時，管理人員採取措施，扭轉這種趨勢稱為扭轉性營銷。例如，老式和陳舊的西餐餐點已經銷售幾十年了，許多顧客都品嚐了多次，企業營業額不斷下降，企業改進了這些餐點的特色和風味，並且增加了其他特色餐點，經廣告宣傳和營銷人員的努力，企業入座率不斷上升。

2.刺激性營銷

當某地區大部分顧客不瞭解某種西餐產品時，企業採取措施，扭轉這種趨勢稱為刺激性營銷。例如，某地區的一個西餐速食店開業，開業時經營情況很不理想，人們不理解這些產品。但是，企業透過科學的菜單設計、不斷地宣傳、制定優惠的價格，營業收入開始不斷地提高。

3.開發性營銷

當某地區顧客對某種西餐產品有需求，而企業尚不存在這種產品時，企業及時地開發這些產品滿足市場需求稱為開發性營銷。例如，近些年來，有些企業新開發了西班牙燒烤餐點。

4.恢復性營銷

當大部分顧客對某種西餐產品興趣衰退時，企業可採取措施，將衰退的需求重新興起稱為恢復性營銷。例如，一些傳統的西餐，經過工藝調整，成為受市場歡迎的餐點策略等。

5.同步性營銷

根據經驗，西餐需求存在著明顯的季節性和時間性等特點，因此，許多企業調節需求和供給之間的矛盾，使二者協調同步的經營方法稱為同步性營銷。一些飯店根據顧客不同時段用餐需求籌劃不同種類的菜單。例如，早餐菜單、早午餐菜單、午餐菜單、下午茶菜單、晚餐菜單和宵夜菜單等。

6.維護性營銷

當某地區某種西餐需求達到飽和時，飯店或西餐企業保持合理的售價，嚴格控制成本，採取措施穩定產品銷售量策略稱為維護性營銷。

7.限制性營銷

當西餐企業某種產品的需求過剩時，企業應採取限制性營銷措施，保證產品品質和信譽。主要的方法有提高產品價格，減少服務項目等。

8.抵制性營銷

企業禁止銷售不符合本企業品質標準的產品稱為抵制性營銷。這種策略可保

持企業的信譽和聲譽。

三、西餐市場細分

西餐市場細分也稱為西餐市場劃分，是根據顧客的需求、顧客購買行為和顧客對西餐的消費習慣的差異，把西餐市場劃分為不同類型的消費者群體。每個消費者群體就是一個西餐分市場或稱西餐細分市場。

1.地理因素細分

西餐市場可根據不同的地理區域劃分。例如，南方與北方、中國國內與國際等。因為地理因素影響顧客對西餐的需求。各地長期形成的氣候、風俗習慣及經濟發展水準不同，形成了不同的西餐消費需求和偏好。目前，中國經濟發達的大城市和沿海城市對傳統西餐和西式速食有較高的需求，而其他大城市和中小城市對西餐速食有部分需求，對傳統西餐有少量需求或無需求。

2.人文因素細分

人文因素細分市場是按人口、年齡、性別、家庭人數、收入、職業、教育、宗教、社會階層、民族等因素把西餐市場細分為不同的消費者群體。人文因素與西餐消費有著一定的聯繫。透過調查發現不同的年齡、性別、收入、文化和宗教信仰的人們對西餐的原料、風味、工藝、顏色、用餐環境和價格有著不同的需求。

3.心理因素細分

很多消費者在收入水準及所處地理環境等條件相同下有著截然不同的西餐消費習慣。這種習慣通常由消費者心理因素引起。因而，心理因素是西餐細分市場的一個重要方面。

（1）理想心理。人們理想中的西餐會因人、因事、因地而異。理想的西餐代表餐點可能是沙拉，也可能是牛排；可能是在高星級飯店，也可能是在大眾西餐廳。

（2）不定心理。通常人們初到一地，對餐飲消費，總表現出一種無可適從的不確定性心理。這是由於對餐飲環境、食物、價格以及供應的方式等不瞭解而造成的。

(3)時空心理。某地區人想吃另一個地區的風味餐點是時空心理在消費中的反映。目前，由於訊息與交通的發達，西餐消費的時空心理在逐步縮小界限。

(4)懷舊心理。懷舊心理在中老年人中普遍存在，老年食客常抱怨目前的某些餐點製作不如從前，味道不如過去等，用餐時總喜歡尋找「老字」西餐廳。

(5)求新心理。求新心理人皆有之。一個時期在一個地方常吃某種風味，就會想換換胃口。這既有心理需要，也是生理需要。尤其是青年人求新心理的強烈反映。

(6)實惠心理。通常，人們都想以較少的支出獲取較理想的商品，西餐消費更是如此。因此，價格策略對西餐促銷有著一定的作用。

(7)雅靜心理。西餐業不同於中餐業，顧客常希望在幽雅和安靜的地方用餐。不願在噪音高和擁擠的餐廳消費。

(8)舒適心理。顧客享受西餐時僅有環境的幽雅和恬靜還不夠，還要求舒暢的心理。因此，服務中的禮節禮貌非常重要。

(9)衛生心理。顧客要求餐飲場所乾淨、整潔和衛生，餐點符合衛生要求，安全可靠、食之放心等心理是消費者心理要求的最基本內容。

(10)保健心理。當今隨著中國經濟發展及企業對人力資源的管理力度，人們對身體健康愈加關心。這樣，顧客愈加青睞無激素、無農藥汙染的安全和有營養食品。

4.行為因素細分

行為因素細分西餐市場是指根據顧客對餐點和酒水的購買目的和時間、使用頻率、對企業的信任程度、購買態度和方式等將顧客分為不同購買者群體。例如，按照消費者購買目的、時間和方法可以將西餐市場分為休閒和宴請，早餐、午餐、下午茶、晚餐、單點和套餐等市場。

5.其他因素細分市場

除以上因素細分市場外，西餐企業還根據其他因素細分市場。包括顧客的地理位置，如商業區、校園、居民區等。同時，還可根據顧客的類型細分，如散客、旅遊團隊、工商企業、社會團體和政府機關等。

四、目標市場選擇

西餐目標市場是指西餐目標消費群體的選擇，是指飯店在細分西餐市場的基礎上確定符合本企業經營的最佳市場，即確定本企業的西餐服務對象的過程。飯店為了實現自己的經營目標，在複雜的西餐市場需求中尋找自己的目標市場，選擇那些需要本企業西餐產品的消費者群體並為選中的目標市場策劃產品、價格、銷售管道和銷售策略等。

1.評價與分析

飯店應首先收集和分析各細分市場的銷售額、增長率和預期利潤等訊息。理想的西餐細分市場應具有預計的收入和利潤。根據調查，一個西餐細分市場可能具有理想的規模和增長率。但是，不一定能提供理想的利潤。這說明飯店在選擇西餐目標市場時必須評價一些細分因素。通常包括4個方面：

（1）競爭者狀況

如果在一個細分市場上已經存在許多具有強有力的和進攻性的競爭者，這一細分市場就不太具有吸引力。例如，在某城市已有多家國際著名的西餐速食公司：麥當勞、肯德基和必勝客等。如果在該地區再計劃創建一家西餐速食公司，很難保證要進入這一市場的企業會獲得理想的營銷效果。

（2）替代產品狀況

如果在一個細分市場上目前或將來會存在許多替代產品。那麼，進入這一細分市場時，企業應當慎重。例如，某一地區開設了過多的大眾化西餐廳。如果這些餐廳的產品特點不突出，那麼，這些餐廳的餐飲產品都是可以互相替代的。

（3）購買者消費能力

購買者消費能力會影響一個細分市場的吸引力。在一個細分市場上，購買者的消費水準和可隨意支配的收入等都會影響一個西餐細分市場的形成和發展。根據調查，目前中國的西餐市場主要分布在中國國內的直轄市、省會城市和一些沿海的經濟發達地區。

（4）食品原料狀況

在某一西餐細分市場，如果所需的食品原料的數量和品質得不到充分的保證。那麼，説明這一細分市場的經營效果和產品品質都得不到保證。所以，這一細分市場缺乏吸引力。

（5）飯店資源狀況

飯店決定進入某一西餐的細分市場時應考慮，這一市場是否符合本企業的經營目標、人力資源需求和設施的水準等情況。儘管一個細分市場可能具有較高的吸引力，然而，企業在這一個細分市場上不具有所需的技術和資源也不會取得成功。

2.市場選擇原則

飯店在確定西餐目標市場時應考慮：在該細分市場的前提下能否體現企業產品和服務優勢？企業是否完全瞭解該細分市場顧客群體的需求和購買潛力？該細分市場上是否有許多競爭對手？是否會遇到強勁的競爭對手？企業能否迅速提高在該細分市場上的市場占有率？確定飯店的西餐目標市場可考慮以下5個原則。

名稱與範圍	圖示	特點
1.產品—市場集中化	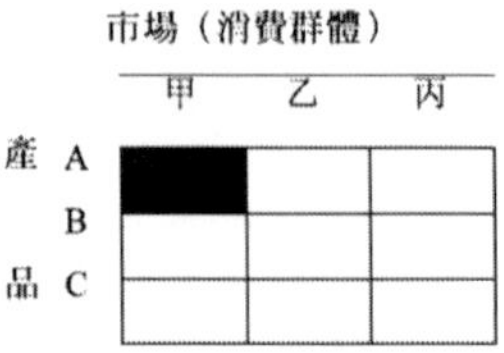 市場（消費群體） 甲 乙 丙 產品 A B C	飯店經營一種西餐產品，滿足某一特定細分市場需求。例如，銷售法式傳統風味的餐飲，服務於經濟發達地區的高星級商務飯店。
2.市場專業化	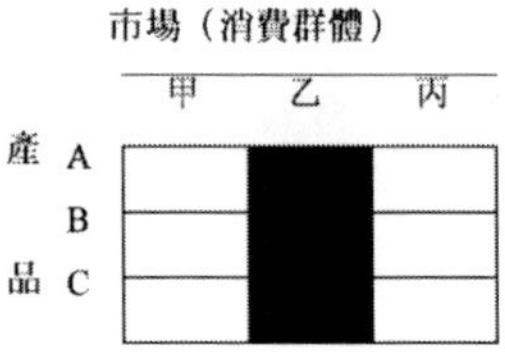 市場（消費群體） 甲 乙 丙 產品 A B C	飯店可經營不同特色的西餐產品。包括傳統的扒房產品和大眾化的咖啡廳產品。然而，僅服務於中國直轄市的高星級商務飯店。

續表

名稱與範圍	圖示	特點
3.產品專業化	市場（消費群體） 甲 乙 丙 產品 A B C	企業實施單一的西餐產品，可服務於各細分市場。例如，企業僅經營西餐快餐產品，服務於全國各地的經濟比較發達地區的各細分市場。
4.有選擇的專業化	市場（消費群體） 甲 乙 丙 產品 A B C	企業有針對性地經營某些西餐產品服務於被選擇的若干細分市場。例如，某國際飯店集團根據不同地區的經濟發展水平，地理位置及目標顧客的需求情況，經營傳統的法餐西餐，現代美式西餐和大眾化西餐等產品。
5.整體市場覆蓋化	市場（消費群體） 甲 乙 丙 產品 A B C	企業以各種不同的西餐產品服務於各細分市場。例如，某飯店集團根據自己不同的西餐產品組合服務於不同的地區，不同消費水平和不同消費習慣的西餐市場。

五、西餐市場定位

市場定位不僅是西餐營銷不可缺少的環節，也是西餐企業規劃自己最佳目標市場的具體工作。西餐企業常根據產品的前景預測和規劃其市場位置。因此，西餐市場定位的實質是企業在顧客面前樹立自己產品特色和良好形象的策略。

1.實體定位原則

實體定位是透過發掘產品差異，開發本企業的特色餐點、酒水、服務、環境和設施，與其他企業的產品形成差異，為本企業西餐找到合適的市場位置的原則。

2.概念定位原則

當西餐市場高度發達，經營人員透過市場細分找到尚未開發的市場的機會比較少。市場營銷的關鍵在於改變顧客的消費習慣，將一種新的消費理念打入顧客心裡，這種方法稱為概念定位原則，例如，健康食品。

3.避強定位原則

避強定位是一種避開強有力的競爭對手的市場定位。在競爭對手的地位非常牢固時，最明智的選擇就是創建自己的產品特色。這種定位最大的優點是企業能迅速在市場上站穩立場，能在消費者心目中迅速樹立形象。由於這種定位方式風險較小，成功率較高，常為西餐企業採用。近年來，一些飯店引進西班牙燒烤而不經營傳統西餐或西餐速食就是具有代表性的案例。

4.迎頭定位原則

這是一種與在市場上最強的餐飲競爭對手「直接競爭」的定位方式。迎頭定位是一種比較危險的策略，但不少有經驗的西餐專家認為這是一種更能激勵自己奮發上進且可行的定位嘗試。一旦成功就會取得到巨大的市場優勢。

5.逆向定位原則

逆向定位原則即把自己的餐飲產品與名牌企業聯繫起來，反襯自己。從而，引起消費者對本企業關注的定位原則。這種定位方法難度相當大，企業的產品品質、特色和價格必須與名牌企業有可比性。

6.重新定位原則

對銷售能力差、市場反映差的西餐企業進行重新定位稱為重新定位原則。重新定位的關鍵是可以擺脫困境，獲得新的增長與活力。這種困境可能是管理人員決策失誤引起的，也可能是競爭對手的有力反擊或出現了新的競爭對手造成的。例如，一些傳統名牌企業，由於經營理念落後，餐點和用餐環境落後於新建的西餐企業，入座率和營業收入不斷下降。但是，只要管理人員認識到問題的關鍵，勇於改正，重新定位，企業完全可以恢復正常經營。

第二節 西餐市場競爭

競爭是商品經濟的特性，只要存在商品製作和交換就存在著競爭。當代西餐營銷的一切活動都是在市場競爭中進行的。實際上，當代的西餐營銷管理就是西餐競爭管理。西餐競爭的內容主要包括價格競爭、價值競爭、品種競爭、服務競爭、技術競爭、決策競爭、營業時間競爭、廣告競爭、信譽競爭、訊息競爭和人才競爭。

一、價格競爭

飯店常比競爭對手以更實惠的價格銷售稱為價格競爭。當市場上出現銷售品質相同或相近的西餐產品時，價格較低的產品被顧客選中的機會較多，反之就少。儘管飯店因餐飲價格競爭會損失一些利潤，但是因低價銷售會提高銷售量。從而，帶來規模效益和更多的利潤。

二、價值競爭

西餐企業以同等價格銷售比競爭對手品質更好的西餐和酒水稱為價值競爭。這裡的價值指產品的功能與價格的比值。當然，功能的衡量標誌是它的品質水準和用途。價值競爭關鍵在於關注顧客期望值的因素，使產品品質高於顧客的期望值。價值競爭內容包括地理位置，便利的交通，停車場，外部環境，餐廳級別和聲譽，餐點和酒水品質、數量、工藝、味道和特色等。通常產品品質愈高，就越能滿足顧客的需要。這樣，不僅能持續地吸引顧客，而且在競爭中還處於有利地位。因此，管理者必須不斷地調查顧客對企業的滿意程度、與本企業繼續交易的可能及將本企業產品推薦給其他顧客的可能性。

三、品種競爭

飯店比競爭對手銷售更適合市場、更有特色的餐點和酒水稱為品種競爭。在市場經濟不斷發展的前提下，餐點和酒水的品種、規格和特色要考慮不同目標顧客的需求。這樣，企業取得優勢的機會和贏利的可能性就更多。

四、服務競爭

服務是無形產品，是西餐品質重要的組成部分。提高西餐品質，不僅取決於優質的餐點和酒水，還取決於優雅的用餐環境、餐具文化和服務效率等。隨著顧客需求的發展和變化，企業必須不斷地開發新的服務模式。

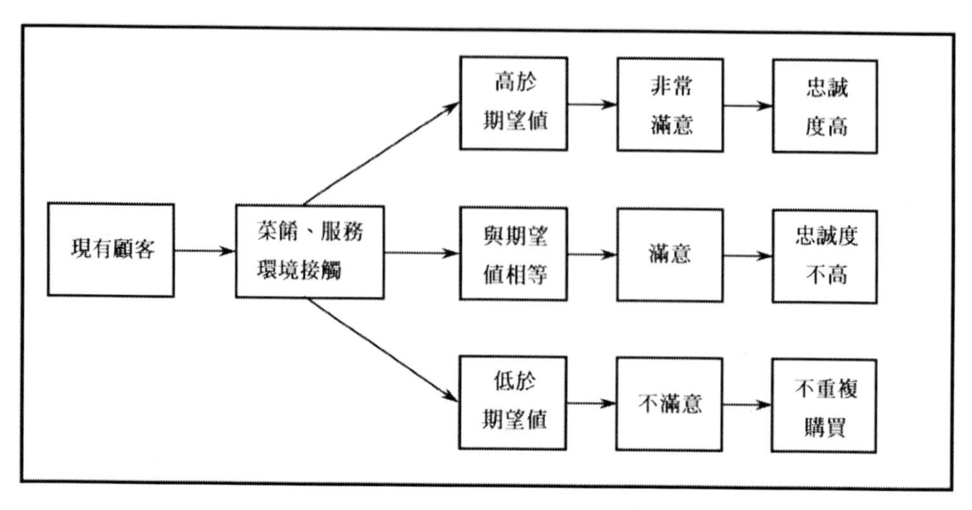

產品品質與購買顧客行為關係模型

可靠性：準確完成已承諾的服務。

服務效率：提供積極，主動和及時的服務。

可信任度：淵博和專業的知識，禮貌的態度。

個性化服務：對顧客關心和關注，滿足具體需要。

與有形產品的協調：與菜餚，酒水，環境和設施的協調。

顧客評價服務品質的5個維度

五、技術競爭

飯店比競爭對手使用更先進的製作和服務設備，使用更先進的工藝，創造出更優質的餐飲產品稱為技術競爭。技術競爭最終表現在產品品質上，因此，技術競爭是產品品質競爭的基礎條件，是西餐競爭中立於不敗的重要保證。

六、決策競爭

決策是指為達到某一特定目標，運用科學方法對客觀存在的各種資源進行合理配置並從各方案中選出最佳方案的過程。決策是西餐經營管理的基礎，它關係到經營的成功或失敗。正確的決策可使企業的人力、財力和物力得到合理的分配和運用，創造和改善企業內部條件，提高經營應變能力。決策競爭通常包括產品

決策、價格決策、營銷管道決策、營銷活動決策和營銷組織決策等。

七、應市時間競爭

飯店比競爭對手以更快的速度製作出新的餐點並搶先進入市場銷售稱為上市時間競爭。上市時間競爭可使產品早於其他企業被顧客瞭解和接受。當然其他企業的同樣產品上市後，該企業產品的深遠影響仍然占據主導的地位。

八、廣告競爭

飯店以比競爭對手更廣泛、更頻繁地向顧客介紹本企業的環境、餐點、酒水和服務以期在顧客心目中造成更深的產品形象稱為廣告競爭。廣告競爭在推動西餐產品銷售方面具有強大的作用。

九、信譽競爭

飯店的信譽表現為取得社會和顧客信任的程度。它是企業競爭取勝的基礎。西餐經營者比競爭對手更應當講究文明、信譽、品質和特色。這樣，在經營中才能取得成功。

十、訊息競爭

當今，訊息在餐飲經營中占有重要作用。西餐企業具有比競爭對手更強的收集、選擇、分析和利用訊息的能力稱為訊息競爭。根據調查，企業及時地運用準確的訊息指導經營必然會在競爭中取得更有利的地位。

十一、人才競爭

西餐競爭歸根到底是人才的競爭。飯店比競爭對手更擁有技術和全面的管理和技術人才，稱為人才競爭。西餐經營必須使用專業人才和有能力的管理人員，沒有專業人才的西餐企業將失去競爭力。

第三節 西餐營銷策略

西餐營銷策略是飯店運用各種營銷手段和方法，激勵顧客購買西餐產品的慾望並最終實現購買行為的一系列活動。

一、廣告營銷

廣告指飯店的招牌、信函和各種宣傳冊等。廣告在西餐營銷中扮演著重要的角色。廣告可以創造企業的形象，使顧客明確產品特色，增加購買的信心和決心。

1.餐廳招牌

西餐廳招牌是最基本的營銷廣告，它直接將產品訊息傳送給顧客。因此，餐廳招牌的設立應講究它的位置、高度、字體、照明和可視性並方便乘車的人觀看，使他們從較遠的地方能看到。招牌必須配有燈光照明，使它在晚上也要造成營銷效果。招牌的正反兩面應寫有企業名稱。在晚間，霓虹燈招牌增加了在晚間可視度，同時使企業燈火輝煌，創造了朝氣蓬勃和欣欣向榮的氣氛。

美國海鮮餐廳晚間外景

2.信函廣告

信函是營銷西餐的一種有效的方法。這種廣告最大的優點是閱讀率高，可集中目標顧客。運用信函廣告應掌握適當的時機。例如，企業新開業、飯店重新裝修後的開業、企業舉辦週年慶典和其他營銷活動、飯店推出新的西餐產品和新的季節到來等。

3.交通廣告

交通廣告是捕捉流動顧客的好方法。許多顧客都是透過交通廣告的宣傳到飯店消費。交通廣告的最大優點是宣傳時間長，目標顧客明確。

二、名稱營銷

一個有特色的西餐廳，它的名稱只有符合目標顧客，符合企業的經營目標，符合顧客的消費水準才能有營銷力。因此，企業名稱必須易讀、易寫、易聽和易記。名稱的文字必須簡單和清晰，易於分辨。名稱字數要少而精，以2至5個字為宜。企業名稱的文字排列順序應考慮周到，避免將容易誤會的字體和易於誤會的同音字排列在一起。餐廳名稱必須方便聯絡，容易聽懂，避免使用容易混淆的文字、有諧音或可聯想的文字。名稱字體設計應美觀，容易辨認，容易引起顧客的注意，易於加深顧客對企業的印象和記憶。

三、外觀營銷

義大利餐廳外觀

企業外觀必須突出建築風格，重視建築色調。餐廳門前的綠化、園藝設施和裝飾品在營銷中有著重要的作用。櫥窗是西餐營銷不可多得的地方。許多企業的

櫥窗設計非常美觀，櫥窗內種植或擺放著各種花木和盆景，透過櫥窗，可以看到餐廳的風格和顧客用餐的情景。停車場是西餐經營的基本設施。由於個人汽車擁有率愈來愈高。因此，餐廳必須有停車場，由專人或兼職人員看管。這既方便了顧客的消費，又加強了西餐營銷的效果。

四、環境營銷

餐廳是用餐的地方。但是人們消費的目的有多種。例如，對環境的需求，對情調的需求，對文化的需求，對音樂的需求，對交際的需求，對衛生的需求等。一些西餐企業滿足顧客對環境的需求，它們為顧客提供了輕鬆、舒適、寬敞和具有風格的環境。例如，高高的天花板中透過自然的光線，大廳內的綠樹和鮮花鬱鬱蔥蔥。有些西餐廳設計和建造了幾間開放式的、雅緻恬靜的小包廂以增加餐廳氣氛，滿足了顧客的商務、聚會和休閒的目的。

五、清潔營銷

清潔已成為衡量餐飲產品品質的標準之一。清潔不僅是餐飲業的形象，也是產品。清潔不僅含有它本身清潔的含義，還代表著尊重和高尚。清潔是顧客選擇餐廳的重要因素。西餐廳清潔營銷內容包括外觀和裝飾的清潔，大廳環境、燈飾和內部裝飾的清潔，飯店設施和飾品的清潔，洗手間及衛生設施的清潔，餐具及餐點的清潔等。企業應制定清潔品質標準，按時進行檢查。例如，招牌的清潔度、文字的清晰度、招牌燈光應完好無損。盆景是否生長雜草、葉子是否有灰塵、花卉是否枯萎。大廳地面是否乾淨光亮。餐廳牆面、玻璃門窗、天花板是否清潔、無灰塵等。洗手間是企業的基本形象之一。現代洗手間再也不是人們傳統觀念中的「不潔之處」，而成為「休息處」。洗手間講究裝飾與造型，配備冷熱水和衛生紙、抽風裝置、空氣調節器、明亮的鏡子和洗手乳等。

六、全員營銷

全員營銷在西餐營銷中很有實際效果。所謂全員營銷指西餐企業中的每一個成員都是營銷員，他們的製作和服務、服裝和儀表、語言和舉止行為都要與企業營銷聯繫在一起。工作服是西餐企業的營銷工具，反映了企業的形象和特色。工作服必須整齊、乾淨、得體並根據各崗位的工作特點精心設計和製作。工作人員

工作服既要體現企業風格，又要突出實用和營銷等功能。工作人員的儀表儀容是企業營銷的基礎，不嚴肅和不整潔的儀表儀容會嚴重影響營銷水準。因此，管理人員要培訓全體員工，使他們重視自己的儀表儀容，重視其外表和形象。

禮貌和語言是營銷的基本工具，工作人員見到顧客應主動問好。服務生服務時應面帶微笑，對顧客使用正確的稱呼，尊重顧客，對顧客一律平等，使用歡迎語、感謝語、徵詢語和婉轉否定語等。服務生應從顧客的利益出發，為顧客提建議，不要強迫顧客購買，更不要教訓顧客。除此之外，還應講究營銷技巧，從中等價格的產品開始推銷，視顧客消費情況，再推銷高價格產品或低價格的產品。同時，多用選擇疑問句。

七、促銷活動

當今，西餐市場的競爭非常激烈，其表現形式為產品生命週期不斷地在縮短。因此，適時舉辦促銷活動，不斷開發新的產品是西餐營銷的策略之一。然而，舉辦任何促銷活動都應當具備新聞性、新潮性、簡單性、視覺性和參與性，突出產品的特色，簡化活動程序，使促銷活動產生話題，並能引起人們的興趣和注意。企業舉辦促銷活動應有周密的計劃和安排，保證促銷活動成功。同時，應明確促銷活動的目標，使顧客能慕名而來。此外，要選好促銷活動的管理人員，安排好促銷活動的主題、場所、時間、資金和目標顧客等。

八、贈品營銷

飯店常採用贈送禮品的方式來達到促銷目的。但是，贈送的禮品一定要使企業和顧客同時受益才能達到理想的營銷效果。通常，贈送的禮品有餐點、酒水、生日蛋糕、水果盤、賀卡和精緻的菜單等。賀卡和菜單屬於廣告性贈品。賀卡上應有企業名稱、宣傳品和聯繫電話。菜單除了餐廳名稱、地址和聯繫電話外，應有特色的餐點。這種贈品主要造成宣傳企業的產品特色和風味，使更多的顧客瞭解企業，提高企業知名度的作用。餐點、蛋糕、水果盤和酒水等屬於獎勵性贈品。獎勵性贈品應根據顧客的消費目的、消費需求和節假日有選擇地贈送以滿足不同顧客的需求，使他們真正得到實惠並提高飯店的知名度。從而，提高顧客消費次數和消費數額。採用贈品營銷必須明確營銷目的，是為了擴大知名度，還是

為了增加營業額等。只有明確贈品營銷的目的，才可按各種節日和顧客消費目的對贈品做出詳細的安排以使贈品能發揮營銷作用。贈品營銷應注意包裝要精緻，贈送氣氛要熱烈，贈品的種類、內容和顏色等要符合贈送對象的年齡、職業、國籍和消費目的。

九、餐點展示

餐點展示是透過在餐廳門口和內部陳列新鮮的食品原料、半成品餐點或成熟的餐點、點心、水果及酒水等增加產品的視覺效應，使顧客更加瞭解餐廳銷售的產品特色和品質並對產品產生信任感，從而增加銷售量。一些咖啡廳將新鮮的麵包擺在餐廳門口以顯示其經營特色和餐點的新鮮度。一些西餐廳在其內部設置沙拉吧以展示其產品的品質與特色。

十、地點營銷

餐廳地點在營銷中具有重要的作用。許多西餐企業其內部裝潢非常有特色，餐飲品質也非常好。但是，其經營狀況並不樂觀，原因是地點問題。西餐業與製造業不同，它們不是將產品從製作地向消費地輸送，而是將顧客吸引到餐廳購買產品。因此，餐廳地點是經營的關鍵。著名的美國飯店企業家奧斯沃夫·史塔特拉（Ellsworth M.Statler）在論述飯店的地點時說：「對於任何飯店來說，取得成功的三個根本要素是地點、地點、地點。」因此，西餐企業應建立在方便顧客到達的地區。同時，所在地區與市場範圍有緊密的聯繫。在確定西餐企業的經營範圍時，要注意該地區的地理特點。如果餐廳設在各條道路縱橫交叉的路口，會從各方向吸引顧客。它的經營區域是正方形。如果設在公路上，它可以從兩個方向吸引顧客，其經營區域為長方形。當然，設在路口的餐廳比設在公路上的餐廳更醒目。在選擇西餐廳地點時，必須調查是否有與本企業經營相關的競爭者並應調查該企業的經營情況。此外，必須慎重對待各地區的經營費用等。

十一、綠色營銷

綠色營銷指西餐企業以健康、無汙染食品為原料，透過銷售有利於健康的工藝製成的餐點，達到保護原料自身營養成分，杜絕對人體傷害以及控制和減少各種環境汙染。

綠色營銷從原料採購開始。作為食品採購人員，首先要控制食品原料的來源，採購自然且無汙染原料，儘可能不購買罐裝、拼裝及半成品原料。大型企業可建立無汙染、無公害原料種植基地和飼養場所。在製作中，應認真區別各種原料的質地、營養和特徵，合理搭配原料，均衡營養。合理運用烹調技藝，減少對原料營養的破壞，不使用任何添加劑，致力於原料自身的美味。儘量簡化製作環節，精簡服務程序，使餐點和服務更加清新和自然。

十二、網路營銷

網路營銷是以互聯網路為媒體，以新的營銷方法和理念實施營銷活動。從而，有效地進行西餐銷售。網路營銷可視為一種新興的營銷方法，它並非一定要取代傳統的銷售方式，而是利用訊息技術重組營銷管道。互聯網路較之傳統媒體，表現豐富，可發揮營銷人員的創意，超越時空。同時，訊息傳播速度快，容量大，具備傳送文字、聲音和影像等多媒體功能。例如，網路餐飲廣告可提供充分的背景資料，隨時提供最新的訊息，可靜可動，有聲有像。在面對日益激烈的西餐市場，企業要在競爭中生存，必須瞭解和滿足目標顧客的需要，樹立以市場為中心、以顧客為導向的經營理念。而網路營銷可與顧客進行充分的溝通，從而實施個性化的產品和服務，而這是傳統的營銷方法難以做到的。目前，中國一些飯店和西餐企業建立了自己的網站，進行產品介紹。還有一些飯店和大型西餐企業已經開始網路營銷。如必勝客公司可網路訂餐、下載優惠券；肯德基和麥當勞公司可下載優惠券。目前，國外的西餐企業普遍採用網路訂餐和網路點餐等營銷方法。

Chèvre chaud sur toast et sa salade *Fondue Bourguignonne-Salade verte* *Fromage blanc* *Congolais*		*Avocats et oeufs à la mousse de crabe* *Emincé de volaille sauce Roquefort* *Fromage blanc et salade verte* *Gratin de Fruits rouges*

某西餐廳網路點餐案例

本章小結

當代西餐營銷策略是指以市場為中心，為滿足顧客需求而實現企業的營銷目標，綜合運用各種營銷手段，將餐點、酒水、用餐環境和服務產品銷售給顧客的一系列的營銷活動。西餐營銷管理實際是西餐競爭管理。西餐競爭內容主包括價格競爭、價值競爭、品種競爭、服務競爭、技術競爭、決策競爭、上市時間競爭、廣告競爭、信譽競爭、訊息競爭和人才競爭。促銷策略是飯店運用各種營銷手段和方法，激勵顧客的購買西餐產品的慾望並最終實現購買行為的一系列活動。

思考與練習

1.名詞解釋題

市場細分，市場定位

2.思考題

（1）簡述西餐企業營銷原則。

（2）簡述目標市場選擇。

（3）基於消費者的心理因素西餐市場細分。

（4）論述西餐市場競爭。

（5）論述西餐營銷策略。

國家圖書館出版品預行編目(CIP)資料

西餐概論 / 王天佑, 王碧含 主編. -- 第三版.
-- 臺北市 : 崧燁文化, 2019.01
面 ; 公分
POD版

ISBN 978-957-681-800-4(平裝)

1.餐飲業管理 2.飲食風俗

483.8 108000563

書 名：西餐概論
作 者：王天佑、王碧含 主編
發行人：黃振庭
出版者：崧燁文化事業有限公司
發行者：崧燁文化事業有限公司
E-mail：sonbookservice@gmail.com
粉絲頁 網 址：
地 址：台北市中正區重慶南路一段六十一號八樓 815 室
8F.-815, No.61, Sec. 1, Chongqing S. Rd., Zhongzheng Dist., Taipei City 100, Taiwan (R.O.C.)
電 話：(02)2370-3310 傳 真：(02) 2370-3210
總經銷：紅螞蟻圖書有限公司
地 址：台北市內湖區舊宗路二段 121 巷 19 號
電 話:02-2795-3656 傳真:02-2795-4100 網址：
印 刷 ：京峯彩色印刷有限公司（京峰數位）

定價：700 元
發行日期：2019 年 01 月第三版
◎ 本書以POD印製發行